유리시대

세상을 변화시킨 놀라운 유리 이야기

세상을 변화시킨 놀라운 유리 이야기

한 원 택 지음

GIST PRESS
광주과학기술원

머리말

21세기가 들어선 지 벌써 20년이 흘렀다. 최근 들어 제4차 산업혁명이라는 문명사적인 이름이 회자되기 시작된 후 이것과 관련된 기술의 이해와 습득이 없이는 시대를 따라가기 어려운 것 같다. 그러나 그 기술혁명을 이끌어가는 핵심기술이라는 인공지능, 사물인터넷, 빅데이터, 나노기술 등은 일반인은 잘 알지도 못할 뿐 아니라 심지어 몰라도 사는 데는 큰 지장이 없다.

사실 기술과 관련된 용어들은 일반인들에게는 생소한데 지속적인 광고 문구를 통해 어렴풋이 이름과 뜻을 알게 되는 경우가 많다. 생활 속에 깊이 들어온 다양한 가전제품을 제조하는 업체는 광고를 통해 전문적인 기술영역에까지 표현하고 있다. 경쟁사의 제품보다 우수하다는 것을 디자인 등 감성적인 것에서부터 심지어 어려운 기술 내용까지도 열거하며 표현하고 있다.

유리는 18세기 말 증기기관이 발명되며 시작된 제1차 산업혁명 훨씬 이전부터 병이나 창문의 소재로 쓰이며 우리 생활 속에 깊숙이 들어와 세상을 변화시킨 물질이다. 식품의 저장을 통한 보건 위생을 높이고 밝은 빛을 집 안에까지 들어오게 하는 역할을 톡톡히 하였다.

19세기 말 전기가 발명되며 시작된 제2차 산업혁명은 사회 전반에 큰 변혁을 일으키는데, 어두운 밤에도 낮처럼 활동할 수 있는 여건이 된 것이다. 이 또한 유리로 만들어진 백열등과 형광등의 역할이 지대하다. 20세기 중반에 발명된 컴퓨터와 인터넷으로 세상은 또다시 제3차 산업혁명이라는 큰 변화를 겪는다. 다름 아닌 인터넷 기술의 주인공은 광 신호를 빛의 속도로 주고받을 수 있게 하는 광통신의 핵심 소재인 유리 광섬유이다.

그러나 아쉽게도 다양한 최신 기술제품의 핵심 소재로 사용되고 있는 유리(Glass)라고 하는 멋진 물질은 일반인뿐 아니라 전문가들도 그리 잘 알지 못하며 관심도 별로 없는 것 같다. 아직도 유리는 잘 깨지고 위험하며 유리창이나 음료 등을 담는 병 정도로 인식하고 있는 것 같다. 우리에게 없으면 일상생활조차 어려울 것처럼 되어버린 인터넷과 스마트폰을 작동하게 하는 것은 바로 유리로 만들어진 광섬유 때문인 것을 잘 알지 못한다.

유리의 투명하고 색을 담는 성질은 장신구의 보석과 스테인드글라스로 사용되었고, 생활 속에서는 늘 접하는 그릇이나 병으로 거울과 건물의 창문으로 사용되었다. 카메라, 망원경과 현미경 등 광학기기의 렌즈Lens나 프리즘Prism, 실험실의 비커와 플라스크 같은 이화학 용기들도 모두 유리로 이루어져 있다.

이제 유리의 멋지고도 뛰어난 활약상을 한번 들여다보자. 인터넷과 스마트폰의 통신을 가능하게 하는 광섬유 외에도 복사기와 팩스기의 부품으로 눈의 역할을 하는 렌즈 어레이, 스마트폰의 얇은 커버 유리, 자동차와 건물의 잘 깨지지 않는 강화유리, 급격한 온도와 압력 변화에 견디는 우주선의 유리창과 외장 타일, 몸속을 직접 들여다보는 내시경, 온도의 변화를 실시간으로 위치까지 측정하는 온도 센서, 철판을 자르고 용접하는 광섬유 레이저, 변전소의 전류를 빛으로 계측하는 광전류 센서 등 유리는 그 핵심 소재로 널리 무궁무진하게 사용되고 있다.

유리가 산업혁명시대를 거쳐가면서 세상을 바꾸었다고도 말할 수 있을 정도로 대활약을 해오고 있다. 유리는 생체조직과 적합한 인조 뼈와 인조 치아 등의 바이오 소재와 항암치료에 사용되는 등 생명과학 분야에도 점차 그 응용 분야를 넓혀가고 있다. 유리의 열적·광학적·전기적·자기적 특성이 계속 밝혀짐에 따라 지속적으로 기술적인 발전을 하고 있으며, 양자암호, 빛을 이용한 광컴퓨터, 영구 보존 저장매체 등의 신기술에도 유리는 중추적인 역할을 담당할 것으로 전망된다.

유리라는 물질은 특히 빛을 만났을 때 다른 소재보다 그 역할과 장점이 확연히 드러난다. 전자Electron를 다루는 기술인 전자 기술Electronics에서, 이제는 빛의 알갱이인 포톤Photon을 다루는 기술인 포토닉스Photonics라고 하는 광자 기술로 기술 변화가 일어나고 있다. 전자 기술의 핵심 소재가 반도체였다면 광자 기술의 핵심 소재는 유리임에 틀림이 없다.

제4차 산업혁명을 위한 주요 기술 중 하나인 빅데이터는 많은 양의 정보를 빠른 속도로 받아야 하고 모여진 데이터는 빠른 속도로 연산을 해야 인공지능화할 수 있다. 인공지능화도 각종 측정 센서가 있어야 하며 이 또한 실시간으로 모니터링이 이루어져야 한다. 이러한 기술들은 초고속 광통신망이 없으면 불가능하며 그래서 우리는 현재 초연결사회에 살고 있다고들 하는 것이다. 센서에서 실시간 모니터링, 광통신까지 모두 유리가 그 핵심 소재이다.

아름다우면서도 위험하지 않으며 삶의 구석구석에 필수적인 실용적인 제품 속의 유리와 이제는 제4차 산업혁명의 핵심 첨단기술로 인도하는 멋진 미래 소재로서의 유리에 관해 일반인들이 쉽게 접할 수 있는 책이 없음을 저자는 늘 안타깝게 생각해 왔다. 빛이 무엇인지, 색은 어떻게 나오는지 먼저 알지 못하면 유리의 특성과 그 응용에 대해 이해하기가 어려워 이 부분도 함께 소개하였다. 중고등학생뿐 아니라 일반인들 그리고 재료공학이나 전자공학을 전공하는 대학생들의 교양서적으로서도 쉽게 읽어볼 수 있도록 작성하였으나 욕심이 지나쳤다면 저자의 부족함으로 돌려야 할 것이다. 공예를 전공하는 미술학도나 실제 유리 공방이나 유리 제조업에 종사하는 공예가나 기술자들에게도 도움이 되었으면 하는 바람이다.

제1장 '서론' 편에서는 유리시대(Glass Age)가 도래함을 유리의 역사와 함께 서술하였고, 빛과 색에 대한 과학적 원리를 간단하게 설명하였다.

제2장 '빛의 성질' 편에서는 신기루와 아지랑이를 통해 빛의 굴절과 분산 특성을 알아보고, 파란 하늘과 붉은 노을의 원인이 무엇인지 빛의 산란으로 설명하였다. 우리가 흔하게 보는 무지개와 달무리를 통해 빛의 굴절과 반사 그리고 회절을 알아보았고, 전반사 때문에 직진하는 빛도 휘게 할 수 있다는 것과 빛의 또 다른 모습인 편광에 대해서 설명하였다.

제3장 '유리의 성질과 제조' 편에서는 고체가 아닌 유리, 녹이지 않고도 유리를 만들 수 있는 방법, 유리에서 광섬유를 뽑는 방법 그리고 크리스털 유리와 색유리, 열 충격에 강한 유리, 물과 불산을 싫어하는 유리, 자연에서 발견되는 유리에 대해 소개하고 설명하였다. 특별히 유리의 독특한 여러 가지 성질과 유리의 종류와 용도 그리고 이러한 유리를 만드는 제조방법에 대해서 서술하였다.

제4장 '빛과 유리' 편에서는 유리와 빛이 서로 작용하는 원리와 이를 이용한 여러 가지 유리 제품에 대해 설명하였다. 유리의 형상과 조성을 달리해 빛의 경로를 바꾸는 여러 가지 렌즈들, 빛을 되돌려 보내는 도로경계선과 표지판에 들어 있는 미세한 유리구슬, 무반사 유리, 스테인드글라스와 레이저 가공 유리 장식품, 유리만으로도 만들 수 있는 유전체 거울, 빛을 받으면 색이 바뀌는 변색유리 등 실생활에서 접하

는 흥미로운 유리에 관해 설명하였다.

제5장 '유리의 변신' 편에서는 유리로 만든 것 같지 않으나 유리로 이루어진 응용품을 예와 함께 설명하였다. 인조 뼈로 사용하는 바이오 유리, 비료와 고온 접착제로 사용하는 유리, 유리가 아닌 결정화 유리, 핵폐기물 처리용 유리, 도자기의 유약과 법랑과 칠보에 쓰이는 유리, 에너지 절약형 스마트 창문과 김 서림 없는 유리, 한쪽에서는 유리창 다른 쪽에서는 거울이 되는 매직미러, 몸속에 들어가는 내시경 유리, 잘게 부서지는 열 강화유리, 좀처럼 깨지지 않는 스마트폰용 유리 등 유리의 변신을 알아보았다.

마지막인 제6장 '유리와 광자 기술' 편에서는 제4차 산업기술혁명을 이루기 위한 중요한 기술 중 하나인 광자 기술을 구현하는 핵심 소재로서의 역할을 담당하는 유리에 대해 소개하였다. 유무선 광통신에 필수 소재인 유리 광섬유, 복사기의 핵심 광전 소재인 유리, 레이저를 발진하는 유리, 빛을 자유자재로 분배하고 결합하는 유리, 화재를 예방하고 침입자를 가려내는 광섬유 센서, 변전소에서 높은 전류를 측정하는 유리 광섬유 등 최신의 유리 응용기술에 대해 소개하고 설명하였다.

태초에 제일 처음 생긴 빛의 비밀을 유리를 통해서 알아보는 계기가 되었으면 한다. 그동안 우리가 잘 몰랐던 다양하고 멋진 유리의 숨겨진 비밀, 그리고 유리의 새로운 응용기술과 빛의 세계에 여러분들을 초대한다. 이제 석기시대, 청동기시대, 철기시대를 지나 유리시대를 사는 우리에게 제4차 산업혁명시대를 이끌어갈 미래 소재로서의 유리에 대해 알아가는 지적인 즐거움도 함께 하기를 바란다. 전문적인 지식이 필요한 부분과 짧은 설명으로는 이해하기 어려운 부분도 책 내용 속에 제법 있을 터인데, 독자들의 인내심과 양해를 겸손히 구할 수밖에 없는 것 같다.

이 책을 쓰는 동안 본문 전체를 읽고 퇴고하는 데 많은 도움을 준 한신애 양과 전문가로서 검토와 함께 많은 격려를 해주신 경상대학교의 고故 김철진 교수와 포항공대의 허종 교수께 깊은 감사를 드린다. 이 책이 나오기를 기대하면서 격려를 아끼지 않은 수원대학교의 차용철 교수, 경금회와 등문회의 회원들에게도 감사의 말씀을 드린다.

나를 유리의 세계로 인도해주시고 많은 가르침을 주셨던 고故 A.R.Cooper 교수와 아직도 정정하게 연구 활동을 하시는 M.Tomozawa 교수께 존경과 감사의 마음을 드린다. 그리고 학계, 연구계, 산업계에서 유리기술인으로 최선을 다해 유리 기술의 발전에 노력하시는 선후배 여러분께도 감사를 드린다. 이와 함께 연구하고 많은 시간을 같이 보낸 GIST 전기전자컴퓨터공학부 동료 교수들에게 감사의 마음을 전한다. 또한 나를 통해 유리의 세계에 발을 들여놓고 열심히 학문과 연구에 정진하는 황태진, 김복현, 김윤현, 주성민, 손동훈, 정성묵, 김영웅 그리고 아직도 학위과정에 있는 이유승, 류용탁, 이석훈에게도 고마움을 표하고자 한다. 이 책의 디자인과 편집을 위해 수고를 아끼지 않은 GIST PRESS의 박세미 씨와 직원들 그리고 씨이아알 출판사에도 감사의 마음을 드린다. 이 책이 나오기까지 마음으로 늘 아낌없이 응원해준 사랑하는 가족들과 친지들에게 깊은 감사를 드린다.

2019년 11월
한 원 택

목 차

제1장

서 론

서 론

01. 유리시대(Glass Age)

따스한 햇살이 비치자 어두웠던 유리 창문은 저절로 투명하게 바뀌면서 싱그러운 아침이 온 것을 알려준다. 유리 테이블에 손을 대자 좋아하는 메뉴가 화면에 뜨면서 아침 식사 준비를 하라고 말해준다. 항균 처리된 냉장고에서 적정 온도에 맞춰진 시원한 주스 한 잔을 꺼내 마신다. 매끈한 유리 벽면에서는 화면이 켜지고 오늘의 뉴스가 나온다. 오늘 해야 할 중요한 일은 스마트폰에서 목소리로 알려준다.

출근을 위해 주차장으로 나오면 차 주인을 감지하여 확인한 자동차는 자동으로 문을 열어준다. 전면 유리창에 비치는 내비게이션의 안내를 받으며 안전하게 운전해 회사에 도착한다. 사무실에서는 다른 지역에 있는 직원들의 얼굴이 터치스크린에 나타나 실제로 같이 있는 것처럼 화상회의를 한다. 퇴근 후에는 증강 현실과 맞춤형 헬스 프로그램을 제공하는 화면을 구비한 운동 기구로 전문 트레이너의 직접

유리의 특성을 생활 속에 이용한 기술들: 자동차 내부 디스플레이와 자료 검색 터치스크린[1]

적 대면 없이 나에게 맞는 운동을 한다. 현재 진행형인 현대인의 유리로 이루어진 하루(A day made of glass) 일상의 한 모습이다.

맑고 투명하게 보이는 유리는 어떠한 물질이며 어떠한 성질이 숨어 있기에 제4차 산업혁명의 핵심 재료 중 하나라고 부르는지 궁금하다. 먼저, 세상에 존재하는 물질의 하나로서 유리를 생각해보자. 우리가 사는 이 세상은 크게 한 가지의 원자로만 이루어진 물질과 2개 이상의 서로 다른 원자들이 결합한 화합물로 이루어져 있다. 풀과 나무, 흙과 바위, 쌀과 채소와 같은 먹거리, TV나 자동차, 우리가 숨 쉬는 공기 등 모든 것이 원자들의 집합체이다. 물론 사람도 예외일 수는 없다. 생명이 있는 것이든 없는 것이든 그 본바탕은 예외 없이 양성자와 중성자로 결합된 원자핵과 그 주위에 돌고 있는 전자로 이루어진 원자이다.

이 세상의 모든 물질은 이런 원자들이 모여 분자를 이루며 자연의 법칙에 따라 존재한다. 원자들은 규칙적으로 배열되어 처음부터 정해진 것처럼 각기 고유의 모양새를 갖추고 있다. 이러한 물질을 우리는 결정(Crystal)이라고 부르며, 원자들은 서로 모여 가장 빈 공간이 적은 상태로 안정적으로 배열을 한다. 원자가 한 종류로만 이루어진 단원자 결정뿐만 아니라 2개 이상의 다른 원자들이 섞여서 배열해도 이 원칙은 지켜진다. 단지 다른 원자들이 있을 때는 서로 크기가 다르기 때문에 배열하는 모습이 달라질 뿐이다. 물론 배열하여 결합할 때 원자 바깥에 있는 전자들도 관여를 하므로 전기적으로는 항상 중성을 유지해야 한다.

원자가 질서정연하게 배열된 결정과는 달리 유리는 딱딱한 물질인데도 액체처럼 불규칙적인 배열을 하고 있다. 대부분의 유리는 금속원자가 산소와 결합한 산화물(Oxide)로 이루어져 있다. 그런데 신기하게도 산화물인 개개의 분자가 규칙적인 배열을 하지 않고 3차원의 그물망처럼 불규칙하게 얽혀져 있다. 이러한 비결정(Non-crystalline) 구조를 가진 유리는 그 특성이 강철이나 플라스틱 같은 재료와는 전혀 다르다. 유리는 전기가 통하지 않는 부도체이며 빛을 비추면 투명하다. 녹이면 물렁물렁해져 형틀에 넣어 원하는 모양으로 찍어서 만들 수 있다. 또한 입으로 불어서 화병도 만들 수 있고 엿가락처럼 늘어나 실처럼 가늘게 뽑을 수도 있다. 창문 유리, 자동차 유리, 음료수 병 등이 우리가 흔히 보는 유리의 한 모습이다.

그러나 유리가 그 원자 구조나 제반 특성이 다른 재료와는 확연히 다른 만큼 쓰임

새도 다른 곳에 많이 있을 것이라 짐작할 수 있을 것이다. 우리는 유리로 만들어진 제품으로 창문이나 병 같은 것을 쉽게 떠올린다. 쉽게 접하는 이런 유리 제품들은 깨지면 날카로워 위험한 재료라는 선입감을 가지고 있는 것도 사실이다. 유리 제품들은 가격이 그리 비싸지 않고 흔하게 얻을 수 있어, 고도의 과학기술이나 복잡한 생산 공정들이 크게 필요 없는 쉬운 재래 기술로 만들 수 있는 것으로 오해하기 쉽다.

현대를 사는 우리에게 인터넷과 스마트폰 등은 없어서는 일상생활을 할 수 없을 정도로 긴요한 기술과 물품이 되었다. 도서관에 갈 필요도 없이 언제 어디서나 손바닥에서든 방 안에서든 세상의 지식과 문물들을 쉽게 찾아볼 수 있다. 물건을 주문하고 결제를 하거나 은행 출납하는 일도 인터넷으로 이루어진다. 병원에 가지 않아도 혈당이나 기본적인 검진도 가능한 세상이 되었다. 심지어 기다리는 버스가 언제 오는지도 실시간으로 알 수 있다. 그런데 이러한 것들이 일상으로 가능하게 된 것이 바로 이 유리 때문인 것이다. 유리로 만들어진 광섬유를 통해 정보가 빛의 속도로 전 세계를 돌면서 전해진다. WWWWorld Wide Web라고 부르는 거미줄 같은 광통신망이 전 세계 방방곡곡으로 연결되어 있어 스마트폰 같은 무선통신기기도 사용할 수 있는 것이다.

유리Glass라고 부르는 이름은 투명하고 빛나는 물질을 지칭하는 라틴어인 '글래숨'Glaesum에 그 기원을 두고 있다고 알려져 있다. 유리가 처음 만들어졌을 때는 귀한 보석같이 장신구로 사용되었다. 유리를 만드는 제조 기술이 발전함에 따라 그릇, 약병이나 화병 등의 병 종류 그리고 거울과 건물의 창문으로 사용되었다. 다양한 색깔의 스테인드글라스Stained glass, 카메라 렌즈Lens나 프리즘Prism, 광섬유Optical fiber 등은 광학적인 성질을 응용해 만든 유리이고, 비커와 플라스크 등의 실험실용 이화학 용기들은 열적인 성질을 응용해 만든 유리이다.

기술적으로 '무정형 비결정의 과냉각된 액체'Non-crystalline amorphous supercooled liquid라고 정의하고 있는 유리는 딱딱하지만 분자들이 그물망처럼 얽힌 액체 같은 비결정 물질이다. 최근 유리의 열적·광학적·전기적·자기적 특성이 계속 밝혀짐에 따라 지속적으로 기술적인 발전을 하고 있다. 이에 따라 그 응용 범위도 많아졌고 우리는 알게 모르게 유리 제품을 많이 사용하고 있다.

복사기와 팩스기 등에 들어가는 눈의 역할을 하는 렌즈 어레이Lens array, 스마트폰의 깨지지 않는 얇은 커버 유리, 다치지 않게 잘게 깨지는 자동차와 건물의 강화유리, 급격한 온도와 압력 변화에 견디는 우주선의 유리창과 외장 타일, 인터넷과 스마트폰의 통신을 가능하게 하는 광섬유, 몸속을 직접 들여다보는 내시경, 온도의 변화를 실시간으로 위치까지 측정하는 광섬유 온도 센서, 철판을 자르고 용접하는 광섬유 레이저, 변전소의 전류를 빛으로 계측하는 광전류 센서 등 무궁무진한 곳에 유리는 그 핵심 소재로 사용되고 있다. 또한 유리는 생체조직과 적합한 인조 뼈와 인조치아 등의 바이오 소재와 항암치료에 사용되는 등 생명과학 분야에도 점차 그 응용분야를 넓히고 있다.

특히 유리는 빛과 서로 상호 작용을 하여 발생하는 물리·광학적 현상이 많아 더욱 연구할 것이 많은 대상이다. 양자 암호기술, 빛을 이용한 광컴퓨터, 영구 보존 저장매체, 투명 망토, 인공지능도 빛과 유리가 만나는 지점이다. 그동안 우리가 잘 몰랐던 다양하고 멋진 유리의 숨겨진 비밀, 그리고 유리의 새로운 응용기술과 빛의 세계에 여러분들을 초대한다. 이제 유리시대를 살면서 제4차 산업혁명시대를 이끌어갈 미래 소재로서의 유리에 대해 알아가는 지적인 즐거움도 함께 누리기를 바란다.

02. 유리의 역사

영어로 글래스Glass라고 부르는 유리는 투명하고 빛나는 물질을 지칭하는 라틴어인 '글래숨'Glaesum에 명칭의 기원을 두고 있으며, 한글의 유리琉璃는 산스크리트어인 '바이두랴'Vaidūrya에서 유래한 것으로 알려져 있다. 바이두랴라는 말은 라틴어의 '비트룸'Vitrum으로 변형된 다음 중국의 한漢나라 때 벽유리璧流離라고 음역되었다. 이후 벽유리라는 말은 단축이 되어 현재 유리琉璃라는 이름으로 사용하게 되었다.

유리는 우리가 늘 보는 금속이나 도자기 같은 세라믹 재료(Ceramics)와는 다르게, 잘 깨지지만 투명하며 빛을 받으면 반짝이는 물질이다. 화산지역에서 발견되는 까만 흑요석Obsidian이나 사막지역에서 벼락을 맞아 생기는 섬전암Fulgurite처럼 자연적으로도 존재하는 유리가 있지만, 사람들은 유리를 오래전부터 목적을 가지고 만들어왔다. 초기에는 영롱하게 비치는 유리를 귀한 보석처럼 장신구로 사용하였으나, 이

색을 넣은 유리로 만든 그림 같은 스테인드글라스[2]

후 점차 일상 속에서 그릇이나 병 종류의 주방용기와 건물의 창문으로 사용해왔다.

빛과 관련한 유리의 광학적인 성질을 응용해 성당이나 교회의 찬란한 스테인드글라스나 망원경이나 현미경의 렌즈 등을 만들었고, 지금도 널리 사용하고 있다. 유리의 화학적·열적인 성질을 응용해서는 실험실에서 사용하는 이화학 용기와 핵폐기물 처리에 사용하며, 심지어 우주왕복선을 열 충격에서 보호하는 데도 사용한다. 또한 유리로 인조 뼈도 만들고 몸속에 넣는 내시경으로도 사용한다. 최근에 들어서는 유리판을 얇게 만들어 대형 TV와 PC 등의 모니터용 기판 유리에 사용하고, 유리를 광섬유 형태로 만들어 인터넷을 가능하게 한 초고속 광통신의 핵심 소재로 사용한다.

유리를 사람이 만들기 시작한 기원은 고고학자의 연

고온에서 곡면으로 성형하여 만든 얇고 강한 유리를 사용한 대형 TV[3]

구 결과 청동기시대인 기원전 3000년경으로 거슬러 올라간다고 알려져 있지만, 지금까지 정확한 연대가 밝혀진 바는 없다. 기원후 77년에 로마의 역사학자인 플리니 Pliny가 저술한 박물지(Nature history)에 따르면 처음 유리가 만들어진 곳이 중동지역인 페니키아라고 한다.

천연소다를 거래하는 페니키아의 무역상이 강가에서 식사를 준비하기 위해 솥을 받쳐놓을 돌을 찾았다. 마땅한 돌을 찾지 못해 가지고 있던 소다 덩어리 위에 솥을 얹어놓고 불을 지폈다. 가열된 소다 덩어리가 강가의 모래와 일부 섞여 투명한 액체가 되어 흘러나왔는데 이 액체가 굳어 유리가 되었다고 한다. 천연소다는 그 당시 시체를 방부 처리하는 데 썼다고 하는데, 주성분은 나트륨(Na, Sodium)의 화합물인 $NaCl$, Na_2SO_4, Na_2CO_3, $NaHCO_3$으로 이루어져 있다. 유리의 주성분인 이산화규소(SiO_2)로 이루어진 모래에 나트륨의 화합물인 천연소다가 합쳐져 유리가 만들어진 것이다.

이렇듯 우연하게 유리가 만들어졌으나, 천연소다의 나트륨 성분이 모래와 섞여 녹는 온도를 많이 낮추어 유리가 만들어졌다고 짐작이 된다. 이산화규소가 주성분인 모래는 장작을 이용한 일반적인 열원에서는 그 온도가 낮아 녹여서 유리를 만들 수 없다.

장작을 태워서 얻을 수 있는 비교적 낮은 온도에서도 소다를 섞어 유리를 만들 수 있다는 기술이 알려짐에 따라 사람들은 여러 종류의 유리를 만들기 시작했다. 나트륨이 많이 함유되어 있는 해초와 흙이 발견되고 이를 태워 나트륨 성분을 얻었다. 또 다른 유리의 성분이 되는 칼슘은 석회석($CaCO_3$, 탄산칼슘, Limestone)으로 이루어진 조개껍데기를 갈아서 사용했다. 주원료가 되는 모래(규사)와 함께 이 두 가지를 적당한 비율로 섞어 녹여 지금의 소다석회 규산염 유리(Soda lime silicate glass)가 탄생하였다. 우리가 현재에도 사용하는 창유리와 병유리의 대부분은 이러한 조성의 유리이다.

페니키아에서 최초의 유리가 발견된 이후, 기원전 2000년경 지금의 중동지역인 메소포타미아와 이집트를 중심으로 소다석회 유리가 많이 만들어졌고, 이를 장식용으로 사용한 것으로 알려져 있다. 또한 유리를 미세한 가루로 낸 다음 여러 가지 물질을 섞어 토기의 바깥에 발라 구워 채색 유약으로 사용하기도 하였다. 기원전 14세

이집트의 투탕카멘의 묘에서 발견된 비취색의 베개[4]

기경 이집트의 왕이었던 투탕카멘의 묘에서 발견된 비취색의 베개가 유리 성분의 유약을 칠해 만들어졌음이 최근 밝혀진 바 있다.

　한편 우리나라에서 본격적인 유리 문화가 시작된 때는 신라시대로 추정한다. 신라의 경주 고분에서 출토된 유리잔과 유리그릇은 중국의 것과는 형태가 다른 것으로 알려져 있고, 문헌상으로 현재 남아 있는 것이 없다. 2000년 초에 전북 익산의 왕궁리와 미륵사지터에서 발굴된 초록색과 보라색의 유리구슬과 유리 조각들 그리고 유리를 녹였던 도가니 등은 7세기 백제 무왕 때 유리를 제조하였다는 것을 말해 준다. 출토된 유리를 분석한 결과 납유리와 소다규산염 유리로 밝혀졌고, 그 당시 이미 유리의 녹는 온도를 낮추고 색을 발현하는 기술까지도 확보한 것으로 판단된다.

　그리고 이 백제의 유리 제조 기술은 일본에 전수된 것으로 추정하고 있다. 우리나라 고유의 유리로 된 사리병과 유리 제조터도 계속 발견됨으로써 유리의 제조도 활발했던 것으로 확인되나, 고려와 조선을 통해 그 기록이 남아 있는 것이 없는 실정이다.

　메소포타미아와 이집트에서 시작된 유리의 제조 기술은 세계 각지로 전파

백제 무왕(600~641) 때 제조된 것으로 추정되는 익산의 왕궁리와 미륵사지에서 발굴된 유리 장신구들[5]

되었다. 중국에서도 기원전 13세기경으로 추측되는 유리구슬 등이 발굴되는데, 이때

전해진 것으로 알려지고 있다. 유리의 제조 기술은 중동지역에서 로마제국으로 전해져 융성한 발전을 이루며, 기원전 1세기부터 기원후 4세기까지는 로마가 유리산업의 중심지가 된다. 장인들은 특히 맑고 투명하며 다양한 색을 가진 유리를 만드는데 많은 노력을 기울였다. 이와 함께 다양한 유리의 성형 기술도 발전해왔다.

접시와 그릇 같은 납작한 것들은 녹은 유리를 금속으로 된 틀로 찍어 만들었고, 병이나 화병 같은 것들은 유리를 금속으로 된 대롱에 묻힌 다음으로 입으로 불면서 성형하여 만들었다. 이러한 몰딩Molding 기술과 블로잉Glass blowing 기술로 유리를 성형하는 방법은 그 당시에는 획기적인 제조 기술이었다.

녹은 유리를 도가니에서 철제 봉에 묻혀 떠낸 다음 입으로 부는 모습과 금속의 성형 틀에 넣어 모양을 잡아 만든 유리 공예품"

Glass blowing 법으로는 꽃병, 물병, 술잔 등 다양한 용기 모양의 유리 제품을 만들었다. 그러나 그 당시에는 창문으로 사용할 만한 납작하고 편편한 넓은 유리를 직접 제조하는 기술은 없었다. 대신 녹은 유리를 불어서 풍선처럼 크게 만든 다음 끝을 자르고 철봉을 돌려 그 원심력을 이용해 넓은 원판처럼 만든 후 잘라서 사용할 수 있었다. 또 다른 방법으로는 관처럼 불어 길게 만든 다음 세로로 자른 후 다시 가열해서 편편한 유리를 만들었다. 이렇게 만든 편편한 유리는 잘라서 창문이나 스테인드글라스Stained glass의 유리로 사용하였다.

이때의 유리 제품들은 로만 글라스Roman glass라는 이름으로 독일, 프랑스, 중국 그리고 우리나라에까지 상품으로 전해졌다. 우리나라의 경우, 삼국시대의 것으로 발견된 유리 제품들은 대부분 로만 글라스이며, 로마에서 중국을 통해 유입된 것으로 추정하고 있다. 이후 고려와 조선시대에는 고려청자와 조선백자로 대표되는 도자기 문화에 밀려 유리를 사용하는 문화는 거의 쇠퇴하였고, 비녀, 족두리, 노리개 등의 장식품으로 주로 사용되었다.

중세기 때 판유리를 제작하는 공정. 입으로 불어 유리병 모양으로 만든 뒤 끝을 잘라 입구를 만들어 벌린다. 그런 다음 유리를 재가열하고 돌려서 원심력을 이용해 원반 모양의 판유리를 만든다.[7]

476년에는 서로마제국이 게르만족에 멸망하면서 유리산업은 약 200년 동안 침체기를 맞이하였다. 7세기에 들어오면서 이집트, 시리아, 페르시아 등지에서 유리 제조가 다시 성행하게 되고, 이슬람사원인 모스크의 모자이크 장식에 유리가 많이 쓰이게 된다. 동로마제국(또는 비잔틴제국)의 수도인 콘스탄티노플이 1204년 제4차 십자군에 함락되면서 비잔틴제국의 유리 기술자들은 지중해를 건너 이탈리아의 베네치아에 정착하였다.

특히 1291년에는 베네치아의 내륙 쪽에 흩어져 있던 유리 제조 공장이 무라노Murano섬으로 모두 이전되었다. 고온에서 제조하는 유리산업의 특성 때문에 화재를 막기 위해 정부에서 정책적으로 유리공장을 육지에서 떨어진 베네치아의 무라노섬으로 옮기도록 했던 것이었다. 이 무라노섬에서 형형색색의 화려한 유리 제품이 생산되고 이 유리는 로만 글라스와 대조적으로 무라노 글라스Murano glass라고 불리게 되었다. 이후 16세기에 들어와서 로마제국의 고급 유리 제조 기술은 전 유럽으로 퍼져 나가게 된다.

이탈리아 무라노에서 생산한 형형색색의 화려한 유리 수족관과 화병[8]

17세기에 들어와서는 과학기술의 발전과 함께 망원경과 현미경이 발명되면서 렌즈를 만들기 위한 고순도의 광학유리가 제조되기 시작하였다. 색이 없고 투명하면서 굴절률이 높은 광학유리를 위해 많은 노력을 경주한 결과, 칼륨(K_2O, Potassium oxide)과 납(PbO, Lead oxide) 등이 첨가된 플린트 유리(Flint glass)의 제조에 성공하였다.

특히 영국과 프랑스, 독일 등지의 유리공장에서 다양한 조성의 유리가 생산되고 제조 기술도 다양해졌다. 그동안 전해졌던 편편한 유리의 제조 기술도 발전을 이루게 된다. 녹은 유리를 풍선처럼 만든 다음 끝을 자르고 철봉을 돌려 원심력을 이용해 납작하게 만든 창유리는 그 크기의 제한이 있음은 말할 것도 없고 두께도 일정하지 않았다.

 프랑스에서 개발된 새로운 기술은 녹은 유리를 롤러로 밀어 편편하게 한 다음 양면을 연마해서 만드는 것이었다. 이러한 공정을 이용해 프랑스에서 4m²나 되는 넓고 편편한 유리를 만들기 시작했는데, 이는 베르사유궁전에 쓸 대형의 거울 제조를 위한 유리였다. 현재 거울의 방(Hall of mirrors)으로 알려진 화려한 빛의 궁전은 루이 14세가 직접 친정을 한 17년을 기념하기 위해 총 578개의 거울로 장식된 17개의 거울 벽면과 17개의 유리창으로 구성되어 있다.

 18세기와 19세기에 걸친 제1차 산업혁명기에 들어와서는 장작 대신 석탄을 연료로 사용하게 된다. 이에 따라 유리의 용해 기술도 대전환기를 맞이하게 된다. 석탄은 온도 조절이 용이하고 발열 온도도 높아 유리의 제조가 한결 쉬워졌다.

 19세기 말에는 미국의 에디슨Edison이 전등을 발명하고, 이 전등으로 유리가 사용되면서 맑고 투명할 뿐 아니라 열과 진공에도 잘 견디는 소재로서 유리의 우수성이 입증되었다. 한편, 그 당시 유럽의 독일에서는 아베Abbe와 쇼트Schott가 Zeiss라는 회사를 통해 광학유리의 제조 기술과 체계적인 광학적인 특성평가 기술을 계속 발전시

총 578개의 거울로 장식된 프랑스 베르사유궁전의 '거울의 방'. 네모와 곡면의 유리 거울이 연결되어 아치를 이루고 있다. 1678년 거울의 방의 건축이 시작될 무렵 이 거울을 만들기 위한 대형 유리 제조 기술이 프랑스에서 개발되었다.[9]

각종 렌즈로 사용되는 광학유리 제품[10]

켰다. 특히 Abbe Diagram이라고 불리는 도표를 만들어 각종 광학유리의 파장에 따른 굴절률의 변화와 이에 관련된 광학유리를 분류하고 그 종류를 총망라하여 광학기술의 발전에 크게 이바지하였다.

20세기에 들어와서는 유리의 제조 기술이 점점 대형화되고 자동화되기 시작하였다. 유리병의 연속 생산과 판유리의 대량생산으로 유리 제품의 가격은 내려가고 품질은 향상되었다. 우리나라에서도 '국립유리제작소'가 1902년에 설립되어 근대적인 유리의 생산이 시작되었다.

제1, 2차 세계대전 이후에는 산업기술의 주도권이 유럽에서 미국으로 옮겨가게 되었고, 미국에서 새로운 유리 제품과 유리 제조 기술이 많이 개발되었다. 1912년에 미국의 코닝Corning에서는 붕소(Boron, B)를 첨가하여 유리의 열팽창률을 일반 유리보다 약 1/3 정도로 크게 낮춘 열 충격에 강한 붕규산 유리(Borosilicate glass)를 발명하였다. '파이렉스'Pyrex라는 이름의 열에 강한 이 유리는 열 충격뿐만 아니라 화학적 내구성도 우수해 이화학 실험용기로 사용하기에 적합하다.

1957년에는 영국의 필킹턴Pilkington에 의해 플로트 공정(Float process)이 발명되어 명실 공히 본격적인 판유리의 시대를 열게 된다. 넓고 긴 풀장 같은 크기의 용기에 융점이 232℃로 유리보다 낮은 금속 주석Tin, Sn을 녹여 담은 후, 매끈한 용융 주석 표면 위로 녹은 유리를 띄워 넓고 얇은 유리판을 만드는 획기적인 방법이었다. 비중이 큰 주석의 표면 위로 상대적으로 비중이 낮은 녹은 유리가 뜨는데, 물 위에 기름이 떠 퍼지는 것과 같은 원리를 이용한 것이었다. 유리의 표면이 매끄러워 연마할 필요도 없을 뿐만 아니라 두께가 일정하고, 연속적으로 판유리의 생산이 가능한 제조 방법이다. 이렇게 생산된 넓고 편편한 판유리는 아파트나 건물의 유리 창문이나 대형 건물의 커튼월Curtain wall로 사용된다.

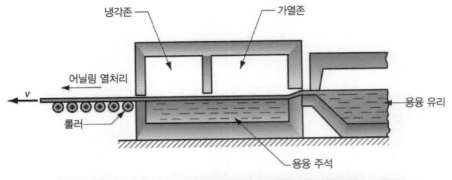

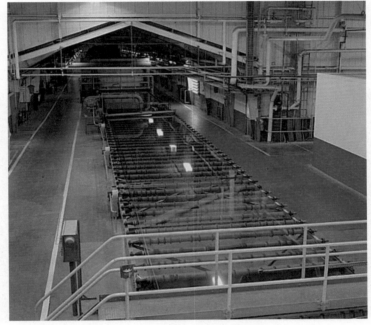

판유리를 생산하는 플로트 공정의 개념도와 판유리가 생산되어 나오는 실제 모습[11]

판유리 제조 기술의 발전과 함께 병유리의 생산 부분에서도 많은 진전이 이루어진다. 특히 제조 특성상 단위 개수가 많은 병유리는 그 생산기술이 자동화되기 시작하였다. 대형의 도가니에서 녹은 유리는 (1) 작은 크기의 용융 유리라고 하는 곱Gob으로 잘라져 병 모양의 거푸집인 첫 번째 금속 몰드 내부로 투입된다. (2) 다음 몰드의 한쪽을 막은 후, (3) 공기를 불어넣고, (4, 5) 두 번째 몰드에 넣은 후 뜨거운 유리곱이 몰드에 밀착되도록 공기를 불어넣어 최종 병 모양을 완성한다.

이러한 유리의 성형 공정이 현재는 모두 자동화되어 대량생산의 길로 들어섰다.

우리나라의 한국유리, 삼성코닝, KCC 등에서는 판유리, 디스플레이 유리 등을 생산하고 삼광유리, 태평양유리 등에서 병유리, 식기 유리 등을 제조하고 있다.

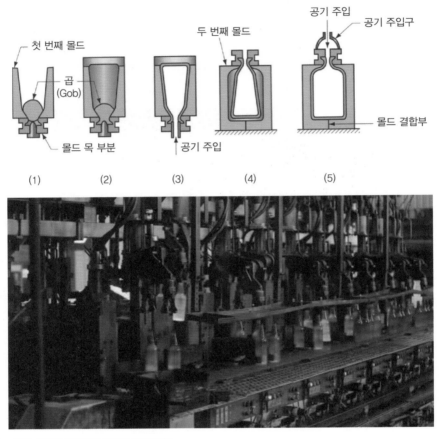

Blowing 법을 이용한 병유리의 자동화 제조공정[12]

1960년대 말에는 광통신용 광섬유의 제조 기술이 미국의 코닝과 AT&T Bell Lab 에서 발명되고, 이후 인터넷을 위한 광통신망이 점차 전 세계적으로 확대됨에 따라 미국과 일본, 독일 등에서 광섬유의 대량생산이 이루어진다. 우리나라는 1980년대에 들어와서야 삼성전자, LG 등에서 외국의 생산기술을 이전받아 소규모로 생산하기 시작했다. 최근에는 미국, 일본, 독일, 중국이 광통신용 광섬유의 최대 생산국이 되었다. 광통신용 광섬유의 제반 광 특성은 지속적인 기술 개발로 현저히 향상되어, 이제는 1초에 100기가비트(100GPS) 이상 속도로 데이터를 전송할 수 있게 되었다.

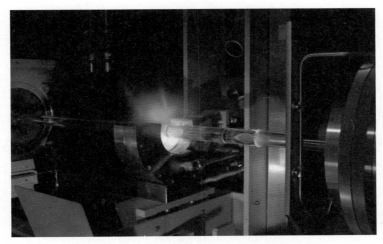

가스-가스 화학반응을 이용한 MCVD 공정을 통해 광섬유의 원소재가 되는 유리 모재를 제조하는 모습[13]

유리는 투명성, 내열성 등의 기본적인 특성 외에 다른 기능이 첨가된 기능성 특수 유리로 계속 발전한다. 유리의 광학적·기적·자기적 특성을 이용한 특수한 용도의 유리가 개발되고 생산된다. TV나 PC 모니터의 화면으로 쓰이는 디스플레이용 평판유리에는 판유리를 사용하는데, 그 앞뒷면을 반드시 정밀 연마를 해서 사용한다. 유리창보다 훨씬 더 정교한 평활도(Flatness)와 거칠기(Roughness) 수준을 맞춰야 하기 때문이다.

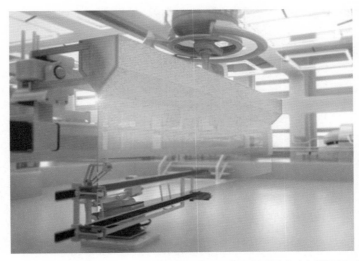

녹은 유리를 쐐기 모양의 용기에 받은 후 위에서 아래로 용기의 양쪽 면으로 흘러내려 합치게 하여 얇은 판유리를 만드는 'Fusion down draw' 유리 제조 기술. 판유리의 양면이 공기 외에 접촉하는 것이 없어 별도의 연마공정 없이 평판TV나 노트북 등 디스플레이 부품의 화면으로 사용한다.[14]

최근에 이러한 판유리 표면을 연마할 필요 없이 바로 사용할 수 있는 제조 기술이 탄생하였다. 용융시킨 유리를 허공에서 수직 방향으로 어떤 물체와도 접촉이 없이 넓은 판처럼 흘러 내리면서 식혀 만드는데, 연마가공이 필요 없는 표면을 유지하게 하는 가히 혁명적인 기술이다. 이는 'Fusion down draw'라고 하는 제조 방법인데 한국의 삼성코닝과 미국 코닝 연구진의 합작 발명품이다.

한편 이온교환이라는 화학적 방법을 이용하여 유리 단면의 굴절률(Refractive index)의 분포를 달리하거나 유리의 표면에 응력(Stress)의 분포를 달리하여 기계적인 강도를 크게 높이는 유리의 2차 가공 기술이 개발된다. 렌즈 형태의 굴절률의 분포를 가진 그린렌즈(GRIN lens, graded index lens)는 복사기나 팩스기의 핵심 부품으로 사용되고, 강도를 높인 유리판은 스마트폰의 잘 깨지지 않는 얇은 커버 유리로 사용된다.

녹여서 만드는 기존의 유리 제조 기술과는 달리 유리를 녹이지 않고 화학 증착(CVD, Chemical Vapor Deposition) 반응과 소결(Sintering)이라는 공정을 이용하여 유리를 만드는 또 다른 유리 제조 기술도 발명되었다. 인터넷을 가능하게 한 광통신용 광섬유가 이러한 공정을 이용하여 제조하는 유리의 한 예다. 몸속을 들여다보는 내시경 유리, 하지 정맥류 시술에 사용되는 가는 광섬유 등은 의료용 부품으로 사용되는 유리이다. 온도와 전류 등을 실시간으로 측정할 수 있는 광센서용 특수 광섬유, 철판을 자르고 용접하는 레이저 발진용 광섬유 유리 등 최첨단 기술에 요긴한 핵심 소재로 사용되는 재료로 유리는 발전을 거듭해나가고 있다.

03. 빛과 색

창유리를 보면 맑고 투명한데 유리병이나 스테인드글라스는 투명하면서도 색을 띠고 있다. 유리가 아니더라도 세상 모든 물체는 다 각각의 색깔을 가지고 있다. 이 색의 근원은 무엇일까? 색이 다르게 보이는 것은 그 물체의 성질에 달려 있지만 그 실마리는 빛에서 찾아볼 수 있다. 빛이 없는 깜깜한 곳에서는 색은커녕 물체가 있는지도 알 수가 없다. 즉, 빛이 없으면 색도 없다.

우리는 창문을 통해 비치는 햇빛을 받으며 아침을 맞이하며, 이 빛은 쉬지 않고 폭발하는 태양으로부터 온다. 빛은 지구를 1초에 일곱 바퀴 반을 돌 정도로 빠르지만 그 속도에는 한계가 있다. 그리고 그 빛을 만드는 태양은 지구에서 멀리 떨어져 있다. 따라서 우리는 태양을 떠나 지구로 달려오는 과거의 빛을 현재 보고 있는 것이라 할 수 있다.

태양을 중심으로 지구는 공전하고 있고 지구는 또 스스로 자전하고 있다. 햇빛을 볼 수 있는 낮과 볼 수 없는 밤이 존재하는 것은 지구가 자전하기 때문이다. 희게 보이기도 하고 연노랑으로도 보이는 이 태양 빛의 정체가 무엇인지 궁금하다. 무지개는 왜 빨주노초파남보의 색으로 구분되어 나오는가? 누가 그런 일곱 가지의 색으로 간격을 매겨 정했을까? 빛은 왜 색을 가지고 있고, 우리가 밝은 데서 보는 색깔은 빛이 없으면 왜 사라지는 것일까?

위와 같은 의문을 가지고 과학자들은 빛의 성질을 규명하다 17세기에 이르러서야 태양 빛은 흰색이라는 한 가지 색으로 이루어진 것이 아니고 여러 가지 색의 빛이 합쳐져서 흰색으로 보인다는 것을 알게 되었다. 빛은 전자기파의 일종으로 파동의 성질을 가지는데 빛은 그 파장에 따라 우리 눈에 다른 색으로 보인다.

파장에 따라 다른 색으로 보인다는 것은 우리의 눈으로 그 다름을 식별할 수 있다는 뜻이다. 사람은 눈의 망막에 위치하는 원뿔세포를 통해 색을 구분할 수 있다고 알려져 있고, 파장이 가장 긴 빨간색에서 초록색, 파란색의 순서로 민감하게 구분한다. 만약 이런 원뿔세포에 이상이 생기면 빨간색이나 초록색을 구별할 수 없게 된다. 색맹이나 색약을 가진 사람이 이런 경우이다. 동물들과 곤충들은 사람들과 다르게 색을 인식한다.

우리는 원뿔세포의 감지 능력 범위 안에서 특정한 영역의 파장을 가진 빛 외에는 육안으로 볼 수 없다. 가시광선可視光線, Visible light이라고 부르는 우리가 인식할 수 있는 빛은 400nm에서 700nm까지의 파장을 가진 빛을 말한다. 400nm보다 짧은 파장의 빛으로는 자외선紫外線, Ultra-violet(UV) light, X-선, 감마선Gamma rays 등이 있으며, 700nm보다 긴 파장의 빛은 적외선赤外線, Infrared(IR) light, 라디오파Radio와 마이크로파Microwaves 등으로 나누어진다. 파장이 짧은 빛은 그 에너지가 커서 사람의 몸과 물체 등을 투과하며, 사람이나 생물체가 그 빛을 많이 쬐면 위험하다.

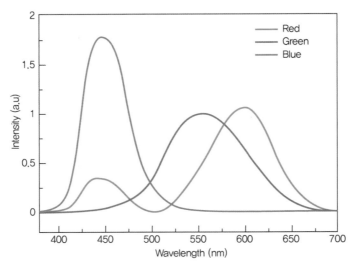

우리 눈의 원뿔세포가 인식하는 빛의 파장에 따른 범위. 빨간색 인식 원뿔세포가 파란색 영역의 빛도 인식한다.[15]

우리가 보는 무지개의 색깔은 일곱 가지로 알고 있으나, 실제로는 우리가 임의로 그렇게 일곱 개로 나누어서 부르는 것이다. 가시광선 영역의 파장을 더 잘게 쪼개 이름을 다 붙인다면 무지개 빛의 종류는 훨씬 많아질 것이다. 우리나라 사람들은 색을 표현하는 언어도 다른 나라에 비해 풍부하고 자세하여 색이름을 구분해 붙일 수 있을 것이다. 눈의 색 감각과 표현하는 방식이 뛰어난 한글 덕분이라고 할 수 있다.

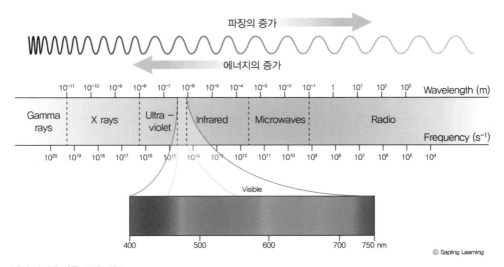

빛의 파장에 따른 스펙트럼[16]

노란색의 경우를 예로 들자면, 노랗다, 노르스름하다, 누렇다, 누리끼리하다 등 상당히 자세하게 표현한다. 사람이 구분할 수 있는 색의 숫자는 무려 수만 개가 넘는다고 알려져 있다. 무지개의 색깔을 우리가 현재 사용하고 있는 일곱 가지보다 적은 여섯 가지, 다섯 가지, 네 가지로 나누어 쓰는 나라도 많으며 심지어 두세 가지 색으로 표현하는 나라도 있다.

우리는 갖가지 색을 내는 물체와 마주하며 살고 있다. 왜 사물들은 다른 색으로 보이는 것일까? 모든 물질들은 빛이 쬐였을 때 색을 내는데, 이것은 물질마다 선택적으로 특정 파장의 빛을 흡수하거나 반사하기 때문이다. 물체가 흡수하는 파장의 빛은 우리는 볼 수 없고 통과하거나 반사하는 파장의 빛만 우리가 보는 것이다.

봄여름에 풀과 나뭇잎이 초록색으로 보이는 것은 잎의 구성 성분인 엽록소라고 부르는 클로로필이 선택적으로 파란색과 빨간색 파장의 빛은 흡수하고 초록색 파장의 빛은 통과하거나 반사하기 때문이다. 그래서 우리에게는 나뭇잎들이 초록색으로 보이는 것이다.

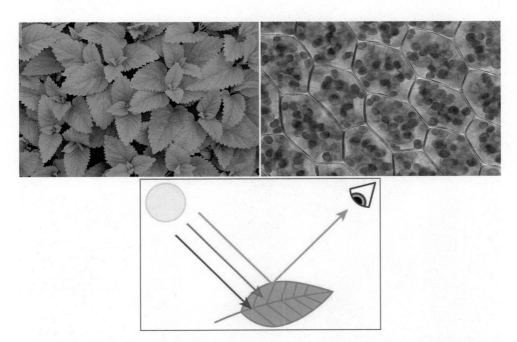

클로로필로 이루어진 식물의 세포와 초록색 잎들. 클로로필은 그 중심에 마그네슘(Mg)이 있는 고분자 단백질($C_{55}H_{70}O_6N_4Mg$)인데, 초록색 파장(500~600nm) 부분만 빼고 파란색(400~500nm)과 빨간색(600~700nm) 파장의 빛을 흡수한다.[17]

과학자들은 좀 더 객관적으로 빛의 색을 표시하는 방법을 오래전부터 강구하였고, 현재는 성공리에 색을 수식화하고 도표화까지 하여 사용하고 있다. 만유인력의 법칙을 발견한 영국의 뉴턴Newton은 17세기 중반에 조그만 구멍을 통해 나온 햇빛을 프리즘으로 통과시키면 여러 가지 색으로 분리됨을 발견하였다. 따라서 흰색으로 보이는 빛은 여러 가지 파장이 합쳐진 것이라는 것을 증명하였다. 그리고 각각의 색은 우리 눈에 있는 감각세포들이 감지한다고 생각하였다.

흰색 빛이 프리즘을 통과하여 여러 색으로 분리되는 현상을 확인했던 뉴턴의 실험[18]

프리즘을 통과한 빛은 파장에 따라 굴절률이 달라지며, 빨간색이 가장 적게, 보라색이 가장 많이 굴절된다.[19]

그 후 영국의 월라스톤Wollaston이라는 물리학자가 구멍이 아닌 슬릿Slit을 통해 나온 햇빛을 통과시켜 띠처럼 색이 연속적으로 나오는 스펙트럼을 얻었다. 이 연속적인 다른 색들의 스펙트럼은 햇빛이 파장이 다른 빛으로 구성되어 있다는 것을 의미한다. 즉, 태양이 폭발하면서 나온 여러 가지의 빛이 혼합되어 햇빛이 된 것이라 알 수 있다. 월라스톤은 스펙트럼을 자세히 관찰한 결과 어떤 특정한 파장에서는 빛이 없어 까만색 줄로 나온다는 것을 발견하였다. 이후 독일의 물리학자인 프라운호퍼 Fraunhofer는 이 까만색 흡수 줄이 무려 574개가 되는 것을 확인하였다. 즉, 햇빛은 완전하게 연속적인 파장의 빛의 혼합체가 아니고 이가 빠지듯 비어 있는 파장의 빛이 많이 존재하는 빛이라는 것이다.

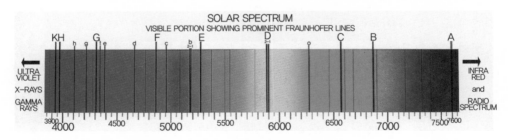

태양 빛의 스펙트럼. 불연속적인 까만색의 줄들은 프라운호퍼 흡수선이다.[20]

그즈음 스코틀랜드의 브루스터Brewster는 물질을 태워 기화시켜 나오는 빛을 프리즘에 통과시키면 특정한 빛의 스펙트럼을 얻을 수 있다는 것을 알았다. 이후 영국의 탈봇Talbot이라는 물리학자는 많은 물질을 기화시켜 분광실험을 수행한 결과, 물질마다 고유의 스펙트럼이 나온다는 것을 알게 되었다. 이후 이런 방법으로 미지의 물질을 분석하는 기술로 발전하게 된다. 물론 태양이 폭발할 때의 구성 성분도 스펙트럼을 파장별로 분석하여 알 수 있다.

한편 영국의 물리학자인 영Young은 빛이 파동이라는 성질을 밝힌 이후에 빨강(R, Red), 초록(G, Green), 파랑(B, Blue)의 빛을 사용하여 다양한 색을 만들 수 있다고 하였다. 실제 파장에 따른 수많은 색 중에 빛의 삼원색을 제안하고 채택하게 된 것은 독일의 헬름홀츠Helmholtz에 의해서이다.

영과 헬름홀츠의 삼원색 설은 인간의 눈은 빨강R, 초록G, 파랑B을 인식하는 시신경이 색을 구별할 수 있다는 것에 기반을 둔 것이기도 하다. 실제 기본이 되는 세 개의 색의 선택 방법은 매우 많으나 완전히 임의적으로 결정할 수는 없고, 세 개의 색 중에서 두 색을 섞어 나머지 한 색이 되지 않는 조합의 세 가지 색을 빛의 삼원색으로 결정한다. 이후 노랑(Y, yellow)을 더해 빛을 네 가지의 사원색으로 나누기도 하지만 삼원색으로 현재까지 통용되고 있다.

세 가지 색으로 우리가 인지하는 빛은 그 파장이 각기 다르다. 기체를 태워 그중 선명한 색이 나는 대표적인 것을 찾고 눈이 감지하는 가시광선 영역에서의 빛 중 세 가지의 파장을 정의하고 색 이름을 붙였다. 카드뮴Cd을 기화시켜 나오는 643.85nm 파장의 빛을 빨강Red, 수은Hg을 태워서 나오는 546.07nm 파장의 빛을 초록Green, 카드뮴의 또 다른 파장인 479.99nm에서의 빛을 파랑Blue이라고 규격으로 정했다. 그 세 머리글자를 따서 RGB라고 하는 빛의 삼원색은 각각 표준화된 고유의 파장을 가진 전자기파로 자리매김하게 된다.

빛의 삼원색인 빨강, 초록, 파랑을 합하면 거의 모든 색의 빛을 만들 수 있다. 빨강과 초록을 합하면 노랑(Y, Yellow), 빨강과 파랑을 합하면 자홍(M, Magenta), 파랑과 초록을 합하면 청록(C, Cyan)이 된다. 반도체 발광소자인 LED(Light Emitting Diode)를 이용한 교통 신호등의 노란색은 빨간색과 초록색의 LED를 섞어 나타낸다. 빛의 삼원색을 합하는 비율을 달리하면 원하는 색을 마음대로 만들 수 있다. 빛을 서로 합하면 색은 밝아지고, 빛의 삼원색을 다 합하면 흰색White이 된다.

빛의 삼원색인 R, G, B를 합한 결과로 나온 색은 청록, 자홍과 노랑인데, 이 세

가지색 C, M, Y가 색의 삼원색이 된다. 우리가 흔히 색의 삼원색을 파랑, 빨강, 노랑이라고 부르는데 이는 엄밀하게는 틀린 것이며, 청록, 자홍, 노랑으로 불러야 정답이다. 빛의 삼원색들을 섞어 만들어 나온 세 가지 색이 자식처럼 색의 삼원색이 되는 것이다.

그렇다면 반대로 색의 삼원색을 섞어보자. 무슨 색이 나올까? 이것 또한 우리가 잘 아는 데로 청록과 자홍을 합하면 파랑, 청록과 노랑을 합하면 초록, 자홍과 노랑을 합하면 빨강이 된다. 놀랍게도 색의 삼원색을 각각 합해보니 그 부모격인 빛의 삼원색이 나온다. 또한 색의 삼원색을 다 합치면 빛이 흰색이 되는 것과는 전혀 다르게 검은색Black이 된다. 색의 삼원색의 첫 글자와 검은색의 끝 글자를 따서 약자로 CMYK라고 부른다. 검은색 Black는 첫 글자 B가 빛의 삼원색 중 하나인 Blue와 겹쳐 끝 글자인 K를 약자로 사용한다.

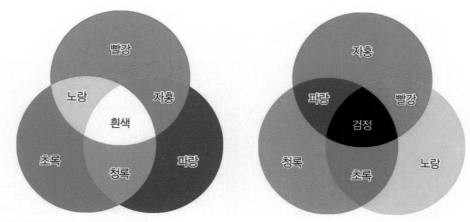

빛의 삼원색(왼쪽)과 색의 삼원색(오른쪽)

두 가지 색의 빛을 서로 혼합하여 흰빛이 되거나 두 가지 색을 혼합하여 검은색이 되는 관계를 서로 보색(Complementary color) 관계에 있다고 한다. 예를 들어, 빛과 색의 경우 모두 빨강과 청록, 파랑과 노랑, 초록과 자홍은 서로 보색이다. 보색을 사용하면 뚜렷하게 그 색을 강조할 수 있다. 신호등의 색은 이 보색 관계를 이용한 것이다. 초록색 잎사귀 사이에 달린 빨간색의 사과도 자연이 만들어낸 보색의 한 모습이다.

병원의 의사들이 보통 때는 흰색의 가운을 입지만 수술실에 들어갈 때는 초록색이나 파란색의 가운으로 갈아입는다. 그 이유는 수술 시 빨간색의 피를 계속해서 보다가 흰색의 가운을 보게 되면 빨간(또는 자홍)색의 보색인 청록(또는 초록)색이 눈에 잔상으로 남아 수술의 집중도를 낮게 하기 때문이다. 따라서 초록색이나 파란색의 가운을 입으면 이러한 보색 잔상을 막을 수 있다.

색의 삼원색을 이용해 우리는 어떤 색도 만들어낼 수 있다. 물감을 이용해 우리 눈이 인식하는 어떤 색도 그림으로 그려낼 수 있다. 그러나 색의 삼원색을 모두 섞으면 검은색이 되는 것처럼, 색을 섞어 다른 색을 만들면 그 색은 어두워지는 단점이 있다.

자연의 밝은 빛을 그림으로 그대로 표현하려는 인상주의Impressionism파 화가들은 물감을 빨리 섞어 빠르게 그렸다. 태양 빛에 순간적으로 변하는 경치 등을 순간적으로 포착하여 그려내기 위해서였다. 그러나 색을 섞어 다른 색들은 만들어내도 빛에 비치는 밝은 모습은 그려내기가 어려웠다. 왜냐하면 물감을 섞을수록 어두워지기 때문이었다.

보색 관계를 이룬 초록색 잎과 빨간색의 사과와 보색 잔상을 막기 위해 수술 시 입는 초록색과 파란색의 가운[21]

이런 문제를 점묘화법Pointilism, Divisionism으로 해결한 화가가 신인상주의Neo Impressionism를 개척한 프랑스의 쇠라Seurat이다. 다양한 색을 표현하되 색을 섞어 어두워지는 것을 막기 위해 각각의 색을 섞지 않고 그대로 점같이 찍어 그린 것이었다. 색을 섞는 대신 우리 눈이 그 색의 빛을 머릿속에서 혼합하여 인식하도록 한 것이다.

그림에서 어떤 부분의 색칠을 볼 때 여러 가지 색이 서로 혼합되어 보이는 것은 색의 잔상(After image)효과 때문이다. 이런 방법으로 그림을 그리는 것을 병치 혼합

신인상주의 화가인 쇠라가 점묘화법으로 그린 그림[22]

법이라고 한다. 쇠라는 서로 반대되는 보색 대비(Complementary contrast)를 이용하여 잔상 효과를 더욱 강화하고 색채가 풍성하도록 하였다. 빛을 혼합하면 밝아지므로 그림을 보면 전체가 아주 밝은 모습으로 보인다. 19세기 중반 사진기가 발명이 되고 빛과 색의 광학 현상이 막 알려지기 시작할 때인데도 쇠라는 이런 과학적 사실을 잘 알고 그림에 응용했을 것이라고 추측해볼 수 있다. 이러한 병치 혼합법은 네덜란드 출신의 화가인 고흐Gogh의 작품에서도 많이 발견된다.

　물감을 혼합시키지 않고 작은 점을 서로 이웃되게 나란히 찍어 그리는 병치 혼합법은 모자이크로 그림을 만들거나, 직물이나 종이에 인쇄할 때도 사용된다. 특히 육안으로는 식별하기 어려운 정도의 작을 점들을 화소로 이용한 컴퓨터, TV, 휴대폰 등의 디스플레이 기기의 화려한 영상 화면도 병치 혼합법이라는 광학의 원리를 이용한 것이다.

디스플레이 전자기기들은 색을 디지털화하여 정보를 처리해서 화면에 영상을 보여준다. 우리 뇌가 구분할 수 있는 색이 수만 개가 넘는데, 말로 표현하기 어려운 그 색의 차이를 무엇으로 구분할까? 과학자들은 그 많은 색을 구분할 수 있는 효율적인 방법을 고안했다. 좌표를 통해 값을 지정해주는 약속을 만들어 사용하는 것이다. 그중 보편적으로 사용하는 것이 인간이 인식할 수 있는 색을 좌표상에 넓게 분포시켜 나눠놓은 도표인 CIE 색도 분포표(CIE Chromaticity Diagram)이다. CIE 색도 분포표는 국제조명위원회인 CIE(International Commission on Illumination)에서 1931년에 국제 표준으로 제시한 것인데 현재까지 사용하고 있다.

이 CIE 색도 분포표는 빛의 삼원색인 빨강, 초록, 파랑을 2차원 좌표 속에 넣어 그린 도표이다. 가로, 세로축을 각 각 빨간색 R인 X, 초록색 G인 Y로 표시하고 나머지 파란색 B는 1-(X+Y)에서 구할 수 있도록 한 것이다. R, G, B의 좌표 값을 더하면 항상 1이다. 따라서 X, Y 값 두 가지만 지정해주면 모든 색을 구분할 수 있는 것이다.

이 색 좌표 (X, Y)의 특징은 색의 밝기에 영향을 가장 많이 주는 초

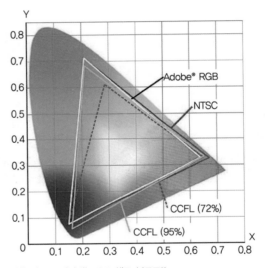

색을 좌표로 나타내는 CIE 색도 분포표[23]

록색을 가장 큰 영역으로, 영향이 가장 작은 파란색을 가장 작은 영역으로 구성한다. 예를 들어, 빛의 삼원색인 빨간색 R은 (0.68, 0.32), 초록색 G는 (0.21, 0.72), 파란색 B는 (0.14, 0.80) 좌표에 해당한다. 초록색 G의 경우 21%가 빨간색, 72%가 초록색, 나머지 7%가 파란색의 조합으로 이루어진 것을 알 수 있다.

그림에서 빨간색의 삼각형으로 표시한 부분은 NTSC(National Television System Committee)라고 하는 미국의 텔레비전 시스템위원회가 정한 가장 대표적인 색표준 범위이다. TV 방송용 색 표현을 위해 만들어놓은 색 좌표인데, 이 NTSC 기준에 들어오는 색 좌표를 갖는 삼원색을 표현이 가능하다면 디스플레이에서 구현하고자 하

는 색은 모두 표현이 가능하다.

　최근에는 포토샵Photoshop 등 디자인 프로그램 회사인 Adobe에서 제안한 Adobe RGB 도 색표준으로 많이 사용되고 있다. CCFL(Cold Cathode Fluorescent Lamp)은 냉음극 관이라고 부르는 형광등 광원의 색 좌표 범위를 나타내는데, NTSC 색표준에 조금 못 미쳐 72%, 95%의 색 재현율을 나타낸다.

　CCFL은 LCD 디스플레이의 뒷 면에서 빛을 비춰주는 광원인 백 라이트(BLU, Back Light Unit)의 하나인데, PC, 노트북, 복사기나 스캐너Scanner 등에 많이 사용되 는 백색 광원이다. 아주 가는 유 리관을 사용해 소형화가 가능하 고 단위면적당 비치는 빛의 양인 휘도(輝度, Luminance)가 높으며 수명이 긴 장점이 있다.

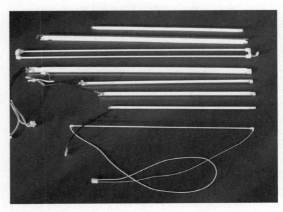

냉음극관을 이용한 여러 가지 형태의 형광등. 가정용 일반 형광등과는 달리 발열 현상이 없다.[24]

　가는 유리관 속에 네온Ne과 아르곤Ar가스와 아주 적은 양의 수은을 넣고 유리관 양단에 전압을 인가하면 수은 이온이 형성되어 253.7nm 파장의 자외선을 방출한다. 이 자외선이 유리관 내부에 코팅되어 있는 형광체의 전자를 들뜨게 하여 가시광선 영역 파장이 섞여 나오게 된다. 음극을 가열하지 않고 전자를 방출하여 빛이 나온다 고 냉음극관이라고 부른다. 가정에서 사용하는 일반 형광등은 전극을 가열하여 열 전자를 방출케 하여 열 음극관(HCFL, Hot Cathode Fluorescent Lamp)이라고 부르며, 그래서 만지면 따뜻하다.

　냉음극관에서 나온 빛은 색 좌표에서 보는 것처럼 R, G, B의 구성이 일정한 비율 로 나오지만, 우리 눈에는 이 파장의 빛이 다 섞여서 흰색으로 보이는 것이다. 최근 에는 LED의 생산 단가가 많이 낮아져 백라이트 부분에서 CCFL을 점차 대체해나가 고 있다. 형광등이나 LED등도 흰색의 빛을 내지만 태양 빛을 이루는 색의 분포와 비율이 달라 우리 눈에 피로감을 더해준다. 최근에는 이러한 인공 광원의 색 분포를 태양광과 비슷하게 만드는 노력을 경주하고 있다.

제 2 장

빛의 성질

빛의 성질

04. 신기루와 아지랑이: 빛의 굴절과 분산

물이 담긴 유리컵에 젓가락이나 막대기를 걸쳐놓고 옆에서 보면 일직선으로 보이지 않고 꺾여 보인다. 꺾이는 자리는 다름 아닌 물과 공기가 만나는 곳이다. 물과 공기는 서로 굴절률(Refractive index)이 달라 빛은 그 계면에서 굴절(Refraction)하면서 방향이 바뀐다. 레이저 포인터를 이용해 레이저 빛을 공기 쪽에서 물 방향으로 비스듬하게 조사하면 그 연장선보다 안쪽으로 굴절되는 것을 알 수 있다. 만약 물 쪽에서 공기방향으로 빛을 보내면 이와는 달리 바깥으로 꺾인다. 빛이 조사되는 방향에 관계없이 굴절되는 빛의 경로는 똑같다.

물체가 물속에서 꺾여 보이는 빛의 굴절 현상과 레이저 빛의 경로[1]

이렇게 빛의 방향이 달라지는 것은 빛이 공기 중에서 진행할 때와 물속으로 들어가 진행할 때 그 속도가 달라지는 것에 기인한다. 빛의 속도는 물을 통과할 때 공기 중에서보다 느려지고 물보다 밀도가 높은 유리를 통과하면 더 느려진다. 물질의 굴절률은 진공 상태에서의 빛의 속도를 해당 물질 속을 통과할 때의 빛의 속도로 나눈 것으로 정의한다. 진공에서의 굴절률이 1이므로 다른 물질들의 굴절률은 1보다 크다. 공기는 1.0003, 물은 1.333, 유리는 1.5~1.7, 다이아몬드는 2.42 정도이다.

굴절률이 서로 다른 매질로 빛이 진행하려면 반드시 그 계면에서는 진행하는 방향을 바꿔 굴절해야만 한다. 만약 굴절률이 작은 매질(n_1)에서 큰 매질(n_2)로 빛이 입사되면 굴절각은 입사각보다 작아진다. 굴절률이 n_1인 곳에서 θ_1의 각도로 굴절률이 n_2인 매질로 빛이 입사되면 '$\sin\theta_1/\sin\theta_2 = n_2/n_1$'이라고 하는 조건(스넬의 법칙Snell's law)을 만족하는 θ_2의 각도로 굴절한다. 굴절각은 각각의 굴절률이 아닌 굴절률의 상대적인 비인 n_2/n_1에 비례한다.

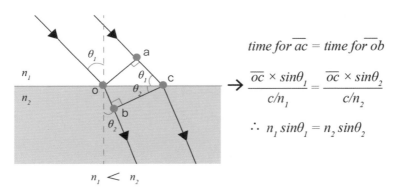

$$time\ for\ \overline{ac} = time\ for\ \overline{ob}$$

$$\rightarrow \quad \frac{\overline{oc} \times \sin\theta_1}{c/n_1} = \frac{\overline{oc} \times \sin\theta_2}{c/n_2}$$

$$\therefore\ n_1 \sin\theta_1 = n_2 \sin\theta_2$$

$$n_1 < n_2$$

스넬의 법칙. 굴절률이 작은 n_1인 곳에서 θ_1의 각도로 굴절률이 큰 n_2인 매질로 빛을 입사하면 θ_1보다 작은 θ_2의 각도로 굴절한다. 이때 길이 ac와 ob를 각각 진행하는 데 걸리는 시간이 같으므로 간단히 유도할 수 있다.

전반사, 모든 빛이 반사된다

—

만약 앞에서와 반대로 굴절률이 큰 매질(n_1)인 물에서 작은 매질(n_2)인 공기로 빛이 입사되면 굴절각은 입사각보다 커진다. 그런데 입사각이 어느 값, 즉 임계각(Critical angle, θ_c)에 도달하면 굴절각이 90°가 된다. 입사각이 이 임계각보다 커지면 빛은 더 이상 공기 밖으로 나가지 못하고 물속으로 반사되어 되돌아오는데, 이 현상을 전반사(全反射, Total Internal Reflection)라고 한다. '스넬의 법칙'을 이용하면 임계

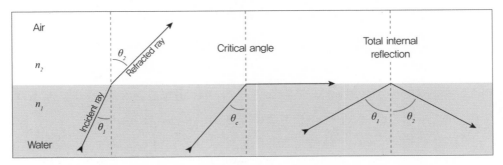

굴절률이 큰 물(n₁)에서 작은 공기(n₂)로 빛을 입사했을 때의 전반사 조건. 입사각이 임계각(θ_c)보다 크면 빛은 다른 공기로 나가지 못하고 반사되어 물속으로 되돌아 들어온다.[2]

각은 arcsin(n₁/n₂)로 표현되며, 굴절률이 1.333인 물에서 공기로 입사할 경우, 임계각 은 48.6°이다.

수영할 때 수면 아래에서 눈을 뜨고 밖을 보면 물 표면이 거울처럼 보일 때가 있는데 이것은 전반사 때문이다. 수중에서 바깥을 향해 영상 촬영을 하면 이러한 전반사 현상 은 더욱 뚜렷하게 나타난다. 다이버를 중심으로 물 표면 방향으로 원형의 창문 같은 것이 보이는데 이곳을 통한 물 밖의 하늘은 밝게 보이나 그 주위는 어둡게 보인다.

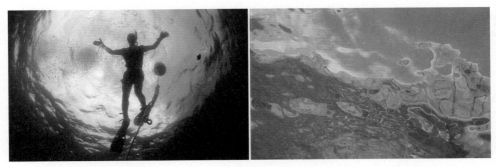

다이버가 물속에서 위를 보고 찍은 'Snell's window'. 중앙의 원 부분은 빛이 통과해 밖이 밝게 보이지만 그 옆은 전반사 현상으로 어둡게 보인다(왼쪽). 빛이 통과한 파란 하늘에 비해 전반사된 스넬의 창 가장자리 부분은 전반사로 물속의 바닥이 어른거리며 보인다(오른쪽).[3]

물과 공기의 계면에서의 임계각이 48.6°이므로 물속의 한 점에서 모든 방향으로 각을 그려보면 임계각의 두 배인 97.2°의 각을 가진 거꾸로 선 원뿔을 생각할 수 있 다. 원뿔의 꼭짓점은 물속에서의 빛이 나오는 한 점, 즉 수중 촬영자의 카메라 위치 이고, 원뿔의 위쪽 바닥면은 물 표면에서 원이 된다. 이 원 안에서는 임계각보다 각도가 작아 빛이 밖으로 투과해 밝게 보이나, 임계각보다 큰 원뿔의 바깥쪽 부분은 전반사 현상으로 어둡게 보인다.

이러한 원형으로 보이는 창을 빛의 굴절 법칙을 공식화한 과학자 스넬의 이름을 따 '스넬의 창'Snell's window이라고 부른다. 수중에 사는 물고기는 이런 창으로 밖을 보는데, 180°로 펼쳐진 밖의 풍경을 97.2°의 각도로 본다고 할 수 있다.

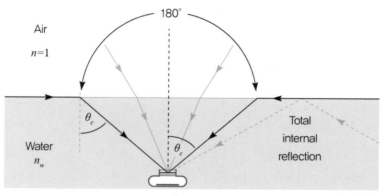

수중 촬영자의 위치가 임계각(θ_c)의 두 배인 97.2°의 각을 가진 원뿔의 꼭짓점이 되고 원뿔의 바닥면인 위쪽 수면은 원이 되는데, 이 원이 'Snell's window'이다.[4]

실제로 굴절률이 큰 매질에서 굴절률이 작은 매질의 방향으로 빛이 진행할 때에는 굴절 외에도 항상 입사각에 대칭으로 반사해 들어오는 빛의 일부분이 있다. 굴절률이 큰 매질에서 임계각보다 큰 각도로 굴절률이 작은 매질 방향으로 빛을 입사하면 굴절률이 작은 매질로 들어가지 못하고 되돌아오는 빛과 그 계면에서 항상 반사해 들어오는 빛 모두가 반사되어 굴절률이 큰 매질로 들어온다는 의미에서 전반사라고 부르는 것이다.

입사되는 빛의 각도가 임계각보다 큰 조건을 만족시키면 굴절률이 큰 매질 속에 빛을 가두어 진행시킬 수가 있다. 이런 전반사 현상을 이용한 것이 굴절률이 큰 유리 성분으로 코어를 만들고 그 바깥을 굴절률이 다른 유리 성분으로 만든 광섬유이다. 전반사 조건을 맞춰 광섬유의 코어 부분으로 빛을 보내면 빛을 가두어 전파시킬 수 있고, 이런 원리로 광통신이 가능하게 된 것이다. 그러나 만약 굴절률이 작은 매질에서 굴절률이 큰 매질 방향으로 빛을 입사시키면 전반사는 일어나지 않는다.

신기루와 아지랑이

—

빛이 통과해가는 매질에 굴절률의 차이가 있으면 빛은 그 계면에서 굴절한다. 빛이 다른 매질인 물이나 유리를 통과하면 그 방향이 꺾이는 이 굴절 현상은 공기 내부에서도 일어난다. 사막지대의 모래나 도로가 햇볕을 받아 뜨거워지면 그 주위의 공기는 뜨거워지며, 뜨거워진 공기는 차가운 공기에 비해 밀도가 낮아진다. 이렇게 밀도가 낮아지면 굴절률이 낮아져 공기 내부에서도 굴절률이 다른 층이 생기게 된다. 빛은 이러한 두 공기층의 계면에서 굴절하게 되는데, 하늘과 땅 위에 있는 물체가 뒤집혀 보인다.

이와는 반대로 추운 지방의 호수나 바닷가에서는 물이 차가워 수면 바로 위의 공기는 그 위쪽보다 굴절률이 커진다. 굴절률의 차이가 나는 경계 면에서 빛은 굴절하면서 수면 위의 배가 공중에 떠 있는 것처럼 보인다.

실제로 눈에는 보이나 보이는 곳에 가보면 없는 이것을 '신기루'(Mirage)라고 하는데, 모두 밀도가 서로 다른 공기층에서 빛이 굴절하여 멀리 있는 물체가 거짓으로 보이는 현상 때문에 일어난다. 또한 여름철 무더운 날 자동차를 운전해보면 앞쪽으로 보이는 도로 위에 물이 고여 있는 것처럼 보이는데, 그곳까지 도달해가면 물은 없고 또 멀리 보이는 도로 위에는 전과 같이 물이 보이는 경험을 해보았을 것이다. 이것 또한 공기의 굴절률이 달라져 생기는 빛의 굴절 현상 때문에 일어난 것이다.

여름철 길 위에 어른거리는 아지랑이나 겨울철 뜨거운 난로 곁에서 보이는 어른거리는 빛도 다 같은 빛의 굴절 현상 때문에 일어난다. 대기권 밖에 있는 태양과 별을 볼 때도 빛의 굴절 때문에 우리가 보는 방향이 실제 방향과는 차이가 있다. 빛이 통과하는 대기권 내부와 대기권 밖은 굴절률이 달라 태양과 별들은 실제보다 약 $0.5°$ 정도의 각도로 위쪽으로 꺾여 보인다. 대기권 밖은 공기가 없어 굴절률은 1인 데 반해, 공기의 평균 굴절률은 1,003으로 약간 크기 때문이다.

빛의 굴절 현상이 일어나는 이유는 빛이 통과하는 매질에 따라 그 속도가 다르기 때문이며, 빛의 굴절은 유리창이나 렌즈에서처럼 다른 물질 사이의 경계 면에서만 일어나는 것이 아니라 같은 매질이라도 특성이 다른 경계 면에서도 일어날 수 있다. 따뜻한 공기는 차가운 공기에 비해 밀도가 낮은데, 이는 따뜻한 공기에서 분자들의 움직임이 활발하기 때문이다. 따라서 온도에 따라 밀도가 다른 두 공기의 경계 면에서도 빛의 굴절이 일어나게 되는 것이다.

빛의 굴절로 일어난 여름철 물이 고인 것처럼 보이는 도로(왼쪽)와 공중에 떠 보이는 건물(오른쪽)[5]

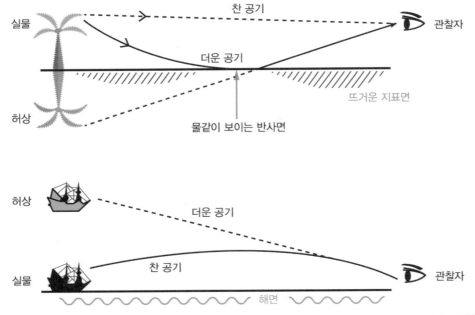

공기의 온도에 따른 굴절률의 변화로 보이는 신기루 현상들. 사막지대나 도시의 더운 여름철 지표면이 더워져 공기의 굴절률은 작아져 먼 곳이 가깝게 보이고 물이 고인 것처럼 보인다(위). 반면, 위도가 높은 추운 지역의 해상에서는 수면 가까운 곳의 공기가 차가워 굴절률이 커지게 되어 물체가 하늘에 떠 있는 것처럼 보인다(아래).[6]

이때 빛의 방향도 중요한 변수이다. 빛이 굴절률이 큰 찬 공기에서 굴절률이 작은 더운 공기 쪽으로 진행하면 두 공기의 경계 면에 가까운 쪽으로 굴절이 일어난다.

반면 그 반대로 굴절률이 작은 더운 공기에서 굴절률이 큰 찬 공기 쪽으로 빛이 진행하면 경계 면에서 먼 쪽으로 굴절이 일어난다.

굴절률이 다른 물질에 빛을 입사하면 빛의 방향이 달라지는 굴절 현상 외에도 일정한 양의 빛이 되돌아 나오는 반사 현상(Reflection)도 함께 일어난다. 경사지게 빛을 보내면 계면에서 굴절이 되어 들어가는 빛 이외에 입사각과 같은 각으로 거울처럼 반사된다.

만약 빛을 수면에 수직으로 보내면 꺾이는 굴절 현상은 없고 수직으로 통과하는 빛과 계면에서 약하게 반사하여 되돌아오는 빛만 있다. 전자기파인 빛의 전기장과 자기장이 통과하는 매질에 영향을 미쳐 빛의 일부분이 방출되어 나가는 것이 반사 현상이다. 이런 반사 현상도 두 물질의 굴절률 차이 값에 따라 반사되는 빛의 상대적인 양인 반사율(Reflectivity)도 달라진다. 굴절률이 1.5인 유리의 경우 공기 중에서 수직으로 입사하는(입사각이 0°) 빛 중에서 굴절해 유리로 들어가는 빛은 96%이고 4%는 반사된다. 물의 경우에는 약 2%가 반사된다.

빛의 분산

—

이러한 빛의 굴절과 반사도 빛의 파장이 다르면 그 정도가 달라진다. 물질을 통과하는 빛의 속도는 파장에 따라 다르며, 같은 물질이라도 빛의 파장에 따라서 굴절률이 다르다. 유리의 경우 가시광선 파장 영역에서 파장이 짧을수록 그 굴절률은 크다. 즉, 파란색의 빛은 많이 굴절되고 상대적으로 파장이 긴 빨간색의 빛은 적게 굴절된다. 파장의 따라 굴절률이 다른 이런 현상을 빛의 분산(Dispersion)이라고 한다.

빛의 분산은 프리즘을 통해서 비춰진 한 점의 빛이 무지갯빛으로 띠처럼 확산되어 퍼져 나오는 것으로 처음 알려지게 되었다. 유리로 만든 렌즈를 이용하여 만든 초기의 망원경이나 현미경에서 발생했던 초점이 맞지 않아 상이 흐리게 되는 '색수차'(Chromatic aberration)라고 하는 현상은 바로 이러한 빛의 분산 때문에 일어난 것이다. 초점이 맞지 않을 뿐만 아니라 피사체의 윤곽 부분에 무지개 같은 것이 흐릿하게 나타나기도 한다.

이런 색수차를 없애기 위해서 굴절률이 다른 렌즈를 결합하여 사용한다. 예를 들어, 굴절률이 낮은 크라운Crown 유리 성분의 볼록렌즈와 굴절률이 높은 플린트Flint 유리 성분의 오목렌즈를 결합한 비분산 이중 렌즈(Achromatic doublet)를 사용하는 것이다.

색수차를 없앤 고급 렌즈를 사용해서 찍은 사진(위)과 색수차가 있는 렌즈로 찍은 사진(아래). 초점도 맞지 않고 윤곽 부분에 무지갯빛도 비친다.7

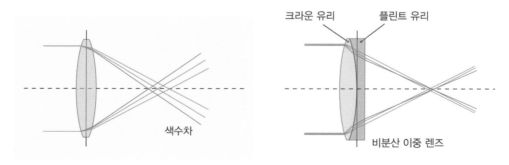

빛의 파장에 따른 굴절률 차이로 발생한 색수차(Chromatic aberration)와 굴절률이 다른 볼록렌즈와 오목렌즈를 결합하여 색수차를 줄인 이중 렌즈8

05. 파란 하늘과 붉은 노을: 빛의 산란

우리가 맑고 푸른 가을 하늘을 보노라면 하늘은 파란색을 띠면서 높아 보이고 청명한 느낌을 준다. 반면 간간히 떠 있는 구름은 햇빛에 반사되어 흰색을 띤다. 작은 물 알갱이로 이루어져 있다는 구름은 흰색을 띠면서 왜 투명한 공기만 있는 하늘은 파란색으로 보이는 걸까?

더욱이 이 파란색의 하늘은 해 질 무렵에는 그 파란색이 없어지고 노란색으로 색이 변한다. 그리고 이 노란색도 시간이 지나면서 주황빛으로 변하다가 점점 색이 진해져 붉은 노을로 바뀐다. 같은 하늘인데도 아침과 낮을 지나 해 질 무렵까지 시간이 바뀌면 그 색이 달라진다.

태양의 위치는 아침부터 시간에 지남에 따라 동쪽에서 남쪽으로 그리고 해질 무렵에는 서쪽으로 이동한다. 따라서 우리가 보는 태양의 위치에 따라 하늘의 색이 바뀐다는 것을 알 수 있다.

파장이 짧은 파란색 빛의 세기가 다른 색의 빛보다 더 큰 레일리 산란이 일어나 맑은 날 하늘은 파란색으로 보인다. 구름이 흰색인 것은 구름 입자에 부딪혀 빛의 파장과 관계없이 일어나는 미이 산란에 의해 모든 색의 빛이 합쳐져 보이기 때문이다.[9]

모든 파장의 빛이 함께 섞여 흰색으로 보이는 태양광인 햇빛은 대기를 이루는 산소나 질소 같은 기체 분자를 만나거나 구름 같은 물방울 입자를 만나면 산란(Scattering)

을 일으킨다. 빛의 산란은 빛의 파장에 따라 다르고, 산란을 일으키게 하는 입자의 크기에 따라서도 그 양상이 달라진다. 햇빛은 공기 중의 산소와 질소 등 작은 분자들과 충돌을 일으켜 산란되면서 사방으로 흩어진다.

아르곤 가스Argon를 발견해 노벨상을 수상하기도 한 영국의 물리학자인 스트럿Strutt은 하늘이 파란색을 띠고 태양의 위치에 따라 그 색이 변하는 것은 빛의 산란 때문이라고 1871년에 밝힌 바 있다. 그 이전에는 과학자들은 하늘의 색을 무지개가 생기는 원리처럼 빛의 굴절과 반사로 설명하였으나 성과를 얻지 못했다.

스트럿은 이 산란 현상은 빛의 파장에 따라 다르다는 것도 밝혀냈다. 공기 중에서 일어나는 빛의 산란은 산소나 질소처럼 입자의 크기가 가시광선 파장보다 매우 작을 때 일어나며, 산란광의 세기는 빛의 파장의 4제곱에 반비례한다는 법칙을 발견하였다. 그의 다른 이름인 작위 명을 붙여 레일리Rayleigh 산란이라고 부른다.

파장이 짧은 파란색의 빛은 산란이 많이 일어나고 파장이 긴 빨간색의 빛은 산란이 적게 일어난다. 예를 들면 파장이 400nm인 파란색 빛의 산란은 파장이 약 650nm인 빨간색의 빛에 비해 약 6배가량 크다. 따라서 파란색은 우리 눈에 잘 보이고 빨간색은 거의 보이지 않는다. 그래서 낮에는 산란된 파란색의 빛이 우리 눈까지 많이 도달해 하늘이 파랗게 보이는 것이다.

그런데 이론상으로 파장이 파란색보다 더 짧은 보라색은 산란이 많아 더 잘 보여야 할 것 같은데 하늘에서는 실제 보기가 힘들다. 그 이유는 산란되는 보랏빛이 없는 것이 아니라 우리 눈은 보라색을 파란색보다 색 인식을 잘 못 하기 때문이다. 이러한 파란 하늘색도 기상 조건이나 지역에 따라서 약간씩 변하는데, 건조한 날의 하늘은 습도가 높을 때보다 더 진한 파란색을 띤다.

반면 아침 일찍 해가 뜨는 새벽녘(아침노을)Morning Glow이나 해가 지는 해질녘(저녁노을)Evening Glow에는 하늘은 파란색이 아니라 노란색이나 붉은색을 띤다. 그 이유는 다음과 같다. 낮과는 달리 아침이나 저녁 무렵에는 태양은 하늘 위쪽이 아닌 지평선 가까이를 통과한다. 따라서 해가 비스듬하게 비추게 되어 햇빛이 통과해야 할 대기층이 낮보다 훨씬 두껍다. 산란된 파장이 짧은 파란색의 빛은 두꺼운 대기층에 대부분 흡수되고 소멸되어 우리 눈에는 거의 보이지 않는다. 반면 파장이 긴 붉은색의 빛은 산란이 소멸되지 않아 하늘이 붉게 보이는 것이다. 특히 저녁노을은 서쪽 하늘

해가 뜨거나 질 무렵에는 해가 비스듬하게 비춰 산란되어 나온 파란색의 빛은 두꺼운 대기층에 산란되어 사라지고 파장이 긴 붉은색의 빛은 남아 하늘이 붉게 보인다.[10]

에 구름과 같은 미립자가 적어야 산란광이 흡수되지 않고 잘 나타난다. 그래서 속설에는 저녁노을이 나타나면 다음 날은 날씨가 좋다고 하는 데 일리가 있는 말이다.

반면 하늘에 떠 있는 구름은 낮의 파란색 하늘과 저녁노을의 붉은색과는 달리 하얗게 보인다. 구름은 작은 물 입자로 이루어져 대기 중에 있는 질소나 산소 등의 작은 분자와 일으키는 레일리 산란과는 다른 산란이 일어난다. 구름 속에 있는 수증기와 물방울 같은 입자들과 충돌을 일으키며 발생하는 산란은 독일 물리학자의 이름을 붙인 미이Mie 산란이라고 한다.

미이 산란은 입자의 크기가 빛의 파장과 비슷한 경우에 일어나는데, 그 산란의 정도는 파장에 관계가 없다. 따라서 빨간색과 파란색 그리고 다른 색들이 모두 비슷하게 산란을 일으키고, 이 다른 색들이 모두 합쳐진 색상인 흰색으로 보이는 것이다. 그래서 구름은 흰색이다. 요즘의 하늘은 파란색보다 뿌연 잿빛을 띠고 있는 날이 더 많다. 매연과 공해로 인한 미세먼지를 통한 산란 현상 때문이다.

빛의 산란을 기술적으로 간접적으로 이용한 것이 그림자가 생기지 않도록 만든 무영등(Surgical light)이다. 병원의 수술실에서 집도할 때 조명으로 사용하는 등인데, 의사나 간호사의 움직이는 손길이나 수술도구로 인해 그림자가 생겨 수술부위가 잘 안 보이는 것을 막기 위해 고안된 특수한 등이다. 전기를 이용한 광원이 없던 시절에는 수술실 네 곳 천장에 거울을 배치하여 그림자를 줄였지만 큰 효과는 없었다.

무영등은 백열전구나 할로겐램프에서 나온 빛에 물체가 가려 생기는 그림자 부분을 다른 전구가 비춰줄 수 있도록 만든 것이다. 작은 전구를 수십 개 각자 다른 방향을 향하도록 배치해서 만들고, 각 전구의 뒤에는 반사판을 대어서 빛이 난반사되도록 한다. 또는 각 전구의 내부에 반사판을 내장한 것을 사용한 경우도 있는데, 이렇게 하면 생기는 그림자를 거의 없앨 수 있다.

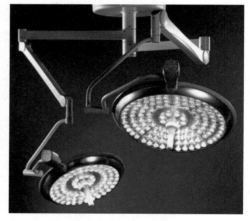

LED등을 각기 다른 방향으로 배치하여 그림자가 생기지 않게 만든 병원의 수술실용 무영등[11]

밝은 빛의 할로겐램프를 광원으로 이용한 무영등이 가장 보편적으로 사용되고 있지만, 최근에는 LED 기술의 발전으로 LED를 광원으로 채택한 무영등이 개발되어 사용되기 시작했다. LED는 밝을 뿐만 아니라 열 발생이 적어 기존의 무영등의 단점이었던 발열로 인한 수술 부위의 건조 현상 등을 최소화할 수 있다.

06. 무지개와 달무리: 빛의 굴절과 반사 그리고 회절

여름철 소나기가 내린 뒤에 햇빛이 나면 하늘 위로 일곱 색깔의 무지개(Rainbow)가 뜬다. 햇빛을 등지고 입에 물을 머금고 뿜어보면 이 무지개를 만들 수 있다. 무지개에 대한 의문은 옛날부터 있었지만, 13세기 때 철학자 베이컨Bacon은 무지개는 태양방향에서 약 42° 벌어진 원추모양을 이룬다는 것을 관측한 바 있다.

1635년 데카르트Descartes는 물방울에 입사하는 수천 개의 광선을 그려서 베이컨의 관측을 증명하였다. 1672년에 햇빛이 여러 색을 가진 빛의 혼합체라는 것이 뉴턴 Newton의 프리즘을 이용한 빛의 분산 실험을 통하여 밝혀졌고, 이후 무지개의 비밀이 밝혀졌다.

비가 내린 뒤의 하늘에는 미세한 물방울이 떠 있고, 입으로 물을 뿜어도 작은 물방울을 만들 수 있다. 이 하늘과 공기 중에 떠 있는 무수한 작은 물방울이 무지개를 만들어낸다고 할 수 있다. 작은 물방울에 햇빛이 입사되면 파장에 따라 굴절되는 각도가 달라진다. 파장이 긴 빨간색은 조금 꺾이고 보라색은 많이 꺾인다. 햇빛이 공기

비가 내린 후 하늘에 나타난 무지개[12]

보다 굴절률이 높은 프리즘을 통과하면서 색깔에 따라 꺾이는 것과 같은 원리다. 굴절되어 방향이 달라진 빛은 물방울 내부를 지나고 물방울을 나가기 전에 일정 부분 다시 반사되어 되돌아 나온다. 물론 이 반사된 빛도 물방울을 나올 때는 다시 굴절을 일으킨다. 물방울을 되돌아 나온 여러 빛깔의 색이 무지개인 것이다.

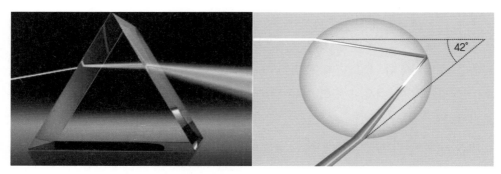

굴절률이 공기와 다른 유리 프리즘(왼쪽)과 물방울(오른쪽)에서 흰색의 빛이 무지개 색으로 분산되는 모습. 모두 빛의 굴절 현상 때문에 색 분산이 일어난다.[13]

그런데 무지개는 항상 빨간색이 위쪽으로 보라색은 아래쪽으로 나타난다. 물방울 내부에서 반사된 뒤 다시 굴절되어 공기 중으로 나온 빛 중에서 빨간색 빛은 원래 입사하여 들어온 빛과 약 42°(정확하게는 42°22″)의 각을 이루고, 보라색 빛은 약 40°의 각을 이룬다. 이때 색, 즉 파장이 다른 빛에 따른 굴절각은 공기와 물의 굴절률 차이로 정해진다.

햇빛은 실제 평행으로 많은 빛살이 물방울에 입사하기 때문에 되돌아 나오는 빛의 궤적은 파장에 따라 나누어진다. 각각의 파장의 빛은 반사되는 물방울의 곡면 때문에 되돌아 나올 때는 3차원의 원추 모양을 이루며 나온다. 가장 굴절각이 작은(원추의 각이 가장 큰) 빨간색 빛은 제일 아래쪽으로 원추 모양의 빛으로 나오는데 그 중 원추의 아래쪽 가장자리 부분이 제일 진하게 보인다. 따라서 무지개의 위쪽에 있는 물방울에 반사된 빛 중 원추의 각이 가장 큰 빨간색이 우리 눈에 선명하게 들어온다. 이와 반대로 아래쪽에 있는 물방울에 의해 반사된 빛은 굴절각이 큰(원추의 각이 가장 작은) 보라색의 원추 중에서 가장자리 맨 위쪽이 선명하게 보인다. 따라서 우리가 보는 무지개는 맨 위가 빨간색이고 맨 아래가 보라색으로 보이는 것이다.

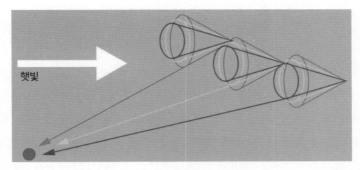

무지개의 색 위치가 다르게 보이는 원리. 각 물방울 내부에서 반사된 후 굴절되어 되돌아 나오는 빛의 궤적은 원뿔 모양을 이룬다. 무지개는 맨 위가 빨간색이고 맨 아래가 보라색이다.[14]

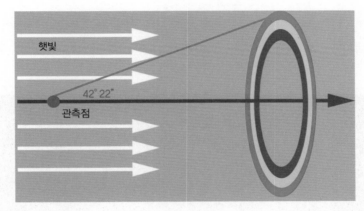

물방울에 반사되는 빛의 대칭성으로 동그란 원형으로 형성되는 원래의 무지개 모습. 지상에서 우리가 보는 무지개는 하늘에 보이는 윗부분만 보는 것이다.[15]

    원래 무지개는 구형의 물방울에 반사되는 빛의 대칭성으로 동그란 원형(Ring)으로 형성된다. 우리는 무지개 중에서 지상에서 하늘에 보이는 윗부분만 보는 것이다. 만약 하늘 높은 곳에서 보면 원형의 무지개를 볼 수 있을 것이다.

    한편 무지개의 색깔은 매우 선명하게 나타나기도 하고 흐리게도 나타난다. 그러다가 햇볕이 계속 나면 무지개는 사라진다. 이러한 차이는 물방울의 크기 때문에 나타난다. 물방울이 크기가 크면 굴절되어 되돌아 나오는 빛의 세기가 커서 더 선명한 무지개를 만들지만 작아지면 흐릿하게 변한다. 해가 나면서 밝아지면 물방울이 사라지고 결국 무지개는 없어진다.

밤에 보는 무지개, 달무리

 그런데 햇빛이 있는 낮에는 무지개를 볼 수 있지만 햇빛이 없는 밤에는 볼 수 없는 것인가? 밤에 뜨는 달도 태양 빛이 달에 비친 빛을 우리가 보는 것이기 때문에 당연히 밤에도 그 달빛으로 무지개를 볼 수 있어야 한다. 밤에 생기는 무지개를 달무리라고 하는데 달 주위에 동그란 빛의 띠로 나타난다. 이것도 대기 중에 떠 있는 먼지나 얼음 알갱이에 의해 햇빛이 굴절, 반사되기 때문에 생기는 현상이다.

 그래서 달무리는 구름 한 점 없이 맑은 날보다는 얼음 알갱이가 하늘에 엷게 퍼져 만들어지는 구름인 권운과 권층운이 낀 날에 나타난다. 그나마 볼 수 있다면 보름달이 떠서 달빛이 아주 밝아야 하고 얼음 알갱이나 물방울 또한 커야 한다. 초승달이나 반달이 떴을 때는 달빛의 세기가 약해서 달무리가 생기기 어렵다.

밤에 보이는 무지개인 달무리[16]

달무리는 안쪽에서 바깥쪽으로 갈수록 밝아지고 달무리가 넓게 퍼져 있으면 희게 보이지만 짙게 형성이 되면 안쪽은 붉은색 바깥쪽은 노란색을 띤다. 또한 달이 지평선에서 40° 이상의 고도에 있으면 동그란 모양이지만 그 이하에서는 타원형으로 보인다.

또한 "달무리가 있으면 비가 온다."라는 옛말이 있는데, 실제로 달무리가 나타나는 날은 비가 올 확률이 60~70%일 정도로 매우 높은 편이다. 일반적으로 권운은 맑았던 날씨가 흐려지기 시작할 때 나타나고, 권층운은 태풍이나 전선이 다가올 때 나타난다. 권운이나 권층운처럼 엷은 구름은 따뜻한 공기가 찬 공기를 타고 올라갈 때 생기며, 이 따뜻한 공기가 비를 만든다.

육류의 살코기에서도 무지개 같은 빛이, 빛의 회절과 간섭
—

하늘에서 보이는 무지갯빛이 놀랍게도 우리가 먹는 음식에서도 발견된다. 돼지의 발을 삶아 양념장에 알맞게 졸인 후에 뼈를 발라낸 족발의 얇게 썬 고기의 표면에서 무지개 색이 비치는 경우가 있다. 초록색에 가까운 무지갯빛 때문에 상한 고기가 아닐까 하여 꺼림칙하여 잘 먹지 못하거나 심지어 버리기도 한다. 그러나 이 현상도 빛의 작용이란 것을 알게 되면 걱정 없이 먹을 수 있을 것이다.

우리가 먹는 고기는 단백질의 가닥인 미오필라멘트Myofilament가 다발로 모인 근원섬유Myofibrils로 되어 있는 근섬유Muscle fiber로 이루어진 근육이다. 이런 근육을 가로방향으로 자르면 근섬유 다발이 끊어지고, 끊어진 단면은 매끄럽지 않고 결이 형성된다. 이 표면에 빛이 비치면 빛의 회절(Diffraction) 현상으로 색 분산이 일어나 여러 색이 비쳐 나온다. 또한 빛이 근육에 투과해 들어간 후 근섬유 가닥에서 반사해 나오는 빛과 원

맛있게 보이는 족발의 살코기 표면에 비쳐 보이는 무지개 같은 빛. 빛의 회절과 간섭에 의해 나타난 것으로 위생과는 관계가 없다.[17]

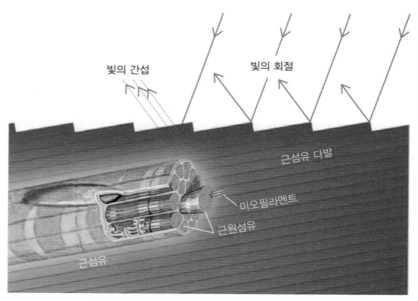

빛의 간섭 빛의 회절

근섬유 다발

미오필라멘트
근원섬유

근섬유

근육의 근섬유 다발이 끊어진 부분이 회절격자 역할을 하여 빛이 회절되면서 색 분산이 일어나 무지갯빛으로 비친다. 또한 근육 층으로 들어간 빛이 근섬유 가닥에서 반사해 나오면서 원래의 빛과 간섭이 일어나서 같은 현상이 일어난다.[18]

래의 빛이 간섭(Interference)이 일어나 무지개 색이 비쳐 보이는 것이다.

육류의 색소는 크게 혈액에 있는 적혈구의 헤모글로빈Hemoglobin과 근육에 있는 미오글로빈Myoglobin으로 이루어져 있다. 헤모글로빈은 혈액 속에서 산소를 운반하고, 미오글로빈은 혈액에서 근육으로의 산소 이동을 촉진해주는 일을 한다. 피를 뽑고 난 고기에는 헤모글로빈이 10~20% 정도, 미오글로빈이 약 80~90%가 함유되어 있다. 조리된 고기의 헤모글로빈이 빛에 반사되면 녹색으로 비치기도 하는데, 이것은 헤모글로빈 단백질의 중심에 있는 철Fe 성분 때문이다. 족발의 살코기에서 비치는 이런 무지개 색은 소고기, 돼지고기, 닭고기, 오리고기 등의 수육에서도 관찰된다.

이러한 빛의 간섭과 회절 현상 때문에 보이는 무지개 색은 우리가 쉽게 접하는 비눗방울이나 물위에 떨어진 기름 막 그리고 CD의 표면에서도 쉽게 볼 수 있다. CD의 표면에 무지갯빛으로 비치는 면을 확대해보면 작은 홈이 파인 자국을 볼 수 있다. 음성이나 영상신호를 디지털 신호로 레이저를 이용해 새겨 넣은 자국인데, 이 작은 홈의 모서리에서 빛이 회절이 되면서 서로 간섭현상이 일어난다. 작은 홈 사이의 간격이 약 800nm이어서 가시광선 영역의 빛의 위상차에 따른 회절과 간섭이 일어나 우리 눈에는 다른 색의 빛으로 분산되어 보이는 것이다. DVD의 경우에는 새겨진 홈의 간격이 CD보다 작은 약 400nm이며 파란색의 레이저 광원을 사용해 홈을 새겨 많은 정보를 저장한다.

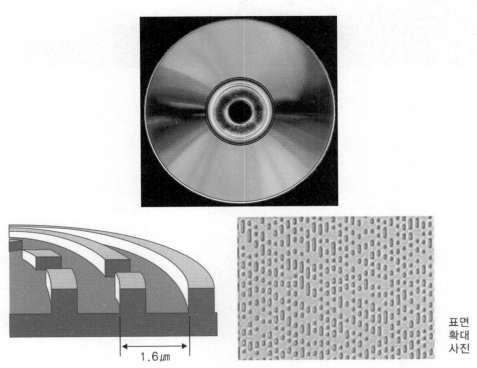

무지갯빛이 나는 CD와 그 표면을 확대한 모습. 레이저로 디지털 신호를 새겨 홈이 파진 부분이 회절격자의 역할을 하며, 빛은 회절하고 간섭하여 여러 색으로 분산되어 보인다.[19]

반면에 비눗방울이나 물 위에 떨어진 기름 막에서 보이는 무지개 색은 빛의 간섭 현상으로 일어난다. 비눗방울은 물의 표면에 얇은 비누막이 형성되어 있는 것이라 물위에 떠 있는 기름 막과 같은 경우라고 할 수 있다. 여러 파장이 섞여 있는 햇빛이 비누막이나 기름 막을 비치면 그 표면에서 반사도 일어나고 일부 빛은 투과해 들어가 물과 닿은 계면에서 반사가 일어나 되돌아 나온다. 표면에서 반사되는 빛과 내부의 계면에서 반사된 빛은 서로 만나 간섭을 일으킨다. 비누막이나 기름 막의 두께가 조금씩 달라 간섭되는 빛의 파장도 달라져 무지개 색으로 비치는 것이다.

비눗방울(위)과 물위에 뜬 기름 막(아래)에 보이는 무지갯빛[20]

07. 빛을 휘게 한다: 전반사

빛이 한 방향으로 곧게 직진한다는 사실을 우리는 경험을 통해서 잘 알고 있다. 문틈으로 들어오는 햇살, 손전등으로 비추는 빛, 자동차의 전조등에서 나오는 빛처럼 빛은 늘 곧게 한 방향으로 진행한다. 빛의 직진과 관련된 현상은 주위에서 늘 볼 수 있다. 바닷가에 있는 등대가 선박들에게 방향을 알려주기 위해 비추는 빛과 영화관의 영사기가 스크린에 비추는 영상도 빛의 직진성을 응용한 것이다.

레이저 포인터로 레이저광을 비추어보면 빛은 항상 앞으로 직진한다는 것을 쉽게 알 수 있다. 물론 이렇게 공기 중에서 직진하는 빛도 물속으로 비추면 물 표면에서 굴절되어 방향이 꺾이지만 그 방향으로 계속 직진해서 나간다. 빛을 거울에 비추면 입사하는 각도에 따라 빛의 진행 방향을 바꿀 수도 있지만 여전히 직진하는 것은 변함이 없다.

그렇다면 이렇듯 앞으로만 내달리는 빛의 방향을 원하는 대로 바꿀 수는 없는 것인가. 거울이나 렌즈 등을 여러 개 각도를 달리해놓고 빛을 비추면 연속적인 반사나 굴절을 통해 그 진행하는 방향을 바꿀 수가 있다. 그러나 정확하게 방향을 바꾸려면 렌즈의 굴절각이나 거울의 반사각의 세밀한 조정이 필요할 것이다.

또 다른 방법으로는 반사 코팅 막을 입힌 금속관 속에 빛을 통과시키고 그 금속관을 구부리는 것이다. 휘어진 거울과 같은 것이라고 할 수 있는데, 원리적으로는 빛의 방향을 연속적으로 변하게 하는 것도 가능하다. 그러나 구부린 금속관의 길이에 한계가 있고 연속 반사를 위해 구부리는 정도를 조절하는 것도 쉽지 않다.

만약 빛을 어떤 매질 내부에 가둘 수 있고 그 매질의 방향을 쉽게 바꿀 수 있다면 빛의 방향도 쉽게 바꿀 수 있을 것이다. 실제 빛을 매질에 가두고 방향을 쉽게 바꿀 수가 있다는 사실은 19세기 초에 알려졌다. 1842년 스위스의 물리학자였던 콜라든 Colladon이 최초로 그 원리를 발견하였고, 이후 1870년에 틴달Tyndall이라는 영국의 물리학자가 그 원리를 규명하였다.

콜라든은 물통 속에 들어 있던 물이 아래쪽에 난 구멍으로 곡선을 그리면서 나올 때 그 물줄기를 타고 빛이 휘어져 따라 나오는 것을 발견하였다. 물속으로 비춰진 빛이 물줄기에 들어왔을 때, 일직선 방향으로 물줄기를 통과하여 공기 바깥쪽으로 나가는 것이 아니라 계속해서 물줄기를 타고 따라 진행한 것이었다. 빛이 곡선 모양의 물줄기와 공기가 만날 때의 각도가 계속 바뀌면서 그 빛이 굴절되는 방향도 계속 달라져 물줄기를 타고 빛이 따라 나온 것이다.

물속을 통과하는 빛은 공기가 만나는 계면 방향으로 입사되는 각도에 따라 그 굴절 방향이 달라진다. 그 입사각이 커지면 굴절각도 커져서, 어느 특정한 각도 이상이 되면 공기 쪽으로 빠져나가지 않고 오히려 물 안으로 되돌아 들어온다. 굴절되어 물 밖으로 통과해 나가야 할 빛이 계면에서 반사되어 다시 물 안으로 들어온다.

어떤 특정한 각도인 임계각(Critical angle)보다 큰 각도로 물과 공기의 계면에 빛이 도달하면 빛은 공기 밖으로 나가지 않고 반사되어 다시 물속으로 들어오게 할 수 있다. 이러한 현상을 전반사Total internal reflection라고 한다. 굴절률이 큰 물줄기 안으로 반사되어 들어온

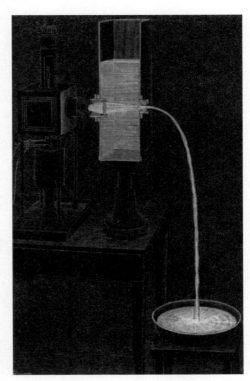

1842년에 출판한 콜라든의 논문에 실린 물줄기를 따라서 구부러져서 전파하는 '빛 파이프'(Light pipe)[21]

빛은 이제는 그 반대 방향으로 향하는데, 또 그 임계각보다 높은 각도를 유지하면 공기 쪽으로 나가지 못하고 또다시 전반사된다. 따라서 빛은 굴절률이 작은 공기 바깥으로는 나갈 수가 없고 물속으로만 진행한다. 즉, 빛의 입사각이 임계각보다 큰 조건을 만족시키면 굴절률이 큰 매질 속에 빛을 가두어 진행시킬 수가 있다.

굴절률이 큰 매질(n_1)에서 작은 매질(n_2)로 빛이 입사하면 입사각(θ_1)보다 굴절각(θ_2)은 커진다. 만약 입사각이 0°인 수직으로 입사하면 굴절각 없이 곧장 빛은 통과한다. 이때 계면에서 약간의 빛(유리에서 공기로 나갈 경우 약 4%)은 반사해 수직방향으로 되돌아온다(A). 입사각 θ_1으로 입사하면 계면에서 θ_1보다 큰 θ_2의 각도로 굴절한다. 이 경우에도 약 4%의 빛은 반사해 다시 들어오는데 그 각은 원래의 입사각인 θ_1과 같다. 즉, 한 개의 빛은 굴절되어 다른 매질로 나가는 빛과 반사되어 돌아오는 빛 두 개로 나누어진다(B).

그런데 입사각 θ_1를 점점 크게 하여 어느 값에 도달하면 굴절각이 90°가 되는데, 이때의 입사각을 임계각, θ_cCritical angle이라고 한다(C). 만약 입사각이 임계각보다 커지면 빛이 굴절해 나가지 못하고 원래의 매질(n_1) 속으로 반사되어 되돌아온다. 이 되돌아 들어오는 빛과 입사각과 같은 각도로 계면에서 늘 반사해 들어오는 빛 모두가 원래의 매질로 들어오기 때문에 전반사全反射라고 한다(D).

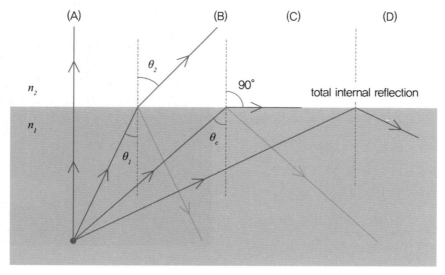

굴절률이 큰 매질(n_1)에서 작은 매질(n_2)로 빛을 입사했을 때의 굴절각의 변화. 입사각이 임계각보다 크면 빛은 다른 매질로 나가지 못하고 반사되어 되돌아 들어온다.[22]

임계각은 두 매질의 굴절률과 관계가 있으며 '스넬의 법칙'을 이용하면 쉽게 구할 수가 있다. 임계각은 $\arcsin(n_1/n_2)$로 표현되며 두 매질 간의 굴절률 차이가 크면 클수록 작아진다. 굴절률이 1.5인 유리에서 공기로 입사하는 경우 임계각은 41.8°이며, 굴절률이 1.333인 물에서 공기로 입사하는 경우에는 임계각이 48.6°이다. 다이아몬드(굴절률 2.42)에서 공기로 입사할 때는 그 임계각은 24.4°이다.

다이아몬드의 반짝임: 전반사

다이아몬드에 빛을 비추면 임계각이 유리에서보다 훨씬 작아 입사된 빛은 공기와의 계면에서 전반사가 잘 일어난다. 전반사가 일어난 만큼 빛은 내부에서 되돌다가 나오므로 매우 반짝인다. 이 전반사를 극대화하기 위해 다이아몬드는 특정한 각도를 가지도록 자르고 연마를 해서 상품화한다.

빛의 굴절과 반사 특성을 이용하여 전반사를 유도하기 위한 각도로 가공한 여러 가지 형태의 보석인 다이아몬드. 다이아몬드는 화학조성은 흑연과 같은 탄소이나 고압과 고온에서 형성된 결정이다.[23]

소위 완전한 컷(Perfect cut)이 되도록 모서리각을 가공하면 전반사가 많이 일어나지만, 너무 깊거나 얕게 잘라 가공을 하게 되면 전반사가 적게 일어난다. 유리를 다이아몬드 모양처럼 자르고 연마를 해도 그 반짝이는 정도가 작은데, 이는 공기와의 굴절률 차이가 작아 임계각이 커서 다이아몬드처럼 전반사가 잘 일어나지 않기 때문이다.

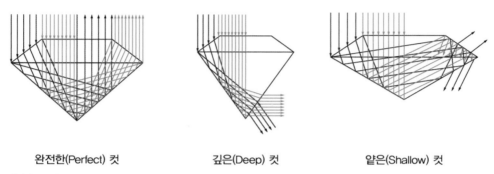

| 완전한(Perfect) 컷 | 깊은(Deep) 컷 | 얕은(Shallow) 컷 |

다이아몬드의 가공에 따른 옆에서 본 빛의 반사 패턴. 완전한 컷의 경우 윗면이나 측면에서 입사한 빛은 아래의 두 면에서 전반사되어 되돌아 나오나, 깊거나 얕게 컷 된 경우에는 전반사가 한 면에서만 일어난다. 실제 다이아몬드는 다수의 윗면과 측면, 아랫면으로 가공되므로 전체 전반사가 일어나는 면이 아주 많아 반짝임이 크다.[24]

이와 같이 전반사를 이용하면 빛을 매질 내에 가두어 전파시킬 수 있다. 빛이 잘 투과하면서도 잘 구부려지는 재료에는 유리나 플라스틱이 제격이다. 그런데 유리는 투과도는 높지만 잘 깨어지는 데 반해 플라스틱은 유리보다는 투과도가 떨어지는 단점이 있다.

빛이 진행하는 방향으로 매질 내부에 빛을 가두기 위해서는, 앞에서 본 물줄기처럼 물과 공기와 같이 굴절률이 서로 다른 재질로 원통형의 구조를 가져야 한다는 것을 짐작할 수 있다. 연필심이 있는 길쭉한 연필을 생각해보자. 굴절률이 높은 중앙의 심 부분으로 빛을 입사하면 심과 나무의 계면에서 전반사가 일어나서 계속 심으로 통과하는 구조다. 실제로는 굴절률이 높은 유리가 심에 해당되고 상대적으로 굴절률이 낮은 유리가 바깥의 나무 부분에 해당된다. 이런 원통형의 구조로 이루어진 가는 유리나 플라스틱을 광섬유(Optical fiber)라고 하는데, 감거나 구부려도 빛은 밖으로 빠져나가지 않고 먼 거리를 진행할 수 있다. 광섬유는 굴절률이 높은(n_1) 코어(Core) 부분과 그 바깥을 둘러싼 굴절률이 낮은(n_2) 클래딩(Cladding) 부분의 이중 구조를 가지고 있다. 빛을 광 신호로 바꾸어 광섬유의 중심 부분인 코어로만 진행시켜 통신이 가능하게 되었고 이를 이용하여 인터넷시대가 열리게 되었다. 석영유리Silica glass계 조성으로 이루어진 유리 광섬유가 대표적으로 광통신의 핵심 소재로 사용된다.

현재 통용되는 광통신용 유리 광섬유의 클래딩은 고순도의 석영유리로 이루어져 있고, 코어는 클래딩보다 굴절률을 높이기 위해 게르마늄Ge을 소량 첨가한 게르마늄 석영유리Germanosilicate glass 성분으로 이루어져 있다. 코어와 클래딩의 굴절률 차이의 비는 약 0.5%이며, 입사된 빛은 코어와 클래딩 계면에서 전반사가 일어나면서 전파된다.

광통신용 광섬유를 이루는 유리는 흠집(Scratch)이 잘생기고 표면이 습기에 취약하므로 그 바깥을 플라스틱 수지로 코팅하여 사용한다. 유리 광섬유의 바깥을 둘러싼 피복 코팅은 아크릴Acrylate계 수지와 폴리이미드Polyimide계(내열성 특수 광섬유의 경우) 수지 등이 주로 사용된다. 일반적인 광통신용 유리 광섬유는 코어 직경이 8~10 μm, 클래딩 직경은 125μm, 폴리우레탄 아크릴 수지 피복 포함 250μm으로 규격화되어 있다.

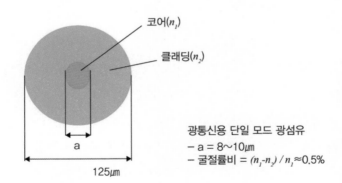

코어(n_1)

클래딩(n_2)

a

125μm

광통신용 단일 모드 광섬유
- a = 8~10μm
- 굴절률비 = $(n_1-n_2)/n_1 \approx 0.5\%$

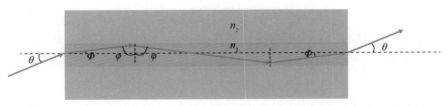

광섬유는 굴절률이 높은 코어와 그보다 굴절률이 낮은 클래딩의 이중 동심원 구조로 이루어져 있으며, 광 신호는 이 코어를 통해 전반사를 통해 빛의 속도로 전파해나간다. 빛이 바깥인 공기에서 θ의 각으로 입사된 후 굴절되어 코어로 진행하며, 코어와 클래딩의 계면에서 만나는 각인 φ가 임계각보다 크면 전반사가 일어나 계속해서 코어로만 진행한다.

이러한 광섬유는 그 바깥을 여러 겹의 보호재로 싸서 전선 같은 코드 형태로 만들고, 이런 광섬유 코드는 수십 개 또는 수백 개의 다발로 만들고 그 바깥을 플라스틱으로 싸서 광케이블을 만들어 사용한다. 우리가 살고 있는 세계는 이러한 광섬유로 이루어진 광케이블이 거미줄처럼 연결되어 월드와이드웹WWW, World Wide Web이라고 부르는 광통신망을 형성하고 있다.

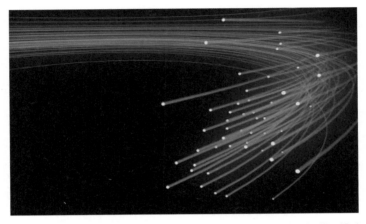

광섬유를 따라 빛이 전반사하면서 전파되어 끝으로 나오는 모습. 광통신에 이용할 때는 적외선 빛을 이용하므로 우리 눈에는 보이지 않는다.[25]

빛이 광섬유의 중심부인 코어로만 진행하므로 광섬유를 구부리거나 감아도 코어로 진행한 빛은 광섬유 끝에서도 코어로 나오게 된다. 이렇듯 직선뿐만 아니라 곡선을 따라서도 빛을 가두어 보낼 수가 있으니 그 쓰임새가 많다.

사람의 접근이 불가능한 사고 현장이나 가는 배관 내부의 결함을 검사할 때 가는 광섬유로 이루어진 내시경을 그곳까지 보내어 빛을 조사하여 조명으로 사용할 수 있다. 빛으로 밝혀진 부분을 내시경 끝에 장착한 소형 CCD 카메라를 이용해볼 수 있다.

마찬가지로 우리가 병원에서 위나 대장을 검사할 때 사용하는 내시경도 광섬유의 빛 전달 특성을 응용한 의료기기이다. 구불구불한 경로를 잘 구부러지는 유연한 광섬유 다발이 들어가고 빛 또한 그 경로를 따라 전파되어 끝에서 비추게 된다. 신체 내부의 영상은 내시경의 또 다른 광섬유 다발을 통해서 밖으로 전달되어 자세히 볼 수가 있다.

유리 광섬유로 이루어진 광통신용 광케이블. 각각의
유리 광섬유는 각기 다른 색의 플라스틱 튜브에
삽입되고, 여러 가닥의 광섬유 튜브는 다시 케블라
같은 보호용 소재에 감싼 후 그 바깥을 여러 겹의
플라스틱으로 감싸 광케이블을 제조한다.[26]

08. 빛의 다른 모습: 편광

날씨 좋은 날 산이나 들에 가서 보는 아름다운 풍경도 해가 강하게 비치면 눈이
부셔 즐기기가 힘들 때가 있다. 이런 날은 자동차를 운전해도 눈이 부셔 유리창을
통해 들어오는 시야도 그리 좋지 않아 위험할 수도 있다. 이때 선글라스Sunglass를 쓰
거나 자동차 운전석 앞에 선바이저Sun visor(햇빛 가리개)를 걸면 한결 눈이 편하고,
밖의 광경은 색이 선명하고 보기에 좋다.

한편 영화관에서 상영하는 입체영화를 보러 가면 까만 일회용 안경을 하나씩 나
누어준다. 그냥 눈으로 보면 화면이 이중으로 보이는데 안경을 쓰고 보면 입체적으
로 보인다. 선글라스나 선바이저 그리고 입체영화용 안경에는 무슨 기능이 있기에
그렇게 보이는 걸까?

빛은 전자기파(Electromagnetic wave)인데 길이 방향으로 사인Sine곡선처럼 전기장이
진동하면서 나아간다. 빛이 진행할 때 이 전기장의 크기와 방향은 계속 변한다. 이러
한 들쭉날쭉한 빛의 상태를 우리 무편광(Unpolarized light)이라고 한다. 그런데 입사
되는 햇빛의 전기장을 특정한 방향으로 바꾸어주면 눈부심을 막을 수 있다. 빛의 속
성을 바꾸어주는 기능인데 이런 기능을 갖도록 만든 안경을 편광 안경이라고 한다.

햇빛은 모든 방향의 전기장이 포함되어 있는 편광이 되지 않은 빛이다. 이러한 무
편광을 한 방향으로만 일정하게 만들 수 있는데 이렇게 바뀐 빛을 편광(Polarized light)
이라고 한다. 일정하게 편광된 빛만 통과시키는 필터 역할을 하는 편광자(Polarizer)에
무편광된 빛을 입사시키면 편광이 되어 나온다. 영화관에서 나눠주는 안경이 편광
자인 셈이다.

입체영화를 제작하는 경우에는 일반 빛으로 촬영하지 않고 빛의 특성을 바꿔, 즉

일반 빛을 한 방향으로 편광(Polarization)시켜 영상을 찍는다. 우리는 편광 안경을 써서 원래 영화를 찍은 상태인 편광 상태로 영화를 보는 것이다. 왼쪽 눈과 오른쪽 눈으로 들어오는 영상은 서로 반대 방향을 이루는 편광이며 뇌에서 입체 영상으로 인식하게 되는 것이다. 입체 안경의 렌즈는 편광(자세하게는 원편광, Circular polarization)을 만드는 플라스틱을 왼쪽과 오른쪽 렌즈에 방향을 90°로 돌려 끼워 만든 것이다.

눈부심을 막아주고 뚜렷하게 보이게 하는 편광 필름으로 된 선바이저(왼쪽)와 편광축이 90°가 되도록 안경을 서로 겹치면 빛이 차단된다(오른쪽).[27]

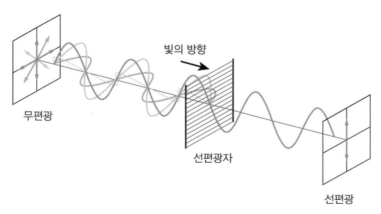

전기장의 축방향이 진행 방향으로 서로 다른 무편광된 빛이 편광자를 통해 한 방향의 축만 가진 빛인 선편광으로 바뀌어 나오는 모습[28]

편광을 이루는 빛의 각도를 달리하면 빛의 세기가 달라진다. 서로 수직인 편광을 서로 겹치면 빛은 차단되고 돌려서 방향을 같게 하면 빛의 세기는 달라지지 않는다.

입체 안경이나 편광 선글라스 렌즈 두 개를 서로 겹쳐서 돌려 보면 쉽게 확인해볼 수 있다.

이러한 빛의 편광 특성은 1699년 덴마크의 과학자인 바스올린Bartholin에 의해 최초로 발견되었다. 투명한 광물인 방해석(Calcite, CaCO₃)에 비스듬하게 빛을 입사하자 두 개의 빛으로 갈라져 굴절이 되는 복굴절(Birefringence) 현상을 발견한 것이다. 굴절되어 나온 빛은 각각의 편광면이 서로 수직인 정상광(Ordinary ray, o-ray)과 이상광(Extraordinary ray, e-ray)의 편광으로 나뉘어 나온다.

이후 1809년에 말루스Malus 또한 창유리에 반사된 저녁 햇빛을 방해석을 통해서 보다가 빛이 두 갈래로 나누어지는 것을 발견하였다. 무편광의 자연광이 방해석 같은 복굴절 매질에 비치면 매질의 경계 면에서는 빛의 일부는 반사되고 나머지는 투과하는데 편광으로 바뀐다. 대기 중에 있는 공기 분자에 의한 산란에 의해서도 편광이 발생한다.

말루스는 편광으로 바뀌었을 때 빛의 세기가 변화하는 것을 두 개의 편광판을 이용해 측정하였는데, 편광된 빛의 세기는 편광면이 이루는 각의 코사인 값의 제곱($I = I_{max} \cdot \cos^2\theta$)에 비례한다는 것을 알아내었다. 두 편광판의 축이 나란하면($\theta = 0°$) 빛의 세기는 최대가 되고, 수직이면($\theta = 90°$) 빛의 세기는 0이 된다.

전기장을 가지고 있는 빛은 편광의 여부와 관계없이 전기장 벡터를 수평 성분과 수직 성분으로 나눌 수 있다. 즉, 무편광의 빛은 수평 편광과 수직 편광으로 나눌 수 있다. 무편광의 빛을 방해석과 같은 복굴절 매질을 통과시키면 수평 편광과 수직 편광의 빛으로 나누어지고 각각의 속도는 달라진다. 따라서 서로 위상차가 생기게 된다. 이때 만약 수평 방향의 선편광을 없애면 수직 방향의 선편광만을 얻을 수 있다. 반대로 수직 방향의 선편광을 없애면 수평 방향의 선편광을 얻을 수 있다.

무편광의 빛이 굴절률이 작은(n_1)인 매질에서 굴절률이 큰(n_2) 매질로 입사할 때 입사각이 어떤 값 이상이 되면 반사된 빛은 편광된다. 이때의 입사각을 브루스터각 Brewster's angle(θ_B)이라고 한다. 브루스터각으로 입사되어 반사된 빛은 경계 면에서 입사 면에 수직인 방향으로 편광이 된다.

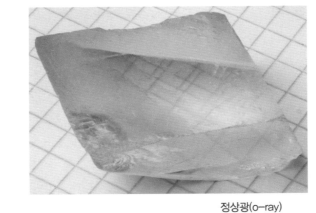

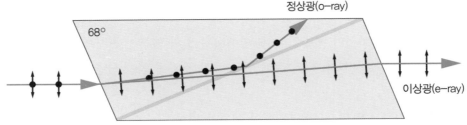

무편광인 자연광이 복굴절이 있는 방해석과 같이 물질에 입사되면 두 갈래의 편광으로 나누어진다.[29]

호수 면이나 도로면에서 반사되어 오는 빛은 편광과 자연광이 섞여 있는 부분 편광인데 그중 수평 편광의 성분이 많다. 따라서 자동차 운전자는 눈부심을 방지하기 위해서 수평 편광을 잘 제거할 수 있도록 만들어진 선글라스를 착용하는 것이 좋다. 편광의 한 성분을 제거해주는 편광 필터는 유리면이나 물에 비친 반사광을 제거하는 역할을 하기도 한다. 사진을 찍을 때 사용하면 콘트라스트Contrast(명암의 차)를 높여주어 색을 더 선명하게 담을 수 있다.

수정Quartz, 방해석Calcite과 전기석Tourmaline 같은 결정은 대표적인 복굴절 물질이다. 빛을 편광으로 나눌 때는 두 개의 방해석을 붙여 만드는데, 이것을 니콜 프리즘Nicol Prism이라고 한다. 두 개로 갈라져 굴절된 빛 중에서 굴절률이 큰 편광인 정상광o-ray은 전반사Total internal reflection시켜 측면의 흑색 코팅에 의해 흡수시키고, 굴절률이 작은 이상광e-ray은 통과시켜 편광을 얻는 것이다.

또한 한쪽 방향의 편광을 없애지 않고 복굴절 매질의 두께를 조절하면서 투과한 후의 두 빛의 위상차를 조절하여 다시 합치게 할 수도 있다. 수평 편광과 수직 편광의 위상차가 90°가 되면 원형 편광을 얻을 수 있다. 복굴절 매질로 들어올 때와 나갈 때의 계면에서 두 번의 굴절이 일어나기 때문에 빛의 진행 방향에는 변화가 없다.

1845년 영국의 패러데이Faraday가 전자기 실험 중에 편광된 빛은 자기장 아래에서는 그 편광면이 회전한다는 현상을 발견하였다. 패러데이 효과(Faraday effect)라고도 하는 이 현상은 수정 같은 결정체에서도 발견된다. 선 편광된 빛을 수정에 통과시키면 그 편광면이 회전하는데, 이러한 물질을 광학적 활성체라고 한다.

각종 당류를 함유하는 액체에서도 패러데이 효과가 있음을 발견하였다. 편광면이 회전하는 각은 편광이 지나간 액체의 두께와 액체의 농도에 비례한다. 따라서 패러데이 회전각을 측정하면 액체 속에 들어 있는 당의 농도를 알 수 있다. 즉, 빛의 성질을 이용해 당의 농도를 측정할 수 있는 것이다.

선편광을 광학적 활성체를 통과시키면 우회전인 원편광과 좌회전인 원편광의 두 개로 분해가 된다. 각 원편광은 활성체를 통과하면서 굴절률의 차이 때문에 위상차가 생긴다. 활성체를 통과한 후에 다시 합쳐진 빛은 두 원편광의 위상이 달라져 편광면이 회전하게 되는 것이다. 이러한 패러데이 효과를 이용하여 편광을 바꾸는 광학 장치를 패러데이 회전자(Faraday rotator)라고 한다.

무편광(왼쪽)과 편광(오른쪽)된 빛으로 본 사물과 풍경의 모습[30]

편광을 이용하여 전류와 회전각을 측정한다

편광면이 자기장하에서 회전하는 현상인 패러데이 효과를 이용하여 전선을 흐르는 전류를 측정할 수 있다. 직선의 도체에 전류를 흘리면 도체 바깥에 전류의 방향에 반시계 방향으로 원형의 자장이 형성된다. 이때 도체 밖에 광섬유를 감고 선편광된 빛을 보내면 광섬유를 통과하는 편광면은 자기장의 크기에 따라 회전하게 된다. 이때 편광면의 회전각이나 빛의 세기를 측정하면 형성된 자장과 도체에 흐른 전류량을 알 수 있다.

최근 기존의 철심형 전류 측정기가 설치된 변전소에 광섬유를 이용한 전류기로 대체하고자 전 세계적으로 노력하고 있다. 이러한 광섬유 전류기(OCT, Optical Current Transformer)는 기존의 철심형 전류 측정기의 단점인 철 포화에 의한 측정 오차를 대폭 줄일 수 있고, 전자기 교란과 상 간섭 등이 없다(자세한 것은 제6장 참고).

비행기 항법 장치나 미사일의 정확한 위치 조정 등에 사용하는 광섬유 자이로스코프(FOG, Fiber Optic Gyroscope)는 빛의 편광을 이용한 것이다. 광섬유를 원형의 코일 형태로 감은 다음, 빛을 두 개로 나누어 서로 반대 방향으로 보낸다. 두 빛이 광섬유를 따라 각기 다른 방향으로 진행하다가 만나면 서로 간섭하게 되고, 이때 간섭이 일어난 빛의 세기를 측정하면 물체의 회전 상태를 감지할 수 있다.

광섬유가 감겨 있는 자이로스코프가 정지 상태에 있으면 두 빛은 서로 위상차가 없어 이 간섭광의 세기는 최대가 된다. 그러나 만약 자이로스코프가 한 방향으로 회전을 하면, 즉 빛을 보내는 광원이 회전을 하면, 같은 방향으로 진행하는 빛이 더 빨리 도달해 두 빛 사이에는 위상차가 생긴다. 따라서 두 빛이 만나 이루어지는 간섭광의 세기는 변화하고 이 변화 값은 회전량에 비례한다. 회전하는 광원 때문에 생기는 간섭광의 세기 변화를 측정하면, 자이로스코프가 장착된 물체가 회전하는 회전량인 각도를 알 수 있는 것이다.

이러한 자이로스코프에 사용하는 광섬유에 입사되는 빛은 편광을 사용하는데, 광섬유 코일을 지나면서도 그 편광 상태는 유지해야 한다. 따라서 편광 상태를 유지할 수 있도록 광섬유 구조를 일반 광섬유와는 다르게 만든 편광유지 광섬유(PMF, Polarization Maintaining Fiber)를 반드시 사용해야 한다.

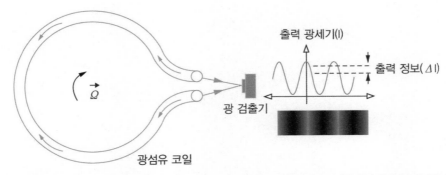

광섬유 자이로스코프의 원리. 광섬유 코일이 회전하면 서로 다른 방향으로 진행한 빛이 간섭해 출력 광세기가 달라진다.[31]

편광유지 광섬유는 광섬유의 코어 주위에 열팽창이 다른 유리를 대칭으로 삽입하여 응력을 인위적으로 발생시켜 만든다. 발생한 응력으로 서로 90° 축 방향으로 굴절률의 변화를 유도하고, 입사된 편광은 그 방향을 그대로 유지되는 특수 광섬유의 일종이다. 광섬유의 코어를 원형이 아닌 타원형으로 만들어도 편광은 유지된다.

광섬유 자이로스코프는 다른 기계적 구조로 만들어진 자이로스코프에 비하여 정밀한 측정, 빠른 측정 시간, 높은 안정성과 내구성, 작은 크기 등 많은 장점을 가지고 있다. 미사일, 항공기, 우주선, 잠수함 등의 항법장치에 필수적으로 사용된다. 최근 로봇, 무인자동화기기 등 자세를 제어하는 장치와 자율 자동차용 항법장치에도 광섬유 자이로스코프가 적용되어 사용되고 있다.

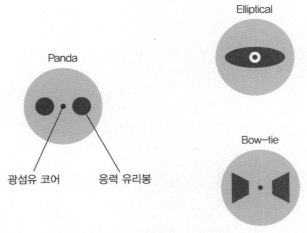

광섬유의 단면을 달리하여 만든 편광유지 광섬유. 코어 주위에 열팽창이 다른 유리를 삽입한 후 응력을 발생시켜 축 방향으로 서로 굴절률이 다르게 만든다. 판다, 타원형, 나비넥타이 등 여러 모양의 단면구조를 가지고 있다.[32]

유리의 성질과 제조

유리의 성질과 제조

09. 유리는 고체가 아니다

　투명하면서 무색인 맑은 유리창은 사물에 다른 색을 입히지 않기 때문에 자연 그대로의 모습을 보여준다. 또한 열기와 한기를 막아주는 가림막도 되므로 건축 재료로 많이 사용해오고 있다. 더욱이 유리는 녹으면 점성을 가져 유리병, 찻잔, 화병 등 가지각색의 모양으로 성형할 수 있다.

　고온의 도가니 안에 녹아 있는 시뻘건 유리를 긴 철 막대 대롱 끝에 찍어 붙여 입김을 불면서 돌리며 화병을 만든다. 엿가락같이 길게 늘어진 말랑한 유리 막대를 가위로 잘라내어 긴 통에 굴려 식히면 영롱한 유리구슬이 만들어진다. 말랑한 뜨거운 유리를 잡아당기면 가는 실처럼 끝없이 뽑아지기도 한다. 금속으로 된 주형에 용융유리를 넣은 다음 눌러 찍어서 다양한 유리 제품을 만들기도 하는데, 예전의 TV의 브라운관 유리나 유리그릇 등은 그런 방식으로 제조하였다.

　이러한 유리 제품이 만들어지는 과정을 보면 유리는 우리가 흔히 보는 알루미늄이나 철 같은 금속과는 다르다. 금속은 온도가 올라가면 달궈지다가 녹는 온도에 이르면 녹아 액체 상태로 변하는 데 반해, 유리는 온도가 올라가면 말랑해지고 점성이 있는 물질로 변한다. 또한 용융된 금속은 냉각하면 일정한 온도에서 응고하여 결정으로 되지만, 유리는 냉각해도 결정이 되지 않고 점차 점성이 증가하면서 단단한 덩어리로 굳는다.

　유리는 일반적인 고체와는 다르게 단단하게 굳은 비결정질의 액체 같은 물체라고 할 수 있다. 물질을 이루는 원자들의 구조 형태를 보면, 원자가 일정한 규칙에 따라 결합하고 배열된 금속이나 비금속과는 달리 유리는 원자가 불규칙하게 그물 구조처럼 연결되어 있다.

이 세상에 존재하는 모든 물질은 원자로 이루어져 있고, 원자는 다른 원자와 결합하여 분자를 이루고 이 분자들이 모여 물체가 된다. 유기물은 주로 탄소와 수소, 그리고 산소의 결합으로 이루어져 있다. 무기물은 금속원자와 산소가 결합한 산화물이나 질소와 결합한 질화물 등으로 이루어져 있다. 순수한 금이나 은, 그리고 구리는 한 가지의 원자로만 이루어진 금속이다. 황동과 청동 같은 것은 구리에 아연이나 주석을 섞고 녹여 만든 두 가지의 원자가 합금된 것이다.

이러한 단원자로 이루어진 금이나 합금인 황동은 구성하는 원자들 간의 규칙적인 배열을 한 결정질의 금속 조직을 가지고 있고 상온에서는 고체의 형태로 존재한다. 반면에 공기를 이루는 산소나 질소와 같은 물질은 각각 산소 원자가 2개, 질소 원자가 2개가 결합한 분자로 존재한다. 산소와 수소는 상온에서는 그 분자가 무질서한 형태의 기체로 존재한다. 만약 온도를 많이 내리면 이러한 기체도 액체산소와 액체질소 같은 액체의 형태로 바꿀 수 있다. 물론 고체인 금속이나 합금도 반대로 온도를 녹는 온도까지 올리면 액체가 된다.

모든 물체는 온도에 따라 고체, 액체, 기체로 그 상태를 바꿀 수 있다. 물론 우리가 일상적으로 보는 상온에서의 물질은 각각 가장 안정한 상태를 유지하고 있다. 물을 예로 들자면 상온에서는 액체로, 온도를 내리면 얼음으로, 온도가 올라가면 수증기의 상태가 가장 안정해 각기 그런 상태로 존재하는 것이다.

그럼 유리는 어떤 원자로 이루어져 있는 것이며 어떤 상태에 있는 물질인가? 가장 간단한 구조를 가진 석영유리(Silica glass)를 예로 들어보자. 유리의 주원료가 되는 모래의 주성분인 이산화규소(SiO_2)는 실리콘(Si) 원자 한 개에 산소 2개가 결합된 산화물이다. 이산화규소로만 이루어진 유리를 석영유리라고 하는데, 석영유리는 우리가 잘 아는 결정체인 수정(Quartz)과 똑같은 이산화규소라고 하는 화학조성으로 이루어져 있으나 성질은 전혀 다른 물질이다.

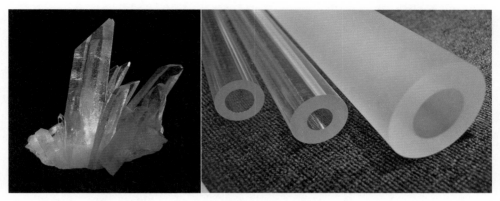

같은 SiO₂ 화학조성을 가진 수정(왼쪽)과 석영유리(오른쪽)의 다른 모습[1]

수정과 석영유리를 이루는 원자의 기본 골격은 실리콘 한 개에 4개의 산소가 결합된 정사면체(Silicon tetrahedron)로 서로 같다. 다른 점은 이 정사면체가 규칙적으로 배열되어 결합된 것이 수정인 데 반해, 석영유리는 이 정사면체가 서로 불규칙하게 연결되어 3차원의 그물망 구조를 가지고 있다는 데 있다.

이 불규칙적인 그물망 구조 때문에 석영유리를 비결정질(Noncrystalline, amorphous) 또는 유리질(Glassy) 상태에 있다고 부른다. 이러한 원자의 구조적인 특성 때문에 유리는 상온에서 딱딱한 고체처럼 보이나 물처럼 액체 같은 성질을 나타낸다. 그 결정 구조의 무정형성 때문에 유리는 상온에서도 고체처럼 보이나 엄밀하게는 고체라고 할 수가 없는 것이다.

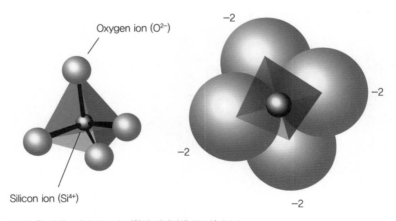

중심에 있는 실리콘 한 개에 4개의 산소가 결합된 정사면체 구조의 SiO₂[2]

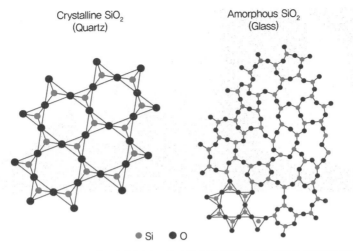

● Si ● O

정사면체가 규칙적으로 결합하여 배열해 있는 결정질의 SiO$_2$인 수정과 불규칙한 그물망 구조의 비결정질 SiO$_2$인 석영유리[3]

　결정과는 다른 불규칙한 그물 구조로 이루어졌다는 유리의 내부는 어떻게 확인하여 알 수 있을까? 실리콘Si과 산소O$_2$의 화합물인 이산화규소로 똑같이 이루어졌으나 외형부터 특성까지 전혀 다른 수정과 석영유리를 비교해보자.

　정사면체의 꼭짓점 네 군데는 산소 원자가 위치하고 그 중심에는 실리콘이 자리 잡고 있는 기본적인 골격은 수정과 석영유리는 똑같다. 그런데 수정은 이 정사면체가 규칙적인 3차원으로 배열된 것인 데 반해, 석영유리는 이 꼭짓점들이 연결되어 있되 무질서한 그물 구조의 형상을 가지고 있다. 두 물질 모두 성분도 같고 화학식도 같지만 형성되는 조건에 따라 결정구조가 달라진 것이다. 같은 물질이라도 원자의 배열구조가 다르면 수정과 석영유리처럼 겉보기 모양도 다르고, 경도도 다르며, 녹는점의 유무도 다르며, 전자기 특성과 광학 특성도 다르다.

　입체적으로 규칙적으로 배열되어 있는 결정 속에 원자 크기 정도의 아주 짧은 파장을 가진 X-선을 비추면 원자 속의 전자는 X-선과 같은 파장으로 진동하여 전자파인 X-선을 발생시킨다. 이것을 X-선 회절(XRD, X-ray diffraction)이라고 한다. 결정 내의 원자에 의하여 산란된 X-선은 특정한 방향으로 강하게 간섭하여 회절된다. 이 회절된 X-선은 특정한 원자들이 이루는 각, 즉 특정한 결정의 면에서 그 세기가 크게 나타난다.

　입사하는 X-선의 파장과 각도가 각각 λ와 θ이고 결정의 면간 거리가 d일 때 '2d

sinθ=nλ'라고 하는 소위 Bragg 조건을 만족하면 회절이 일어난다. 이러한 회절각과 X-선의 세기를 측정하여 물질의 결정구조를 밝혀낼 수 있다. 이러한 X-선 회절법은 1912년에 독일의 물리학자인 라우에Laue가 발견한 방법으로서, 결정구조와 원자 근처에 있는 전자의 분포도 알 수 있어 물질의 결정구조를 분석하는 방법으로 유용하게 쓰인다.

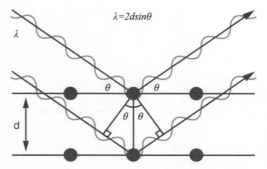

원자에 의한 X−선 회절. 2dsinθ=nλ 조건에 맞으면 회절이 일어난다.[4]

결정구조를 가진 재료와 비결정인 유리에 X-선을 비춰보면 그 회절하는 양상이 서로 다르다. 결정의 경우 X-선의 세기가 특정한 각도에서 뾰족하게 커지는 피크Peak가 여러 개 보이는 반면, 유리는 이러한 피크가 전혀 보이지 않는다. 결정은 원자의 배열이 규칙적으로 되어 있어 원자들이 배열하고 있는 면의 방향에 따라 회절되는 X-선의 세기가 서로 다른 여러 개의 피크로 나타난다. 실제 시편을 회전하면서 회절하는 X-선의 세기를 측정하기 때문에 회전 각도에 따른 X-선의 세기로 그 결과를 나타낸다.

유리는 불규칙하게 이루어진 비결정구조를 가지기 때문에 특정한 결정 면에 따른 X-선 회절 피크가 나타나지 않고 넓은 폭의 연속적인 X-선 스펙트럼이 나온다. 이러한 X-ray 회절시험법을 이용하면 미지의 시편이 유리인지 결정인지 식별할 수 있다. 결정의 경우에는 각 결정면에서의 X-ray 회절 세기를 분석하여 그 결정의 상세한 구조까지 알아낼 수 있다.

X-선 회절을 이용하여 원자핵 주위에 있는 전자의 밀도를 측정할 수 있는데, 이를 통해서도 결정과 유리의 차이점을 알 수 있다. 결정의 경우에는 규칙적으로 배열한 (Long range order) 원자핵을 중심으로 그 바깥에 전자들이 포진해 있는 데 반해, 유리는 원자의 배열이 불규칙하여 그 주위의 전자도 이에 따라 불규칙하게 위치하고 있다. 원자의 배열이 완전히 무질서한 액체와 기체와는 다르게 원자 여러 개 정도의 아주 짧은 거리에서는 약간의 규칙적인 배열도 하는 것(Short range order)이 유리의 특징이다.

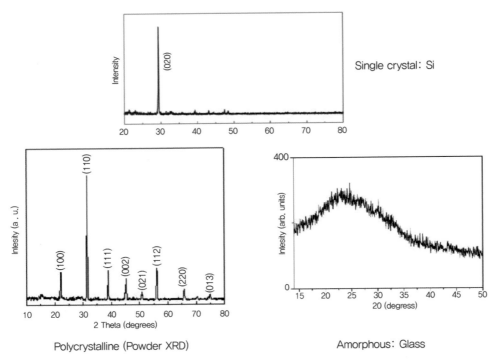

결정과 유리의 X-선 회절 사진. 특정 결정면에서 한 개(Si 단결정), 여러 개(다결정)의 회절 피크가 보이는 결정에 반해 비결정인 유리에서는 피크가 나타나지 않는다.[5]

결정과 비결정인 유리는 온도에 따른 물리적 성질도 매우 다르다. 결정의 경우, 상온에서 온도를 올리면 완만하게 그 체적Volume이 온도에 따라 직선적으로 팽창하다가 녹는점(T_m)에 이르면 그 체적이 수직으로 급격히 증가한다. 반면에 유리는 온도가 올라감에 따라 팽창하는데, 낮은 온도 구역에서는 그 크기가 같은 조성의 물질인 결정과 큰 차이가 없다. 그러나 이후 녹는점에 이를 때까지 차츰 그 팽창률이 증가하다가 결국 녹는점에서는 결정의 체적팽창과 같은 수준에 이른다.

체적팽창의 기울기가 바뀌는 온도를 유리 전이온도(T_g)Glass transition temperature라고 하는데 이것이 유리가 결정과는 다른 큰 차이점이라 할 수 있다. 무정형의 비결정인 유리에서만 발견되는 특이한 현상이다.

체적이 온도에 따라 연속적으로 증가하는 것처럼 또 다른 물리량인 엔탈피Enthalpy와 엔트로피Entropy, 점도(Viscosity)도 유리의 경우 연속적으로 변한다. 물론 결정의 경우에는 점도가 녹는점에서 급변한다. 유리의 온도에 대한 연속적인 점성 특성 때문에 결정 재료는 거의 불가능한 늘이거나 변형을 쉽게 할 수 있다. 이러한 유리가 가진 액체 같은 성질을 이용하여 온도를 변화시켜 쉽게 여러 가지 모양으로 성형이 가능한 것이다.

유리병이나 유리그릇 등 주방용품이나 비커, 플라스크 등 실험실용 유리 제품 등을 원하는 형태로 쉽게 제조할 수 있는 것은 유리의 액체 같은 무정형인 분자구조로 인한 바가 크다. 물론 온도에 따른 점도의 완만한 변화를 가진 고유한 특성도 한몫을 한다. 최근 자동차 유리나 건물의 대형 유리창처럼 강화 처리된 안전유리는 이러한 유리의 점탄성 특성(Viscoelasticity)

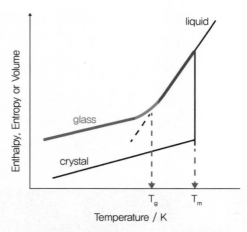

온도에 따른 유리와 결정의 체적, 엔탈피, 엔트로피의 변화 비교[6]

을 응용하여 만든 것이다. 또한 인터넷을 가능하게 한 핵심 소재인 광통신용 유리 광섬유는 고온에서 유리를 당겨 실처럼 뽑아내어 만드는데, 온도에 따른 유리의 점도가 연속적으로 변하는 성질 덕분이다.

유리를 실처럼 뽑거나 늘일 수 있는 까닭은?

—

여행을 떠나 관광지에서 유리공예를 하는 공방을 들여다볼 때가 있다. 이탈리아 베네치아의 무라노Murano섬에 대규모 단지로 형성된 유리 공방이나 동유럽의 체코에 있는 보헤미안 유리 공방은 유명하다. 국내에서도 상업적인 유리 공방이나 공예를 전공하는 미술 대학교에 유리 공작실 등이 있지만 외국처럼 활성화되어 있는 것 같지 않다.

유리 공방에서는 토치에서 나오는 화염을 이용해 유리를 성형한다. 화염을 유리봉의 한 부분에 가져다 대면 유리가 열을 받아 말랑말랑 연해진다. 이때 유리봉을 당겨 늘리고 구부리고 말면서 성형을 할 수 있다. 유리와 유리를 맞대어 붙이기도

하고 실처럼 뽑기도 한다.

유리를 가열하여 성형하기도 하지만 녹아 있는 유리에서 누에고치가 실을 만들어 내듯이 실처럼 뽑아낼 수 있다. 유리장섬유라고 부르는 실모양의 유리섬유는 녹인 유리를 거미줄 가닥처럼 뽑아내 여러 가닥을 꼬아서 실처럼 만든다. 유리장섬유로 된 실을 직조하여 면직물처럼 만들어 섬유강화 플라스틱(FRP, Fiber Reinforced Plastic) 등의 보강재로 사용한다. 이 FRP는 전자회로기판(PCB)으로 많이 사용되며, 항공기, 자동차, 전철, 요트 등 대형 구조물의 몸체 부분을 만들 때도 요긴하게 사용 된다. 보강재로 들어간 유리의 특성으로 기계적 강도가 높을 뿐만 아니라 전기적·화학적 특성도 우수하고 가볍고 불에 잘 타지 않는 장점이 있다.

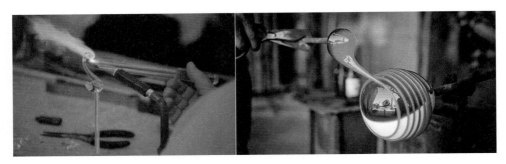

유리 공방에서 사용하는 산수소 화염 토치와 유리를 늘여 성형하는 모습[7]

또 다른 유리의 가공 방법으로는 유리봉 형태의 모재를 가공하기 적절한 온도로 가열한 다음 잡아당겨 연속적으로 실처럼 뽑아서 만드는 것이다. 석영유리 성분의 광통신용 광섬유는 약 1,900℃ 정도의 고온에서 한 가닥으로 인출하여 제조한다.

유리를 성형하여 가공하려면 우선 유리를 가열하여 연하게 만드는 열원이 있어야 한다. 유리의 성분에 따라 성형이 가능한 온도는 달라지므로 온도의 변화 폭이 넓고 그을음이 발생하지 않는 깨끗한 열원이 필수적이다. 이런 것을 만족할 만한 열원으 로 산소와 수소의 혼합가스를 이용해 연소하여 얻는 화염이 가장 적합하다. 산소와 수소의 상대적인 양을 달리하여 온도를 조절하는데, 화염의 색이 붉은빛이 돌수록 온도는 낮으며 파란색으로 변해가면 온도는 올라간다. 이러한 산수소 토치를 이용 하면 약 2,000℃까지 올리는 것도 가능하다.

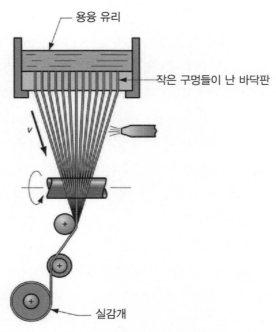

용융된 유리를 구멍을 통해 여러 가닥으로 뽑아낸 후 합쳐서 만드는 유리 장섬유[8]

실감개(Spool)에 감긴 유리장섬유와 유리장섬유와 고분자 수지를 이용해 만든 FRP[9]

그렇다면 유리가 아닌 다른 물질도 열을 가하면 유리처럼 말랑하게 되고 엿가락처럼 늘일 수 있는 것일까? 아니란 것을 쉽게 알 수 있다. 나무에 불을 붙이면 나무는 타서 숯이나 재로 변한다. 열을 가해 연소가 일어나는 화학반응이 일어나면 원래의 물질은 산화가 일어나 다른 물질로 변한다. 유리처럼 성형 가공을 하려면 열을 가해도 화학적인 변화는 없어야 한다. 그리고 열을 가해 고체가 액체로 변하는 등 상태의 변화 또한 없어야 한다.

금속에 열을 가하면 그 표면은 산화 반응이 일어나 색도 변하기도 하지만 늘여서 가공할 정도로 연하게 되지는 않는다. 만약 열을 더하여 온도를 많이 올리면 고체인 금속은 녹아서 액체 상태로 변한다. 즉, 고체에서 액체로 물질의 상태가 변해 어떻게 늘여보거나 가공하기가 거의 불가능하다. 예를 들어 융점이 낮은 금속 합금인 땜납은 열을 가하면 순간적으로 녹아 액체 상태가 된다. 이러한 장점으로 구리전선 등을 전기적으로 연결시킬 때 요긴하게 쓰인다. 유리라는 물질은 어느 정도 열을 가해도 화학적인 변화가 없고 단단한 고체 같은 상태에서 액체로 급격하게 변화하지 않는 특이한 물질인 것을 알 수 있다.

그렇다면 유리의 어떠한 성질이 온도를 가해도 고체에서 액체로의 급격한 상태 변화가 없는 것일까? 금속의 산화물로 이루어진 유리는 상당히 화학적으로 안정한 물질이라 특별한 경우 아니면 산소를 공급하며 열을 가해도 화학적인 변화가 없다. 그렇다면 왜 열을 가해 온도를 높여도 더 부드러워 물러질 뿐 액체로 변하지 않는 것일까?

유리의 가장 큰 특징은 그 분자구조에 있다. 유리는 불규칙적인 3차원의 그물 구조로 이루어져 상온에서는 고체처럼 딱딱하나 일반적인 결정 상태의 물질과는 달리 액체의 성질도 함께 가지고 있다. 좀 더 자세하게는 유리는 상온에서도 과냉각된 액체(Supercooled liquid)의 상태로 존재한다.

예를 들어 똑같은 이산화규소 화학적 조성을 가진 단결정인 수정과 비결정질 재료인 석영유리Fused silica glass를 비교해보자. 고체인 수정을 가열하여 온도를 올리면 아주 작은 양으로 천천히 팽창하다가 녹는 온도가 되면 그 팽창률이 수직으로 증가하여 고체가 액체로 변한다. 반면 석영유리도 온도에 따라 팽창하는데 어느 온도까지는 수정과 큰 차이는 없으나, 유리전이온도(T_g)라고 하는 유리만이 가지고 있는 특정한 온도에서 그 팽창의 기울기가 달라져, 즉 팽창률이 증가하여 녹는점에 이르기까지 연속적으로 증가한다. 수정처럼 녹는점에서 급격한 부피의 변화를 보이는 성질은 실제 모든 결정질 물질이 보이는 공통적인 상태의 변화를 나타낸다.

온도의 변화에 따라 부피가 증가하는 것처럼 유리가 가지고 있는 고유의 특성인 점도도 비슷한 양상으로 변한다. 따라서 유리전이온도 이상의 온도에서 힘을 가하면 유리는 점성에 의해 가늘게 늘어나게 된다. 수정과 같은 결정질 물질은 같은 온도에서는 당겨도 큰 변화가 없다가 온도를 더 올리면 액체로 녹아버린다.

연속적인 부피의 변화와 점성의 변화를 나타내는 유리의 성질 때문에 우리는 유리를 쉽게 성형 가공할 수가 있다. 열을 가해 유리가 물러지면 힘을 가해 당겨 늘이거나 감거나 할 수 있다. 성형 가공하기 적절한 온도는 유리가 가진 점도와 연관이 있으며, 유리의 성분에 따라 그 가공하는 온도 또한 다르다.

10. 녹이지 않고도 유리를 만들 수 있다

유리 공장에 직접 가보지 않아도 우리는 책이나 TV 등의 매체를 통해서 유리는 유리 원료를 고온에서 녹여서 만든다는 것을 알고 있다. 녹은 유리를 넓은 형태로 만들어 식히면 판유리가 되고 틀에 넣어 만들면 그릇이나 병 모양이 된다. 판유리와 병유리 등은 이제 자동화되어 유리 공장에서 쉴 새 없이 대량으로 생산된다.

유리 공방에서 화병 하나를 만들려면 간단한 몇 가지의 공정을 거친다. 먼저 유리 원료를 도가니에 넣고 가열해 빨갛게 쇳물처럼 녹인다. 녹아 있는 유리를 철봉 관 끝에 묻혀 입으로 바람을 불면 풍선처럼 부푼다. 그다음 유리를 자르고 돌리고 모양을 잡아 예쁜 화병을 완성한다. 이렇듯 유리를 만들기 위해서는 유리 원료를 먼저 녹인 다음 성형하거나 연마하는 등의 가공하는 과정을 거친다.

일반적으로 대부분의 유리는 고온에서 유리 원료를 용융해서 만든다. 그런데 용융하지 않고도 유리를 만드는 방법들이 있다. 그 하나는 기체 상태의 원료를 사용하여 화학반응을 통해 유리를 만드는 방법이고, 또 하나는 액체 상태의 원료를 화학반응을 통해 저온에서 합성해 만드는 방법이다. 예를 들어 광통신용 광섬유가 되는 유리는 이산화규소 외에는 다른 금속이 불순물로 전혀 없어야 하며, 물(OH)의 허용치도 수 ppb(10억분의 일) 이내를 요구한다. 이런 까다로운 조건의 유리는 용융해서 만들기는 실제로 불가능하다.

용융법에 의한 유리 제조

—

유리를 만드는 첫 번째 방법인 용융법은 유리의 원료를 조성비에 맞춰 섞은 다음 가열해 녹이는 것이다. 예를 들어 단일 성분의 이산화규소^{SiO_2}로 이루어진 석영유리 $^{Silica\ glass}$는 그 원료가 되는 수정^{Quartz}이나 고순도의 규사나 규석을 고온에서 가열해서 녹여 만든다. 광학용 석영유리는 분말 상태의 고순도의 수정이나 규사를 산소-수소 화염을 이용하거나 전기로에서 1,700℃ 이상의 온도에서 용융해서 만든다. 고온의 가열 비용이 높고 냉각 시에 급격한 점도 변화로 유리를 성형하는 데에도 어려움이 있다.

유리 원료를 도가니 내부에 넣고 가열하여 소다석회 규산염 유리를 용해한 다음(위), 적정량의 용융된 유리를 공급하며 유리병을 만드는 모습(아래)[10]

창유리나 병유리 등 이산화규소 외의 성분으로 산화나트륨Na_2O과 산화칼슘CaO 등이 부성분으로 있는 소다석회 규산염 유리Soda lime silicate glass를 제조할 때는 원료의 선택이 다양해진다. 유리의 원료로 산화나트륨과 산화칼슘을 사용하는 것이 아니라, 용융하고 난 후 유리의 구성 성분인 산화나트륨과 산화칼슘으로 변할 수 있는 물질을 사용한다.

산화나트륨의 원료로는 주로 탄산소다Na_2CO_3를 사용하며, 고온에서 Na_2CO_3는 O_2와 반응하여 Na_2O와 CO_2로 분해된다. Na_2O는 유리의 한 성분으로 들어가고 CO_2는 가스로 배출된다. 탄산소다는 유리의 용융 온도를 낮추어 주는 역할을 하는데, 유리가 만들어지고 나서는 유리전이온도Glass transition temperature를 낮추어준다.

탄산칼슘$CaCO_3$의 원료로는 주로 석회석$CaCO_3$를 사용하며, 고온에서 O_2와 반응하여 CaO와 CO_2로 분해되고 CaO는 유리의 성분으로 남고 CO_2는 배출된다. 유리 원료가 용융해 유리로 변하는 것도 화학반응의 하나인 셈이다. CaO를 첨가하는 이유는 Na_2O의 첨가로 낮아진 유리의 화학적 내구성을 높이기 위해서이다.

Na_2O나 CaO를 유리의 구성 성분으로 첨가하기 위해 탄산소다나 탄산칼슘 같은 탄산 화합물을 원료로 사용하지만 Na나 Ca가 포함된 다른 화합물도 가능하다. 망초라고 부르는 황산나트륨Na_2SO_4이나 석고인 황산칼슘$CaSO_4$ 같은 황화물을 사용할 수 있다. 그러나 이러한 황화물은 반응 후에는 유독한 이산화황 가스SO_2가 배출되어 유리의 원료로는 거의 사용하지 않는다.

만약 유리의 성분으로 산화마그네슘MgO을 첨가하려면 마그네슘Mg이 들어 있는 마그네사이트$MgCO_3$를, CaO과 MgO를 함께 첨가하려면 백운석이라고 부르는 돌로마이트$CaMg(CO_3)_2$를 원료로 사용하면 된다. 붕소B를 첨가하려면 붕산H_3BO_3을 원료로 사용할 수 있다. 원칙적으로 용융이라는 고온의 화학반응을 통해 유리의 성분이 될 수 있는 것은 모두 유리의 원료로 가능하다.

유리를 만들기 위해서는 주로 고체 상태로 존재하는 유리가 되는 성분을 포함하는 원료를 녹여서 만든다. 그런데 유리의 원료 중 가장 많이 사용되는 이산화규소 성분의 모래나 규석에는 자연적으로 철Fe과 같은 불순물이 많이 함유되어 있다. 만약 불순물이 없는 유리를 만들기 위해서는 우선 불순물이 없는 정제된 원료를 사용하면 될 것이다. 그러나 고체 상태로 존재하는 물질의 순도를 높이기가 기술적으로 쉽지 않고 비용도 많이 든다.

대신 유리로 변환될 수 있는 원료를 기체나 액체 상태로 만들면 그 순도를 아주 높게 올릴 수가 있다. 예를 들어 액체를 온도를 계속 올리면서 섞여 있는 불순물을 휘발시켜 단계별로 제거하는 방법을 사용하면 가능하다. 이러한 방법은 석유를 정제할 때 많이 사용하며 유리의 원료도 같은 원리로 순도를 높일 수 있다.

가스-가스 화학반응을 이용하여 제조한 합성 석영유리. 용융법으로 제조한 석영유리와 OH 등 불순물의 농도 이외에는 특성에는 큰 차이가 없다.[11]

석유의 정제는 온도를 점진적으로 올려가면서 낮은 온도에서부터 휘발되는 가스를 응축하여 원하는 물질을 뽑아내며 이루어진다. 가장 낮은 온도에서 먼저 휘발되는 것이 가솔린Gasoline, 다음 높은 온도에서는 등유Kerosene, 가장 높은 온도에서는 경유Diesel가 휘발되어 나온다. 순수한 물질을 얻는 방법이자 액체에서 불순물을 제거하는 방법이다. 이러한 방법을 분별증류(Fractional distillation)라고 하는데, 이 방법을 이용해 원료물질의 불순물을 제거할 수 있다.

액체나 가스 상태의 유리 원료를 가열하여 섞여 있는 불순물을 가스 상태로 휘발시켜 온도별로 제거하는 것이다. 만약 불순물의 휘발온도가 더 높다면 낮은 온도에서 원하는 물질을 먼저 정제한 후 남은 불순물은 따로 처리하면 된다. 이러한 증류 과정을 수차례 거치면 순도가 극히 높은 원료를 만들 수 있고, 고순도가 필요한 유리를 제조하는 원료로 사용할 수 있다.

광통신용 광섬유로 사용되는 유리의 원료는 불순물이 거의 없는 초고순도 수준을 맞춰야 하는데, 분별증류를 통해 제조한 고순도의 원료 용액을 이용한다. 광섬유는 클래딩은 석영유리, 코어는 이산화게르마늄GeO$_2$이 적정량 추가된 게르마늄 석영유리 Germanosilicate glass로 이루어진 유리이다. 특히 광섬유를 제조한 후 코어 부분에 존재하는 불순물인 OH의 농도는 수억분의 일 이하가 되어야만 한다. 광섬유의 코어 부분을 따라 진행하는 광통신 신호인 빛이 불순물로 인해 그 세기가 감소하는 것을 최소화해야 하기 때문이다.

　유리를 고체 상태의 원료를 녹여서 만드는 용융법으로는 불순물을 최소로 줄일 수 있는 방법이 산업적으로는 한계가 있다. 따라서 원료를 액화 상태로 만들어 불순물을 최소화한 뒤, 이 고순도의 액체 원료를 열을 가해 가스화한 뒤 가스-가스 화학반응을 유도하여 유리를 만드는 것이다.

가스-가스 화학반응을 통한 유리 제조
—

　가스-가스 화학반응을 통해 최종적으로 석영유리가 되는 원료는 산소와 반응하여 석영유리 성분인 SiO_2가 될 수 있는 물질이 되어야 한다. 가장 많이 사용되는 원료물질로는 사염화실리콘$SiCl_4$이나 실란Silane이라 부르는 수소화실리콘SiH_4 등이다.

　액체 상태의 사염화실리콘에 산소O_2를 불어 넣어 거의 가스 상태 같은 미세한 에어로졸로 만든다. 다음 $SiCl_4$와 O_2를 고온에서 반응시키면 미세한 석영유리SiO_2 입자와 염소Cl_2 가스가 형성된다. 이러한 방법으로 미세한 석영유리 분말 층을 얻는 방법을 화학 증착(CVD, Chemical Vapor Deposition)이라고 한다.

　또 다른 방법으로는 CVD 방법과는 달리 외부에서 별도로 온도를 올리지 않고, 사염화실리콘을 산소와 수소를 이용한 화염과 함께 반응시켜 석영유리의 미세한 분말을 얻는 방법인데, 화염가수분해 증착(FHD, Flame Hydrolysis Deposition)이라고 한다.

화염가수분해 증착 공정으로 미세한 석영유리 입자를 쌓아 올리는 모습. 이후 소결 공정을 거쳐 맑은 석영유리로 변신한다.[12]

이러한 고온의 가스-가스 반응을 통해 발생한 염소Cl_2 가스는 배출시켜 별도로 처리하여 관리하고, 석영유리는 수 나노미터Nanometer($\sim 10^{-9}$m) 크기의 미세한 입자 형태로 생성된다. 이 미세한 입자의 석영유리 분말은 응용에 따라 기판이 되는 재료, 예를 들면 Si wafer의 바닥면이나, 광통신용 광섬유 모재의 경우에는 공정에 따라 유리관의 내외부벽에 증착된다. 이 석영유리의 분말을 원하는 두께가 될 때까지 여러 층으로 쌓은 다음에는 고온의 열을 가하여 고체 형태의 맑고 투명한 석영유리로 만든다.

가스-가스 반응을 통해 형성된 미세한 유리 입자는 확대해보면 서로 붙어 있고 사이사이 빈 공간이 있는 상태이다. 이러한 Soot의 형태로 있는 유리 입자를 용융시킬 때의 온도보다 낮은 온도에서 열을 가하면 치밀하고 투명한 유리가 된다.

미립자의 유리가 열을 받으면 입자의 계면은 서로 붙어 표면적을 줄이며, 시간이 지나면서 입자 사이의 공간은 없어지고 치밀한 유리 조직이 된다. 이러한 공정을 소결(Sintering)이라고 부르는데, 쌓인 눈이 온도가 올라가면 서로 붙어 얼음같이 변하는 것의 원리도 이와 같다. 소결할 때의 온도는 유리를 녹여 만드는 온도보다 낮아 에너지의 소비가 적은 장점도 있다.

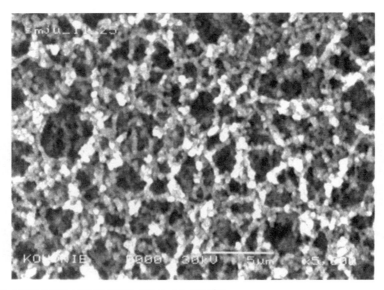

CVD 공정으로 형성된 미세한 석영유리 분말이 쌓여 Soot을 이룬 형태

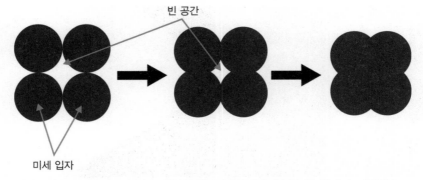

빈 공간

미세 입자

유리 미세분말의 소결 과정. 고온에서 시간이 증가할수록 빈 공간이 줄어 유리분말은 치밀한 유리로 변한다.[13]

이러한 가스-가스 화학반응을 통한 방법으로 만든 석영유리는 용융시켜 만든 용융석영유리(Fused silica glass)와 구별해 합성석영유리(Synthetic silica glass)라고 부른다. 석영유리에 다른 원소를 첨가할 때는 가스 상태의 염화물을 원료인 $SiCl_4$과 함께 혼합하여 사용하면 된다. Ge은 $GeCl_4$, P는 $POCl_3$, Al은 $AlCl_3$, B는 BCl_3를 주로 사용하며, 반응 후 유리의 성분이 되었을 때는 GeO_2, P_2O_5, Al_2O_3, B_2O_3의 성분으로 석영유리인 SiO_2 그물망 구조 속에 자리 잡는다. 이런 방법으로 유리는 원료를 고온에서 녹이지 않고 가스-가스 화학반응을 통해서 만든다. 화학반응의 결과로 얻어진 미세한 유리 입자를 유리의 용융 온도보다 낮은 온도에서 소결시켜 최종 유리를 만드는 것이다.

솔-젤 반응을 통한 유리 제조

유리를 만드는 또 다른 세 번째 방법은 가스-가스 반응이 아닌 액체 상태의 원료 용액을 상온의 액체 상태에서 반응시켜 만드는 것이다. 이 또한 화학반응을 통한 유리화 공정의 하나이다.

우선 유리의 원료가 되는 물질을 용액 상태로 만들어 물과 반응시키는 가수분해와 중합반응, 건조 과정 그리고 소결 과정을 거쳐 유리를 제조한다. 예를 들어, 단일 조성SiO_2으로 이루어진 석영유리의 경우, 무기물인 실리콘Si이 탄소C와 수소H 등의 유기물질과 결합된 유무기복합체가 원료물질이 되는데, 최종 반응 후에는 유기물질을 다 없어지고 SiO_2만 남게 된다.

Si 유무기복합체인 TEOS를 가수분해한 후 약 1,000℃에서 안정화시킨 Xerogel(왼쪽의 (a))과 Xerogel을 고온 소결 후에 만든 석영유리(왼쪽의 (b)), Wetgel 상태의 Silica gel을 건조하여 만든 솜처럼 가벼운 Silica aerogel(오른쪽)[14]

석영유리의 원료 용액Solution으로는 Si 유무기복합체인 실리콘 알콕사이드Si Alkoxide인 TEOSTetra-ethoxysilane, Si(OC₂H₅)₄나 TMOSTetra-methoxysilane, Si(OCH₃)₄가 많이 사용된다. TEOS의 경우, 가수분해 반응($Si(OC_2H_5)_4+2H_2O \rightarrow Si(OH)_4+4C_2H_5OH$)을 거치면 $Si(OH)_4$가 형성되면서 중합이 일어나 젤Gel같이 말랑한 상태인 축축한 Wetgel이 된다. 만약 Wetgel을 온도와 조건을 달리하여 건조하면 조직이 치밀하지 않은 형태의 석영유리도 만들 수 있다.

이 말랑한 Wetgel을 건조시키면 함유되어 있는 물 분자가 날아가 Xerogel이 되고, 수분이 빠진 다공성의 Xerogel을 고온에서 소결하면 치밀한 석영유리로 변한다. 만약 Wetgel을 초임계 건조(Supercritical drying)라는 공정으로 건조시키면 형태는 변함이 없고 기공이 많은 솜같이 가벼운 Aerogel이 된다.

이러한 화학 공정을 용액(Solution)과 젤 상태(Gelation)의 앞 글자를 각각 따라서 솔－젤(Sol-gel) 공정이라고 부른다. 얇은 막과 다공체의 석영유리를 만들기에 적합하나, 건조하고 소결하는 공정이 까다로워 대형으로 만들기 어렵고 제조 공정과 시간이 오래 걸리는 단점이 있다.

이러한 솔－젤 공정을 이용하면 아주 복잡한 형상의 유리 제품을 만들 때 유용하다. 액체 상태의 솔을 이용해 원하는 형상대로 틀에 부어 만들 수 있기 때문이다.

이러한 솔－젤 공정은 유리 원료를 용융해서 만드는 방법보다 훨씬 낮은 온도에서 이루어진다는 장점이 있다. 유리의 성분을 바꾸려면 용액 상태의 다른 원소의 유무기복합체 원료를 찾아 함께 혼합하여 사용하면 가능하다. 또한 소결을 통한 유리화를 조절하면 기공이 남아 있는 다공체 유리를 제조할 수 있다.

결론적으로 유리는 유리의 원료를 용융하여 주로 만들지만, 최종 목적 제품의 특성에 따라 가스 상태의 원료를 가스-가스 반응을 통하거나 용액 상태의 원료를 용액-용액의 화학반응을 통해 만들기도 한다.

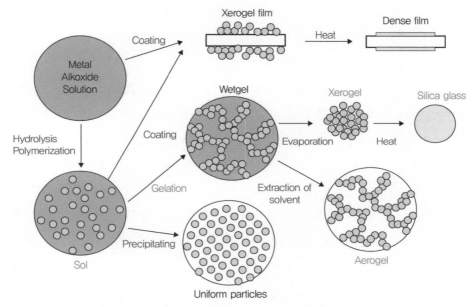

TEOS와 같은 금속 알콕사이드(Metal Alkoxide)는 가수분해(Hydrolysis)와 고분자화(Polymerization)를 거쳐 Sol이 얻어지고 중합반응을 통한 Gelation 반응으로 Wetgel이 형성된다. 이 Wetgel은 용매가 증발되는 건조되는 과정(Evaporation)을 거쳐 체적이 줄어든 Xerogel이 되고 이를 고온에서 소결하면 석영유리가 된다. 만약 Wetgel을 초임계 건조라는 공정으로 용매를 빼내면(Extraction of solvent) 형태는 변함이 없고 기공이 많은 솜같이 가벼운 Aerogel이 된다.[15]

꽃이 타지 않을 정도로 단열성이 우수한 솔-젤 공정으로 제조한 석영유리 Aerogel. Aerogel은 2~5nm 크기의 미립자들이 연결된 그물망 구조를 하고 있으며 공기가 99.8%를 차지하여 솜처럼 가볍다. 얼어붙은 연기(Frozen smoke)라는 별명을 가지고 있으며 레일리 산란으로 약간 푸른빛이 돈다.[16]

11. 유리에서 광섬유 실을 뽑는다

광통신용 유리 광섬유는 광 신호가 되는 빛을 유리의 중심 코어 부분으로 입사하여 전파하는 매질이다. 전 세계가 연결되어 빛이 지나는 통로인 광섬유는 굴절률이 다른 유리가 동심원으로 이루어진 이중구조로 되어 있다. 빛은 굴절률이 높은 코어 부분을 전반사를 통해 전파하며 구부려져도 코어를 따라 전파한다. 빛의 속도로 광 신호가 전파되므로 아무리 멀리 떨어져 있어도 순식간에 많은 양의 정보를 주고받을 수 있다.

광섬유 코어를 지나는 동안 정보 자체인 빛의 세기가 줄어든다면 문제가 된다. 따라서 광 신호가 유리 매질에 의한 광 흡수로 발생하는 광 손실을 최소로 줄이기 위해서 그 원인이 되는 불순물이 거의 없도록 광섬유를 제조해야만 한다. 실제 제조 기술이 정점에 이르러 이론적인 최소의 광 손실 값까지 낮춘 광섬유가 제조되어 사용되고 있다.

굴절률이 서로 다른 코어와 클래딩의 이중구조로 이루어진 광섬유는 각각의 유리 조성 또한 다르다. 이러한 광섬유는 똑같은 이중구조를 가진 유리의 모재(母材, Preform)를 먼저 만든 후 이를 고온에서 실처럼 뽑아 제조한다. 광섬유 모재의 제반 특성이 이를 인출하여 만드는 광섬유에 그대로 전달되므로 모재의 품질을 규격에 맞추는 것이 중요하다.

최종 제조할 광섬유 코어와 클래딩의 상대적인 크기와 같이 모재를 맞추어야 하고, 코어는 광섬유 모재의 단면에서 편심 없이 정중앙에 위치하여야 한다. 그리고 코어와 클래딩의 굴절률도 광섬유의 굴절률과 함께 정확하게 맞추어야 한다.

특히 광 신호인 빛은 코어를 통해 지나가므로 코어가 되어 유리의 순도가 아주 중요하다. 석영유리SiO_2 조성의 클래딩 안쪽의 중앙에 위치한 코어는 굴절률을 높이기 위해 석영유리에 적은 양의 GeO_2가 함유되어 있는 게르마늄 실리케이트Germanosilicate glass 유리로 이루어져 있다. 이 코어 유리 속에 SiOH 분자 형태로 존재하는 물OH이 광흡수를 일으키는 주된 원인이므로, 제조 시 최소한의 농도(수 ppb(10억분의 1)) 이하로 낮추지 않으면 안 된다.

따라서 아주 순수한 유리의 원료를 사용하더라도 용융하여 제조하는 방법에는 한계가 있다. 용융 시 물 분자의 유입을 완전하게 차단하기 어렵고, 유리 조성이 다른 유리를 코어와 클래딩의 형상인 이중구조의 원기둥으로 만들기 어렵다. 따라서 고순도의 유리 원료를 가스-가스 화학반응을 통해 광섬유 모재를 만드는 공정이 발전하여 현재는 보편화되었고, 최근에는 한 개의 광섬유 모재에서 2,000km의 길이로 광섬유를 뽑을 수 있을 만큼 생산기술 또한 발전했다.

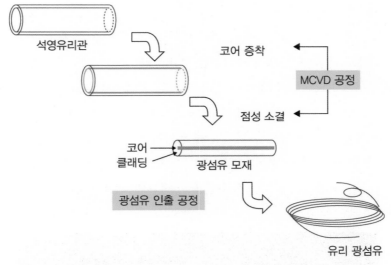

가스-가스 반응을 이용한 MCVD 공정으로 유리 광섬유를 제조하는 방법. 광섬유 모재를 먼저 제작하고 이를 고온에서 인출하여 광섬유로 제조한다.

화학반응을 통한 광섬유 모재의 제조

___

광섬유 모재의 불순물 제거, 조성이 다른 코어와 클래딩의 형성, 동심원으로 이루어진 모재의 이중구조, 제조의 편의성과 경제성 등을 고려하여 여러 생산기술이 개발되어 운용되고 있다. 가장 중요한 것은 유리가 되는 기본 원료인데, 고온에서 기상반응을 통해 합성하여 제조하므로 반도체 수준의 고순도를 유지하는 사염화 실리콘 $SiCl_4$과 사염화 게르마늄 $GeCl_4$ 그리고 산소 O_2를 주원료로 사용한다.

MCVD 법

—

유리 광섬유 모재는 기본적으로 원료 가스를 기체화하여 가스－가스 반응을 통한 화학기상증착(CVD, Chemical Vapor Deposition) 공정을 이용하여 제조한다. 이 CVD 공정은 크게 네 가지로 나눌 수 있는데, 첫 번째 방법인 MCVD 법(Modified Chemical Vapor Deposition)은 1974년 미국의 AT&T Bell 연구소에서 개발된 최초의 실용적인 광섬유 모재 제조 기술이다.

클래딩 부분이 되는 석영유리관의 내부 벽에 코어 성분의 미세 유리 입자를 증착시키는 방법으로, 유리관 자체가 증착하는 챔버Chamber의 역할도 하면서 그 내부에도 증착이 이루어져 수정된 CVDModified CVD라고 그 이름이 지어졌다.

이 MCVD 공정은 1개의 모재에서 최대 500km까지 광섬유로 인출이 가능하여 2000년대 초까지 일반 광통신용 광섬유의 생산에 전 세계적으로 가장 많이 사용되었다. 특히 유리 미립자를 아주 얇게 증착시키므로 굴절률 분포를 정밀하게 제어할 수 있어 다양한 광 특성을 가진 광통신용 광섬유의 제조에 유리하다.

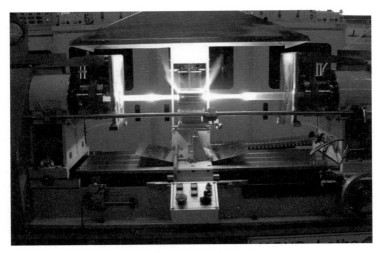

원료 가스의 산화 반응을 이용하여 선반의 양쪽 Chuck에 물려진 석영유리관 내부에 미세한 유리 입자를 증착시키는 MCVD 공정. 유리관은 반응하는 동안 회전을 하고 아래에 장착되어 있는 산소－수소 화염은 좌우로 움직이며 열을 가한다.

그러나 모재의 크기의 제한으로 양산성과 가격 경쟁력이 떨어져 최근에는 광통신용 광섬유 제조에는 이 MCVD 제조법을 거의 사용하지 않는다. 대신 광섬유 코어를 증착한 후 다른 물질을 소량 첨가(도핑Doping)하는 공정의 수월성과 굴절률 분포 제어 능력으로 기능성 특수 광섬유의 제조에 가장 적합한 기술이다. 현재 기능성 특수 광섬유의 제조와 연구용으로 주로 사용되고 있다.

선반 형태의 구조물에 석영유리관을 설치하여 회전시키면서 화학반응을 이용하여 그 내부에 코어 층을 증착시키는 MCVD 공정을 간략하게 설명하면 다음과 같다. 상온에서 액체 상태로 있는 유리의 원료인 고순도의 SiCl₄, GeCl₄, POCl₃ 등을 산소를 기포 발생기(Bubbler)를 통해 통과시켜 가스와 같은 미세 입자로 만든 뒤, 광섬유 모재의 클래딩 층이 될 고순도의 석영유리관 내부로 산소와 함께 흘려보낸다. 이때 GeCl₄의 농도를 조절하여 SiCl₄와 함께 혼합해 보내는데, 증착 후 코어 층이 될 것이므로 굴절률을 석영유리Silica glass보다 높이기 위함이다. 동시에 아래에 장착된 산소-수소 버너Burner에서 열을 가해주면 원료 가스의 산화 반응에 의해서 GeO₂가 함유된 SiO₂ 성분의 유리 미립자가 형성되고 이것들이 수트Soot의 형태로 석영유리관 내벽에 달라붙어 쌓인다.

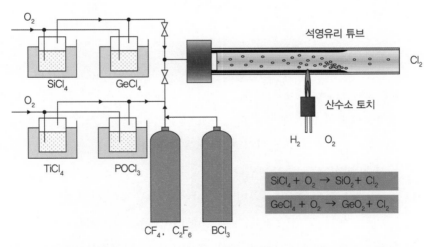

SiCl₄와 GeCl₄ 등 원료 가스의 산화 반응을 통해 광섬유 모재의 코어층을 증착하는 MCVD 공정. 목적에 따라 다른 금속의 염화물 가스도 함께 사용할 수 있다. POCl₃는 굴절률을 높이고 CF₄나 BCl₃는 굴절률을 낮추는 역할을 한다.

MCVD 공정이 일어나는 동안 석영유리관은 일정한 속도로 회전하며, 산소-수소 버너의 이동으로 길이 방향으로 한 번의 증착이 끝나면 같은 방법으로 원하는 두께가 될 때까지 적어도 수십 차례에 걸쳐 반복적으로 증착을 한다. 반응 후 수트의 형성은 온도 차이에 의해 일어나므로 역방향으로는 증착을 하지 않는다. 미증착된 미세 유리 분말은 집진 장치를 통해 포집하여 걸러주고, 증착 반응의 생성물로 배출되는 염소Cl_2 가스는 스크러버(Scrubber)를 거쳐 중화 처리를 한다.

소정의 두께로 미세한 유리 입자가 증착이 끝난 다음에는 원료 가스 투입은 종료하고 흰색으로 보이는 유리 미립자 층이 소결되어 맑고 투명한 유리가 되도록 ~1,600℃에서 가열한다. 다음 계속해서 온도를 더 높여 1,900~2,000℃에서 가열하면 소결된 유리층이 있는 유리관의 빈 공간이 줄어들고(Collapsing), 최종적으로는 공간이 막히게 되면서(Sealing) 유리봉의 형태가 된다.

Sealing 공정 때는 코어 층의 오염을 막기 위해 석영유리관의 가스 배출구를 봉하고, 증착할 때의 방향과는 역방향으로 가열한다. 증착 후 소결된 중심 부분의 코어와 외부의 석영유리관이 클래딩된 두 부분으로 이루어진 유리봉이 MCVD 공정의 최종 단계에서 완성된 광섬유 모재가 되는 것이다.

OVD 법
—

가스-가스 반응을 이용하여 광섬유 모재를 제조하는 두 번째 방법은 OVD 법(Outside Vapor Deposition)이라고 불리는 미국의 코닝Corning사에서 개발한 기술이다. 고순도의 석영유리관의 내부에 증착시키는 MCVD 공정과는 달리, 긴 막대 봉 형태의 중심 재료(흑연Graphite)를 회전시키면서 MCVD 법과 같은 기상 반응으로 수트를 바깥쪽에서 외경 방향으로 증착시킨다.

MCVD 법과 다른 점은 열원이 되면서 동시에 가수분해 반응이 일어나도록 $SiCl_4$와 $GeCl_4$ 등의 원료 가스와 산소-수소 또는 메탄(CH_4) 같은 연료가스가 동시에 공급되는 특수한 버너를 이용한다는 것이다. 화학반응을 거쳐 버너에서 나오는 유리 미립자를 막대 봉에 증착하는데, $SiCl_4$와 $GeCl_4$를 적정량 맞춰 코어 조성의 미립자를 먼저 입힌 다음 그 위에 $SiCl_4$만 이용해 클래딩 조성의 미립자를 입힌다.

그다음 흑연 막대 봉을 빼낸 후 긴 구멍이 뚫린 전체 수트 층을 고온로Furnace에서 He과 Cl_2 가스를 흘리면서 소결한다. 계속되는 Collapsing과 Sealing 공정을 거쳐 수트는 유리봉 형태로 된 광섬유 모재가 된다. 이 광섬유 모재는 고온의 인출 공정을 통해 최종 광섬유가 된다.

이 방법은 MCVD 공정과는 달리, 모재의 직경의 크기가 제한이 없어 대형의 모재를 만들 수 있는 장점이 있다. 단점으로는 Collapsing 공정 중에 코어 층의 GeO_2 일부가 휘발되어 소실되므로 코어 정중앙 부분의 굴절률이 작아지는 현상(Central dip)이 발생한다. 굴절률이 작은 부분을 깎아내는 에칭Etching 등의 후처리가 필요하며, 가수분해시 발생하는 OH 불순물을 제거하기 위해 별도의 탈 OH 처리가 필요한 단점이 있다.

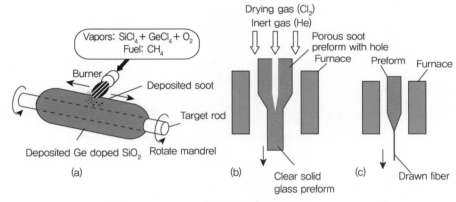

열원이 되면서 동시에 가수분해 반응이 일어나도록 SiCl₄와 GeCl₄ 등의 원료 가스와 산소-수소 또는 메탄(CH₄) 같은 연료가스가 동시에 공급되는 특수한 버너를 이용하여 코어와 클래딩의 유리 미립자를 순차적으로 증착시키는 OVD 법. 이후 소결과 수축 및 실링 과정을 거쳐 광섬유 모재를 만들고, 이것을 고온에서 인출하여 최종 광섬유를 제조한다.

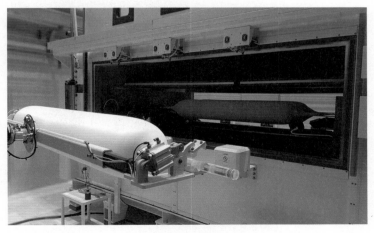

OVD 공정을 이용하여 유리 광섬유 모재를 만드는 모습. 유리 미립자가 증착된 중간 단계의 모습인데 이후 소결, 수축 및 실링 과정을 거쳐 모재가 완성된다.[17]

VAD 법

—

　가스-가스 반응을 이용하여 광섬유 모재를 제조하는 세 번째 방법은 VAD 법 (Vapor Axial Deposition)이라고 불리는 일본의 NTT사에서 개발한 기술이다. 이 광섬유 모재 제조 방법 또한 원료 가스의 기본적인 산화 반응을 이용해 증착시키는 방법은 MCVD 공정과 OVD 공정과 크게 다를 바 없다. 단지 코어와 클래딩 모두 기상 반응으로 증착하되 OVD 법에서처럼 피증착용 중심 재료 없이 밀폐된 공간에서 수직으로 진행한다.

　여러 개의 산소-수소 토치(O$_2$-H$_2$ Torch)를 이용하여 SiCl$_4$와 GeCl$_4$ 등의 원료 가스를 조성을 달리하여 중심에는 코어 부분, 바깥에는 클래딩 부분이 되도록 유리 미립자를 동시에 증착한다. Seed가 되는 석영유리를 회전시키면서 증착이 시작되고 말단에서부터 원통형 모양으로 커지며 수직의 길이 방향으로 연속적으로 증착된다.

　VAD 법의 장점은 MCVD나 OVD 공정에서 반드시 해야 하는 Collapsing 및 Sealing 공정이 없을 뿐만 아니라 Collapsing 공정 때문에 발생하는 코어 정중앙 부분의 굴절률이 작아지는 현상(Central dip)이 없다는 것이다. 단점으로는 OVD 법처럼 가수분해 시 발생하는 OH 불순물을 제거하기 위해 별도의 탈OH 처리가 필요한 것이다.

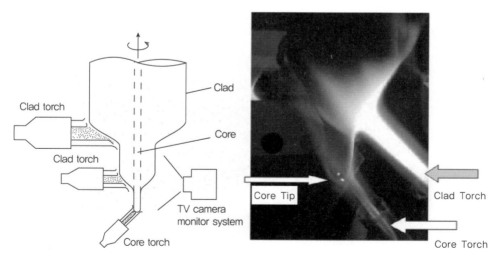

VAD 공정을 이용하여 코어와 클래딩 성분의 유리 미립자를 동시에 증착하는 모습. 코어와 클래딩 층의 증착을 위해 원료 가스의 성분이 다른 여러 개의 토치를 사용하며, 증착 이후 상부에서 연속적으로 소결 과정을 거쳐 유리 광섬유 모재가 만들어진다.[18]

특이 사항으로, 연속적으로 이루어지는 증착과 동시에 수트 층은 위쪽으로 이동하여 상부에 설치된 고온로에서 소결되어 유리화되면서 연속적으로 모재가 제조된다는 것이다. 이 방법은 모재의 제조 속도가 MCVD 법보다 10배 정도 월등히 빨라 대량생산에 유리하며, 현재 국내에서는 이 VAD 방법으로 광섬유 모재를 생산하고 있다.

PCVD 법

—

가스-가스 반응을 이용하여 광섬유 모재를 제조하는 네 번째의 광섬유 모재 제조 방법은 네덜란드의 Philips사에 의해 개발된 PCVD 법(Plasma Chemical Vapor Deposition)이다. 이 PCVD 법은 반응 및 소결에 필요한 열이 외부의 산소-수소 버너로부터 공급되어지는 MCVD 법과는 달리, 내부의 아르곤Ar, Argon 이온이 마이크로파 전기장에 의해 생기는 플라즈마Plasma가 열원이 된다. 원료 가스와 산소를 플라즈마 내에서 반응시켜 생성된 유리 미립자를 증착, 소결, 유리화시키는 방법이다. 석영 유리관 내부에 플라즈마를 이용해 증착시키는 방법을 내부 증착 PCVD 법이라고 한다.

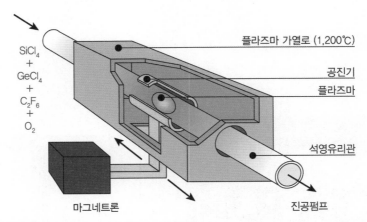

플라즈마를 이용한 유리 광섬유 모재 제조 방법인 PCVD 공정[19]

또 다른 형태의 PCVD 법으로는 외부 증착법이라고 부르는 공정으로, OVD 법과 VAD 법에서 사용한 가수분해용 토치와는 달리 플라즈마 토치에 원료 가스와 산소를 주입하여 플라즈마 중에서 반응시켜 생성된 유리 미립자를 증착한 후 소결시키는 방법이다. 이 외부 증착 PCVD 법은 OH 불순물의 유입을 막을 수 있고 코어에 다량의 첨가물을 포함시킬 수 있으며 대량생산이 가능하다는 장점이 있다.

광섬유 모재를 고온에서 광섬유로 뽑는다

유리 광섬유 모재가 만들어지면 제반 물리적 특성과 광 특성을 측정하고 평가한다. 설계한 광섬유 모재의 기본적인 물리적인 특성인 코어와 클래딩의 직경, 코어 단면의 원 모양을 보는 동심도, 그리고 코어가 축의 중심에 잘 위치하는지의 편심도 등을 만족해야 한다. 이와 함께 광 특성인 코어와 클래딩의 굴절률이 차이, 굴절률의 분포, 광 손실 등도 만족해야 한다. 화학 공정을 이용한 복잡하고 어려운 공정을 통해 모재를 제조한 후 제반 특성을 만족하지 못하면 광섬유로 인출할 수 없으므로 모재의 제조에 완벽을 기해야 한다.

인출(Drawing) 공정은 굵은 크기의 광섬유 모재를 고온에서 광섬유로 가늘게 뽑아내는 것인데, 만약 광섬유의 인출 후 코어와 클래딩의 비율이 모재와 달라지면 안된다. 다행인 것은 서로 다른 조성의 유리인 코어와 클래딩으로 이루어진 광섬유 모재이지만, 각각의 열적 특성 및 압축률 등의 물리적 특성의 차이가 거의 없어 고온에서 가늘게 인출해도 코어와 클래딩의 상대적인 직경 비율은 변하지 않는다.

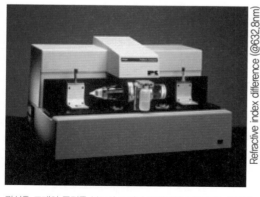
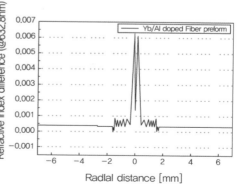

광섬유 모재의 굴절률 분포와 코어와 클래딩의 크기 등을 측정하는 프리폼 분석기(Preform analyzer)와 Yb/Al이 함유된 광섬유 모재의 실제 측정 결과. 모재의 중심 부분인 코어의 굴절률이 클래딩보다 0.006 정도 높다.[20]

광섬유의 인출 공정

—

　광섬유 모재는 고온에서 가늘게 섬유의 형태로 인출됨과 동시에 두 겹의 수지 층으로 코팅이 되는 과정을 거친다. 광섬유 모재를 장착하여 고온에서 인출하는 광섬유 인출 장비는 일체형으로 여러 가지 장치로 구성된 대형의 수직으로 세워진 구조물이다.

　광섬유의 모재의 상부 끝부분을 기계적으로 물려 장착하는 척Chuck이 가장 윗부분에 위치하고, 그 아래에는 모재의 하부 끝부분을 가열하는 원통형의 흑연 전기 가열로Furnace가 있다. 가열로를 통과해 내려오는 광섬유의 직경은 그 아래에 설치되어 있는 헬륨-네온 레이저(He-Ne laser)로 측정하고, 그 아래에는 두 개의 바퀴로 이루어진 1차 캡스턴Capstan이 있어 계속적으로 광섬유의 인출을 위해 장력을 가해준다.

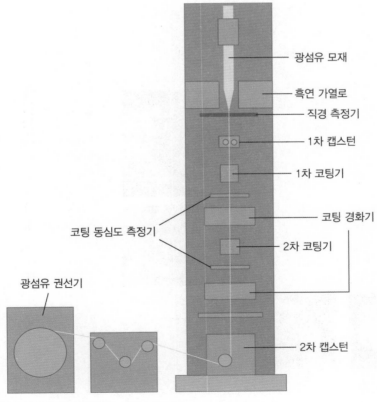

광섬유 모재 — 광섬유 모재

흑연 가열로 — 흑연 가열로

직경 측정기 — 직경 측정기

1차 캡스턴 — 1차 캡스턴

1차 코팅기 — 1차 코팅기

코팅 동심도 측정기

코팅 경화기

2차 코팅기

광섬유 권선기

2차 캡스턴

광섬유 모재를 가열하여 광섬유로 인출하는 장비의 구조도[21]

광통신용 광섬유의 경우 외경이 125㎛ 근처에 오면 코팅 장치를 통해 유리를 보호하기 위한 수지 코팅이 이루어지고, 함께 부착된 자외선 UV 램프를 이용해 수지를 경화시킨다. 가장 하부에는 광섬유에 장력을 전달하고 인출되어 코팅된 광섬유를 감는 2차 캡스턴과 권선 장치로 구성되어 있다.

가장 주요한 공정 중 하나인 광섬유 모재의 가열에는 흑연 발열체를 사용하는데, 모재로의 열전달을 촉진하고 산화 방지를 위해 헬륨He이나 아르곤 등의 불활성 기체를 주입하여 사용한다. 레이저를 이용한 광섬유 외경 측정기로 인출 공정 시 지속적으로 광섬유의 직경의 모니터링을 실시하고 그 결과가 공정변수로 피드백된다.

광섬유 모재인 유리가 섬유의 형태로 인출될 수 있는 이유는 온도에 따른 연속적인 점성을 가진 유리의 고유한 성질 때문이다. 석영유리로 이루어진 광섬유 모재는 약 1,600℃ 정도에서 연화가 시작되며 온도가 증가함에 따라 점도Viscosity는 급격하게 감소한다. 모재가 가열되기 시작하여 온도가 약 1,900~2,000℃에 이르면 그 끝부분이 연화되어 중력에 의해 곱Gob이라고 하는 물방울 모양의 유리가 밑으로 떨어지면서 광섬유는 가늘어지고 인출이 시작된다.

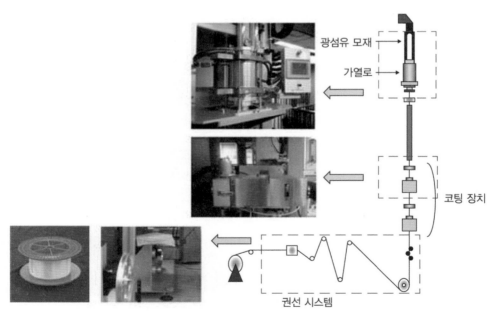

광섬유 모재를 가열하여 인출된 유리 광섬유를 아크릴 수지로 코팅한 후 최종 스풀에 감아 광섬유를 제조하는 인출 공정. 흑연 가열로를 통과해 나온 광섬유의 직경을 연속적으로 측정하고, 이후 2차의 코팅과 경화 처리를 거친 광섬유는 최종 스풀에 감겨 완성된다.

이후 장력을 가해 유리 광섬유의 직경이 125±1μm이 되도록 계속 인출하며, 이때 직경 측정기로 모니터링하면서 인출 속도를 조정한다. 다음 유리 광섬유의 바깥을 액상의 수지로 코팅하고 자외선 경화 처리를 하는 코팅 공정을 거쳐 최종 인출이 완성되며 스풀Spool에 감긴다. 통상 광통신용 유리 광섬유의 최종 광섬유의 외경은 코팅층을 포함하여 250μm이다.

12. 크리스털 유리는 크리스털이 아니다

시중에는 크리스털Crystal 유리로 만들어진 물병이나 유리컵 또는 장식유리 제품이 많이 있다. 맑고 투명한 유리 본연의 아름다움에 더해 겉에 음각으로 새겨진 무늬에 빛이 영롱하게 반짝인다. 크리스털처럼 빛이 반짝여서 크리스털 유리라고 이름을 붙인 듯하다. 그러나 엄밀하게는 크리스털과 유리는 서로 반대의 뜻을 가진 용어이므로 이는 잘못됐다고 말할 수 있다. 앞 장에서 설명한 바와 같이, 유리는 분자구조가 질서 정연하게 배열된 크리스털Crystalline 구조인 결정이 아니라 무정형의 비크리스털Non-crystalline 구조를 가진 비결정 재료이다.

'크리스털'처럼 반짝이는 비크리스털인 유리로 만든 유리병과 잔. 굴절률이 높고 가공이 잘되어 유리 표면에 V자 홈을 파서 전반사를 유도한다.[22]

이와 유사하게 유리와 관련해 잘못된 용어를 관행으로 쓰는 경우가 있다. 석영유리(Silica glass)를 소위 쿼츠 유리 또는 수정유리(Quartz glass)로 사용하는 것이다. 수정(쿼츠)은 석영유리와 같은 화학조성을 가진 물질이지만 유리와는 달리 결정구조를 가진다. 더구나 수정 전체가 한 개의 결정으로 이루어진 단결정 크리스털(Single crystal)이다. 따라서 무정형인 비크리스털인 석영유리를 크리스털인 쿼츠 유리로 사용해 부르면 안 된다. 물론 쿼츠를 녹여 석영유리로 만들었다고 하는 원료를 지칭하는 개념에서 쿼츠 유리라는 용어를 간혹 사용하는 경우가 있다.

석영유리와 같은 SiO_2로 이루어진 수정. 화학조성은 같지만 유리와는 달리 결정 재료이며, 불순물이 섞일 경우 보라색이 난다.[23]

왜 '크리스털 유리'는 반짝이는가? 보석의 여왕이라고 하는 다이아몬드Diamond는 연필심과 같은 재료인 탄소C, Carbon가 다이아몬드 구조라고 하는 결정의 배열로 단단하게 결합되어 있는 크리스털이다. 크리스털이라고 다 반짝이는 것은 아니다. 다이아몬드도 표면을 깎고 다듬지 않으면 잘 반짝이지 않는다. 즉, 물질이 크리스털이라고 다 반짝이는 것이 아니라, 빛을 비췄을 때 빛이 그냥 통과해 지나가지 않고 물질의 내부에서 수차례 반사해(전반사Total internal reflection) 되돌아 나오게 되면서 반짝이는 것이다.

햇빛이 다이아몬드 표면에 비치면 그 입사 각도에 따라 굴절하여 들어가고 이 빛은 다이아몬드의 면에서 내부로 계속 반사해 들어가는 전반사를 일으킨다. 따라서 빛이 되돌아 나올 수 있는 면이 많을수록 반짝이는 정도가 커지고, 이러한 전반사 조건에 맞도록 다이아몬드의 면을 결정해 깎는다. 이런 전반사가 일어나는 경우에도 빛의 파장에 따른 굴절각도 달라서 색 분산이 일어나 영롱한 색도 함께 비친다.

이러한 빛과 매질 간의 광 특성 중 하나인 전반사를 이용할 수 없는 다이아몬드 원석은 반짝이지 않는다. 다이아몬드라도 빛이 되돌아 나올 수 있는 각도로 바깥 면을 깎고 가다듬어야 빛이 나는 것이다.

크리스털 유리라고 부르는 유리병과 잔도 다이아몬드와 같은 원리로 반짝인다. 다이아몬드나 유리에서처럼 결정구조의 여부가 반짝이는 데 관여하지는 않는다. 다이아몬드의 경우에서 본 것처럼 빛이 물질의 내부에서 많이 반사하도록 특정한 각을 이루고 있는가에 따라 좌우된다.

크리스털 유리의 표면을 잘 살펴보면 매끄럽지가 않고 칼집을 내듯이 V자 단면을 가진 홈이 무늬를 이루면서 파여 있다. 즉, 다이아몬드의 표면을 연마하여 각도를 형성하듯이 유리의 바깥 면에 홈을 파서 각진 면을 수없이 새겨 넣은 것이다. 유리에 비춰진 빛이 그냥 통과해서 나가지 않고 새긴 홈들의 각 면에서 반사되어 유리 내부로 들어갔다 다시 되돌아 나와 영롱하게 반짝이는 것이다.

이때 유리 표면에 새겨진 홈의 각도와 유리의 굴절률Refractive index이 반짝이는 정도를 결정하는 변수가 된다. 유리의 굴절률이 클수록 빛이 굴절되는 정도가 커서, 굴절률이 큰 유리를 만들어서 크리스털 용기로 사용한다. 일반적인 유리 성분에 산화납PbO을 10~30% 정도 첨가하면 일반 유리의 굴절률인 1.5보다 높은 1.7 정도로 증가한다. 이와 함께 점도Viscosity는 낮아져 성형온도(Working temperature)가 낮아지고, 밀도Density는 높아진다. 또한 산화납이 포함되면 유리의 절삭성(Machinability)이 좋아져 표면을 갈아서 V자 홈을 쉽게 새길 수 있다. 반짝이는 영롱한 빛은 납이 첨가된 납 유리의 높은 굴절률과 각진 표면으로 인해 빛의 전반사가 많이 일어나기 때문이다.

한동안 투명하고 영롱한 빛으로 '크리스털 유리'는 장식용으로, 고급 식기로 호사가들의 인기를 누려왔다. 그러나 24% 이하의 산화납이 함유된 크리스털 유리로 만들어진 용기를 사용했을 때, 유리 속의 성분으로 들어 있는 미량의 납 성분이 용출되어 나와 건강을 해칠 수 있다는 것이 밝혀졌다. 이제는 산화납이 포함된 크리스털 유리는 규제로 인하여 음료 용기로는 생산할 수 없고 사용할 수도 없게 되었다. 대신 산화납을 대신하여 산화바륨BaO, 산화아연ZnO, 이산화티타늄TiO₂이나 이산화지르코늄ZrO₂ 등이 첨가된 유리를 크리스털 유리로 사용한다.

13. 색유리는 한때 보석이었다

　진한 붉은빛의 루비Ruby, 파란빛의 에메랄드Emerald, 황금빛의 호박 등 화려한 색과 광채가 나는 단단한 광석을 고급스럽게 가공을 하면 우린 그것을 보석이라고 부른다. 그중에서도 무색투명하고 찬란하게 반짝이는 다이아몬드는 현존하는 보석 중 으뜸이라 할 수 있다.

　다이아몬드는 현실에서 존재하는 물질 중에서 광채가 나는 가장 단단하고 귀한 물질이다. 그 이름이 뜻하는 말대로 '영원한 사랑'을 상징하여 결혼식의 반지나 예물로 빠질 수 없는 값비싼 돌이다. 다이아몬드는 무색이거나 함유된 불순물에 따라 연한 노란색, 청색, 갈색을 띠기도 한다. 천연 다이아몬드 중 양질의 다이아몬드만이 보석용으로 사용되고 나머지는 산업용으로 사용된다. 가장 단단한 다이아몬드라도 자르고 갈아야 광택이 나고 보석이 된다.

　요즈음은 많은 보석 종류의 결정을 인공적으로 키워 자연산 보석을 대신하지만 엄밀하게 말하면 그것은 보석이 아니다. 보석이란 자연산으로 존재하는 것을 가공한 것으로 정의를 내린다. 보석이란 형형색색의 광물을 찾아 자르고 연마하여 만든 것이 대부분이다.

　중세까지는 다이아몬드를 자르고 연마하는 기술이 없어서 원석을 사용하였고, 색이 없는 다이아몬드보다도 찬란한 색으로 영롱한 루비나 에메랄드가 더 비싼 보석으로 대접을 받았다. 특별히 자르거나 가공을 안 해도 되는 보석이 있는데 광물이 형성될 때 이미 결정구조 형태로 외형이 아름다운 것들이다. 수정이 바로 그런 것 중 하나인데, 석영유리와 조성이 같은 물질이나 분자구조가 다른 결정의 모양으로 자연적으로 형성된 것이다.

가공을 하지 않은 다이아몬드 원석과 가공 후의 모습.
연마하지 않으면 광채가 나지 않는다.[24]

아름다운 보석이 되는 광물들이 자연에 존재하지만 그 양은 그리 많지 않다. 아마 그 희소성으로 그런 돌들이 보석이 된 것 같기도 하다. 아름다운 것으로 치장하고 뽐내고 싶은 인간의 욕망은 인공적으로라도 보석 같은 물질을 만들라고 부추겼는지 모르겠다.

많은 보석류의 물질들이 산업적인 목적으로 공장에서 만들어지고 있다. 구성 원소가 흑연과는 같은 탄소로 이루어진 다이아몬드도 요즈음은 대량생산된다. 손목시계의 앞면 창과 스마트폰의 후면 카메라의 보호창으로 쓰이는 소재인 사파이어Sapphire도 고온에서 결정으로 키워서 만들어낸다. 사파이어는 언뜻 보면 유리같이 보이나 알루미늄 산화물인 Al_2O_3의 단결정이다. 잘 긁히지 않고 단단하고 투명하며 얇게 자른 다음 연마하여 사용한다.

다른 인조보석으로는 다이아몬드를 대신하는 소위 큐빅Cubic이라고 부르는 물질이 있다. 지르코니아Zirconia는 이산화지르코늄ZrO₂ 성분의 단결정이며, 고온에서 형성시킬 때 그 결정구조가 입방체Cubic라 일반적으로 큐빅이라고 부른다. 지르코니아는 경도Hardness, 밀도Density, 투명도Transparency, 굴절률Refractive index 등 그 물리적·광학적 특성이 다이아몬드와 비슷해 과학적인 방법을 통해 검사해보기 전에는 확실하게 구분하기가 쉽지 않다. 그래서 큐빅을 가짜 또는 모조 다이아몬드라고 하는 것이다.

색유리
—

그럼 옛날에는 어떤 물질로 값비싼 보석을 대체할 수 있었을까? 우선 반짝이는 물질로는 투명한 유리가 적격이다. 유리의 성분이 되는 재료를 고온에서 녹이기만 하면 일단 가능하다. 물론 성분에 따라 녹일 수 있을 때까지 온도를 올리는 것이 쉽지는 않다. 유리의 크기는 녹이는 양만큼 마음대로 조정이 가능하니 이것도 장점이다. 만약 이 유리에 색을 원하는 대로 넣을 수 있다면 금상첨화일 것이다.

유리를 만들 때 무기질의 불순물이 들어가면 고유한 색이 발현된다는 것을 기원전 그 옛날에도 사람들은 경험으로 알고 있었던 것 같다. 유리를 녹여 만들 때 함께 넣은 유기물질들은 다 연소되어 날아가지만 무기물질은 유리의 성분으로 남게 된다.

이 무기물질들이 특정한 파장의 빛을 흡수하고 나머지 파장의 빛을 통과시켜 유리는 색을 나타내는 것이다.

투명하면서도 여러 가지 색깔이 나는 유리는 그 어떤 물질보다도 영롱하고 반짝여서 옛날에는 보석처럼 귀하게 여겨졌던 것이다. 서구의 왕관과 보검에 박혀 장식물이 된 유리알과 목걸이와 귀걸이에 사용되는 색색의 유리는 유리가 귀한 옛날에는 모두 보석이었다. 우리나라에서도 삼국시대의 금관이나 목걸이, 귀걸이에 초록색의 유리를 귀한 장식으로 달아서 사용했던 것을 알 수 있다.

대부분의 규산염계 유리는 금속의 산화물로 이루어져 있다. 기본 골격이 되는 실리카 그물 구조 속에 나트륨과 칼슘이 끼어 들어가 결합을 하고 있는 구조이다. 색을 나오게 하는 불순물로 들어간 금속도 산화물로 이온 상태로 존재한다. 유리가 빛을 받으면 유리 속의 있는 금속 이온의 전자가 여기되어(낮은 에너지를 가진 기저 상태에서 높은 에너지 상태로 천이하는 것) 특정 파장의 빛을 흡수해 그 금속 특유의 색이 발현된다.

색이 다른 유리들. 미량의 금속 원소를 유리 용융 시 첨가하여 색을 나오도록 한다.[25]

예를 들어 모래를 주성분으로 하는 소다석회 규산염 유리를 특별히 금속을 넣지 않고 만들어도 약한 푸른빛이 감돈다. 이것은 유리의 원료인 모래 속에 철분이 불순물로 들어 있기 때문이다. 물론 첨가된 불순물로 색이 나오는 것은 유리가 아닌 결정질 물질에도 해당된다. 불순물이 없는 맑고 투명한 흰색의 수정에 철, 망간, 알루미늄 같은 물질이 수백 ppm 정도의 미량으로 들어가면 자색을 띠는 자수정이 된다.

실제 유리창을 보면 무색투명한 것 같지만 자세히 보면 약간 연한 푸른빛이 돈다. 깨진 창유리의 단면을 보면 상당히 색이 들어 있음을 알 수 있다. 일반적인 유리병은 무색투명하나, 약병이나 맥주병은 주로 갈색을 띠고 소주병은 연초록이나 연한 파란색이다. 투명하면 내용물을 쉽게 볼 수 있고, 갈색은 맥주나 약 등 햇빛에 의해 변질될 수 있는 것을 담기 위해서이다. 초록색 등은 우리 눈에 가장 친숙하며 부드러움을 느끼게 하는 감성적인 요소 때문이다.

요즈음의 교통 신호등은 LED를 이용해 세 가지 색을 내지만, 이전에는 빨간색, 노란색, 초록색의 색깔을 가진 유리를 사용해 신호등을 만들었다. 유리 공방에서는 여러 가지 색을 가진 유리봉을 녹여 붙이거나 가공해 아름다운 빛깔의 유리 공예품을 만든다.

도화지에 빨간색 크레용으로 색칠을 하면 우리 눈에는 빨갛게 보인다. 빨간색을 제외한 색의 파장을 가진 빛은 크레용에 다 흡수되고 크레용의 색인 빨간색 파장의 빛만 반사되어 나온다. 특정한 파장의 빛을 크레용이 흡수하는 것이며, 크레용을 구성하는 물질 성분에 따라 흡수하는 파장이 다 달라 여러 가지 색을 나타낼 수 있는 것이다.

이런 관점에서 크레용이나 물감 등을 이루는 물질의 파장 선별 흡수 능력은 대단하다고 할 수 있다. 세상의 모든 만물들에는 크레용처럼 빛을 파장에 따라 흡수하고 반사하는 물질이 들어 있다. 스스로 빛을 내는 물질이 아니라면 다 같은 원리로 색을 우리에게 보여준다. 식물의 잎이 초록인 것은 엽록소가 있어 초록빛 이외의 파장은 다 흡수하고 초록의 빛만 반사하기 때문이다.

그런데 중요한 한 가지 조건이 있다. 물질이 가지고 있는 고유의 색을 내려면 물질에 있는 색소가 흡수하고 반사할 수 있는 빛이 반드시 있어야 한다. 비춰지는 햇빛이나 형광등 같은 조명이 없다면 사물들의 색을 구별할 수 없을 뿐만 아니라 아예 색이 있는지 조차도 알 수 없다. 결국 우리가 보고 인지하는 색이란 것은 사물 속에 있는 색소와 빛의 상호작용에 따른 결과이다.

유리에 빛을 비추면 빛의 대부분은 투과(Transmission)해나가고, 일부는 유리 표면에서 반사(Reflection)되고 또 일부는 유리에 흡수(Absorption)된다. 공기와 유리 사이에는 굴절률의 차이가 있어 반사는 반드시 일어난다. 만약 불순물이 전혀 없다면 빛은 적은 양이라도 흡수되지는 않는다. 유리를 투과한 빛의 양을 처음 입사한 빛에 대한 비율은 투과율, 유리 표면에서 반사된 빛의 양의 비율은 반사율, 유리가 흡수한 빛의 양의 비율은 흡수율이라고 한다.

유리는 무색투명한 것에서부터 갖가지 색을 가진 것들이 있다. 유리의 성분으로 빛이 흡수되는 물질이 들어가면 색을 나타낸다. 이런 유리는 색을 가진 빛, 즉 특정한 파장의 빛을 더 많이 투과시킨다. 파란색의 유리를 햇빛에 보거나 형광등과 같은 백색 광원으로 비춰보면 파란색을 제외한 다른 파장의 빛은 다 흡수해 파란 빛만 보인다. 만약 모든 가시광 영역의 파장을 다 흡수하고 자외선만 통과시키는 유리가 있으면 유리는 검은색으로 보인다.

그렇다면 색이 있는 유리를 만들려고 하면 어떤 물질을 어떻게 넣을 수 있을까? 일반적인 유리는 금속의 산화물로 이루어진 무기질 재료이며 고온에서 용융시켜 만든다. 이때 만약 유기질의 색소를 넣으면 타서 없어질 것이 자명하다. 따라서 유리속에 성분으로 남아 있을 무기질 재료를 넣어 만들면 된다. 즉, 금속이나 금속의 산화물을 유리의 성분 물질과 혼합하여 용융시키면 된다. 금속이 유리 속에 들어가면 산소를 만나 산화물의 형태로 존재하게 된다. 금속 원자가 산소와 결합할 때의 비율은 금속과 산소 원자의 상대적인 크기에 따라 달라지며, 서로 전기적으로 중성이 되어야 하는 조건을 만족해야 한다.

같은 소다석회 규산염 유리인데도 색깔이 다른 병들.
불순물로 들어가 있는 철 이온이 3가이면 갈색, 2가이면
초록색을 띤다.

순수한 석영유리 성분에 미량의 철 성분을 첨가하는 예를 들어보자. 석영유리는 한 개의 실리콘(Si) 원자를 중심으로 그 바깥에 4개의 산소 원자(O)가 자리 잡은 정사면체(SiO₄) 형태의 분자가 3차원으로 서로 불규칙하게 연결된 그물망 구조를 가지고 있다. 정사면체의 꼭짓점에 있는 한 개의 산소 원자는 옆의 정사면체와도 계속 연결되어 있어, 평균적으로 실리콘 1개당 2개의 산소로 이루어진 SiO₂ 화합물이다.

따라서 실리콘과 산소의 원자가는 각각 +4가와 -2가이며 전기적으로 중성이다. 이런 석영유리에 철의 산화물인 FeO를 넣어 유리를 만들면 유리 분자 내에 Fe는 +2가의 이온 상태로 존재하게 된다. 유리 내부에 Fe 이온이 존재하면 무슨 일이 일어날까? 빛을 비춰보면 Fe가 들어 있지 않은 유리는 무색투명하나 Fe를 넣은 유리는 푸른빛을 띤다. 빛이 없으면 이런 유리도 색은 물론 아무것도 보이지 않는다. 색을 보려면 반드시 빛이 있어야 한다는 뜻이다.

빛을 비추게 되면 빛이 가지고 있는 에너지(E=hν, h는 Plank 상수, ν는 빛의 주파수)가 유리에 흡수되어 철 이온을 이루는 전자들의 위치를 바닥 상태에서 여기 상태로 올려놓는 데 쓰인다. 전자의 바닥 상태와 여기 상태의 차이만큼의 에너지에 해당되는 특정한 파장의 빛은 흡수된다.

흡수되지 않은 나머지 파장의 빛은 투과되어 나가는데 이 빛이 우리가 보는 유리의 색이다. 따라서 유리 내부에 들어가는 금속 이온의 종류에 따라 흡수되는 파장이 다르게 되고 나타나는 색 또한 달라진다.

그러나 유리에 들어간 Fe 이온도 그 주위에 있는 전자의 개수에 따라 이온의 원자가가 달라져 실제로는 조금 더 복잡하다. 금속은 유리 내부에서 이온 상태로 결합해 있는데, 같은 금속이라고 전자 개수가 다른 이온이 함께 존재한다. 예를 들면, 철 이온도 +2가, +3가의 원자가를 가지는데 이것은 철 원자핵의 바깥에 존재하는 전자의 개수가 다르다는 것이고, 전

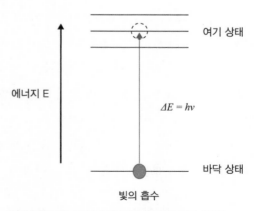

바닥 상태에 있는 전자가 빛 에너지를 받아 여기 상태로 이동하면서 일어나는 빛의 흡수 현상. 에너지 간격이 흡수되는 빛의 파장을 결정한다.

자의 개수가 다르면 전자의 에너지 준위가 달라지고 따라서 빛이 흡수되는 에너지가 달라진다. 즉, 흡수되는 파장이 달라진다는 것이다.

이런 이유로 같은 유리조성인데도 함유된 철 이온의 원자가가 다르면 색이 다르게 나온다. 이런 원리를 이해하면 유리를 제조할 때 원자가를 다르게 하는 공정 조건을 채택하여 색이 다른 유리를 만들 수가 있다. 우리가 흔히 보는 맥주병과 소주병의 색이 다른 것은 포함된 철 이온의 원자가가 달라서이다.

유리를 녹여서 제조할 때의 온도를 상대적으로 내리거나 산소를 좀 더 많이 공급하면 +3가의 철 이온이 많이 생기고, 반대로 온도를 올리고 산소의 공급을 줄이면 +2가의 철 이온이 많이 생긴다. +3가의 철 이온이 많으면 갈색의 병을, +2가의 철 이온이 많으면 연한 파란색의 병을 만들 수 있다. 색이 전혀 다르다고 다른 물질을 유리에 첨가한 것이 아니라, 같은 금속을 첨가해도 원자가가 다르도록 처리하면 색을 다르게 나올 수 있는 것이다.

물론 철 이외의 다른 금속을 첨가하면 각각 흡수되는 파장에 따라 고유의 색깔을 얻을 수 있다. 다른 금속을 섞어서 첨가하면 흡수하는 파장 범위에 따라 여러 가지 색을 만들어낼 수 있다. 유리에 불순물로 존재하는 금속의 종류는 많다. 실제 색을 발현하고자 유리 속에 첨가하는 금속의 산화물들은 1% 미만의 적은 양으로도 충분하다.

유리 속에 첨가하는 금속의 종류와 금속의 이온 상태에 따라 유리의 색은 다르게 나온다. 금속의 종류에 따라서도 색이 다르지만 유리 내부에서 존재하는 이온의 상태, 즉 원자가에 따라 색이 아주 다름을 알 수 있다.

금속이나 금속을 포함하는 화합물이 들어간 유리를 만들어 분말로 만든 것이 유약의 원료이다. 이것을 물에 섞어 도자기에 발라 구우면 원하는 색을 구현할 수 있다. 금속 이온의 원자가는 유리를 녹여 만들 때나 유리 분말인 유약이 입혀진 도자기를 구울 때의 산화 환원 분위기와 온도에 따라 변화하므로, 이 원리를 잘 이해하여 응용하면 원하는 색을 가진 유리나 도자기를 만들 수 있다.

금속 이온	색	
	산소량 많을 시	산소량 적을 시
티타늄 (Titanium)	무색(Ti^{3+})	노랑, 보라(Ti^{3+})
바나듐 (Vanadium)	무색(V^{2+}, V^{3+})	초록(V^{2+}, V^{3+})
크롬 (Chromium)	초록, 진노랑(Cr^{3+})	무색(Cr^{3+})
망간 (Manganese)	보라(Mn^{3+})	무색(Mn^{2+})
철 (Iron)	갈색(Fe^{3+})	초록(Fe^{2+})
코발트 (Cobalt)	진청색(Co^{2+})	
니켈 (Nickel)	갈색(Ni^{2+})	회색(Ni^{2+})
구리 (Copper)	초록, 파랑(Cu^{2+})	빨강, 무색(Cu^{2+})

유리에 첨가하는 금속과 원자가에 따른 발현되는 색들[26]

14. 열 충격에 강하다

우리는 유리 제품을 쓸 때 특히 조심한다. 유리는 떨어뜨리거나 딱딱한 물건에 부딪히면 잘 깨지고, 특히 뜨거운 온도에 취약하다는 것을 잘 알고 있기 때문이다. 딱딱하고 아주 강한 모습을 띤 유리가 원래부터 충격에도 약하고 열에도 약한 물질인지 궁금하다.

기본적으로 금속의 산화물로 이루어진 유리라는 물질은 이론적인 기계적인 강도

(Strength)는 아주 높다. 유리에 힘을 가해 깨뜨린다는 것은 유리의 분자를 이루는 원자의 결합을 끊는 것과 같은 의미다. 규소^{Si}와 산소^{O}가 강하게 결합되어 있는 유리의 기본 골격은 단위면적당 가해진 힘인 응력(Stress)이 30GPa$^{Giga\ Pascal}$[Pa=(N/m^2)] 정도가 되면 끊어낼 수가 있다. 유리의 이론적인 강도는 강철보다 강하다.

그런데 실제 현실에서의 유리의 강도는 이론적인 값 30GPa보다 100분의 1 이하로 아주 낮다. 그 이유는 다름 아닌 유리의 표면이 완전하지 않다는 데 있다. 유리 표면에는 눈에 보이지 않는 무수한 작은 흠집(Scratch)과 긁혀서 생긴 균열(Crack)들이 있다. 흠집이 난 유리에 힘을 가하면 그 흠집의 끝부분에 응력이 집중된다. 낮은 힘을 가해도 흠집 끝에 가해진 응력이 이론적인 값에 이르러 유리는 쉽게 깨지는 것이다.

만약 유리 표면에 그런 뾰족한 흠집 같은 결함이 생기지 않도록 하면 던져도 깨지지 않을 강한 유리가 될 수 있다. 그러나 실제 유리를 제조할 때 유리의 표면은 병유리의 경우 금속의 주물에 접촉을 하던지, 판유리의 경우는 주로 제조하는 방법인 플로트^{Float} 공법에 따라 금속인 용융 주석$^{Tin,\ Sn}$에 유리면이 접촉해 완전하지 못하다.

또한 유리가 공기에 노출되어 식는 동안에 유리 표면은 습기가 있는 공기를 만날 수밖에 없다. 유리 표면에는 제조 공정 중에 접촉했던 물질의 요철 자국이 남을 뿐만 아니라, 공기에 노출되어 유리 표면의 상태가 변한다. 특히 공기 안에 있는 습기, 즉 물 분자^{H_2O}는 단단하게 결합되어 있는 유리의 원자 결합을 쉽게 깨는 역할을 한다.

유리를 이루는 골격이 되는 강한 Si-O 결합이 깨지고 대신 물과 반응해 상대적으로 결합력이 약한 Si-OH이 생긴다. 이 Si-OH들이 힘을 받으면 그곳이 응력을 집중적으로 받는 자리가 된다. 따라서 물 분자에 의해 눈에 보이지도 않는 작은 크기의 결함이 생긴 셈이 된 것이다. 진공 속에서 유리를 만들지 않는 한 단단한 Si-O 결합을 유지하기가 불가능하고 따라서 원래의 높은 강도는 유지할 수가 없다.

최근 이러한 유리 표면에 존재하는 결함이나 요철을 제거하기 위해 유리를 금속에 접촉하지 않고 공중에서 만드는 공정이 발명되었다. PC나 TV의 모니터 화면 유리, 스마트폰의 커버 창유리에 이렇게 만든 유리를 적용하여 사용하고 있다.

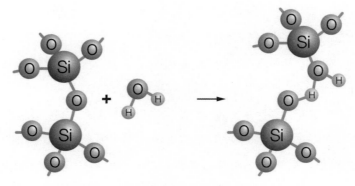

물 분자가 한 개가 SiO₂와 결합하면 강한 Si-O 결합을 깨면서 2개의 Si-OH가 형성된다.

열 충격에 견디는 붕규산염 유리

만약 유리의 표면에 존재하는 결함과 균열 같은 것이 없는 아주 강한 유리를 만들었다고 해도 사용할 때는 다른 복병이 있다. 외부에서 힘을 가해 생기는 기계적인 응력과는 다른 열에 의한 응력이 바로 그것이다. 일반 유리그릇은 전자레인지나 오븐에 넣어 조리하거나 직접 가스 불에 물을 끓이기만 해도 예상 밖으로 잘 깨진다. 특별히 전자레인지나 오븐용 유리라고 따로 명기된 것을 사용하지 않으면 안 된다.

유리도 온도에 따라 눈에는 보이진 않을 정도이지만 팽창하고 수축한다. 물론 철이나 구리 같은 금속도 온도가 오르면 팽창했다가 온도가 내려가면 원래대로 돌아간다. 유리와 금속은 둘 다 온도에 따라 팽창과 수축은 같이 하는데 유독 유리만 깨지는 일이 많다. 더욱이 유리는 금속보다 팽창하는 양이 훨씬 적은데도 말이다.

유리가 금속과는 달리 열을 받으면 잘 깨지는 이유는 무엇일까? 유리는 열을 가해 팽창시킨 후 온도를 내리면 금속과는 달리 곧 바로 수축을 하지 못하고 시간이 꽤 걸린다. 온도를 내리면 가해진 열에너지는 수축을 하면서 사라진다. 그런데 수축이 더디어지면 유리 표면에 유리를 잡아당기는 인장응력이 걸린다. 이렇게 가해진 인장응력이 유리의 기계적인 강도보다 크게 되면 깨질 수밖에 없다.

유리가 받았던 열에너지는 인장력(열응력Thermal stress)이라는 기계적 에너지로 바뀌고 이는 다른 방법으로 해소되어야 한다. 유리는 깨짐으로써 많은 표면을 만들고 이렇게 하여 기계적 에너지를 해소한다. 물론 에너지 보존의 법칙에 따라 에너지의 형태가 바뀌어도 전후의 그 크기는 같아야 한다. 온도의 차가 크거나 식히는 속도가 크면 더 빨리 깨지고 조각도 많아진다. 유리는 온도를 올려 팽창할 때는 깨지지 않고 온도를 내려 축소될 때 깨진다. 이것이 소위 열 충격에 의한 유리의 파손 원리이다.

그렇다면 유리를 팽창하는 속도만큼 빨리 수축하게 만들 수는 없을까? 유리의 강한 원자 결합 구조 때문에 불가능하다. 그런데 실험실에서 사용하는 비커나 플라스크는 가열했다 빨리 식혀도 깨지지 않는다. 그 이유는 열을 가해도 팽창하는 양 자체를 줄여서, 급히 식혀도 유리 표면에 가해지는 열응력이 유리가 깨지는 기계적인 강도보다 낮기 때문이다. 이런 유리는 화학조성을 달리하여 열팽창계수(Thermal expansion coefficient)를 낮춤으로써 가능하다.

일반적인 창유리 조성에 붕소^{B}를 적당량 첨가하면 유리를 구성하는 원자의 구조가 달라져 열에 의한 팽창률을 현저히 낮출 수 있다. 파이렉스^{Pyrex}로 많이 알려진 유리가 바로 붕소가 첨가된 붕규산 유리$^{Borosilicate\ glass}$의 대표적인 제품이다. 유리의 조성은 80% 정도의 이산화규소^{Silica}, 13%의 $B_2O_3$$^{Boron\ oxide}$, 4%의 $Na_2O$$^{Sodium\ oxide}$ 그리고 나머지 2~3%는 산화알루미늄$^{Al_2O_3,\ Aluminium\ oxide}$으로 이루어져 있다.

붕규산염 유리는 $3.3×10^{-6}K^{-1}$ 정도의 낮은 열팽창계수를 가지고 있으며, 이는 일반 병유리나 창유리의 1/3 정도로 작은 값이다. 따라서 실험실이나 가정에서 사용할 때 이 붕규산염 유리는 열로 인한 팽창과 수축의 양이 작다. 식을 때 수축에 의해 유리에게 가해지는 열응력 값이 유리의 강도보다 낮아 쉽게 깨지지 않는 것이다.

열 충격에도 잘 안 깨지는 붕규산염 유리로 만든 'Pyrex' 비커와 주전자[27]

석영유리: 반도체 공정용 용기와 스페이스 셔틀의 외장 타일로

—

 맑고 투명한 석영유리는 흔하게 보는 창유리와 병유리와는 여러 가지 면에서 다른 특성을 가지고 있다. 우선 석영유리는 다른 산화물이 전혀 들어 있지 않은 순수한 유리다. 100% 이산화규소^{SiO_2}로만 이루어진 석영유리는 대부분의 화학물질에 대해 매우 안정적이고 내약품성도 뛰어나다. 온도를 올려 유리를 성형 가공하는 온도인 연화점(약 1,700℃)이 다른 유리보다는 월등히 높다. 따라서 1,000℃ 정도까지의 고온에서도 잘 깨지지 않는다. 석영유리의 열팽창계수(20×10^{-7}/K)가 다른 유리보다 훨씬 낮기 때문이다.

 고온의 반도체 공정에 사용하는 석영유리 트레이 등의 유리 구조물과 생물 및 화학 공정에 사용하는 유리 기구 등에 많이 사용된다. 광학적으로는 자외선과 가시광선의 넓은 파장 대역에서 투명하여 고급 렌즈나 프리즘 등의 광학 소재로 쓰인다. 굴절률은 약 1.46이며, 광통신용 광섬유의 소재로 요긴하게 사용된다.

제조 방법을 달리해 제조한 각종 석영유리들[28]

 온도가 낮을 때 석영유리는 고체처럼 단단한 상태를 유지하지만 분자구조상으로는 액체와 비슷한 비결정체인 유리질을 가지고 있다. 석영유리는 갑자기 온도가 바뀌는 열 충격을 받아도 깨지지 않는데, 이러한 석영유리의 비결정 분자구조 때문이다. 여타의 다른 유리와 마찬가지로 석영유리도 가열하여 온도를 올리면 점성이 있어 부드럽게 연화 현상이 일어나 변형이 가능하다.

 석영유리는 원료를 직접 가열해 용융하는 방법, 가스 상태의 원료를 화학반응을 통하는 방법 그리고 액체 상태의 원료를 저온에서 합성하는 방법 등 크게 세 가지로 나누어 제조할 수 있다. 일반적인 내열유리로서의 석영유리는 수정^{Quartz}이나 이산화규소가 주성분인 고순도의 규사나 규석을 원료로 고온에서 용융해서 만든다. 반도체 부품을 제조할 때 필요한 고온에서 사용하는 각종 석영유리 제품으로 많이 사용되고 있다. 특히 유리가 되는 원료 가스의 화학반응을 통해 제조되는 석영유리는 렌즈나 광섬유 등 고급 광학유리로 사용된다.

반도체 공정에 사용되는 석영유리 제품. 용융하거나 가스 반응을 통해 합성하는 방법으로 석영유리를 제조한다.[29]

액상의 원료를 합성하는 '솔－젤' 공정으로 제조되는 석영유리는 제조하는 공정 조건에 따라 특성을 다르게 만들 수 있다. 기본적으로는 석영유리의 원료가 되는 Si이 함유된 유무기 복합 물질인 고순도의 실리콘 알콕사이드Alkoxide인 TEOS나 TMOS 등을 물과 반응시키는 가수분해와 중합 등의 연속적인 화학반응을 통해 만든다.

화학반응을 통해 생성된 젤을 건조하고 소결하는 공정이 까다로워 대형으로 만들기 어렵고 제조시간이 오래 걸리는 단점이 있다. 그러나 공정 중에 생긴 축축한 젤 상태인 Wetgel을 온도와 조건을 달리하여 건조하면 조직이 치밀하지 않은 특이한 형태의 석영유리를 만들 수 있다. 만약 Wetgel을 초임계 건조Supercritical drying라는 공정으로 건조시키면 형태는 변함이 없고 기공이 많은 솜같이 가벼운 에어로젤Aerogel 석영유리가 된다.

이 에어로젤 석영유리는 가볍고 열 충격에 강해 우주공간을 드나드는 우주왕복선(Space shuttle)의 바깥층인 보호타일로 사용된다. 우주왕복선의 과중한 무게 때문에 가벼우면서도 지구 대기권으로 재진입할 때의 열 충격을 견딜 만한 소재는 에어로졸 형태의 석영유리가 현실적인 최선의 선택이다.

현재 우주왕복선 표면의 70%는 특수유리로 덮여 있는데, 이 유리는 세 겹의 다른 유리로 이루어져 있다. 맨 안쪽은 우주선 내부를 밖의 진공으로부터 버틸 수 있는 화학 강화 처리된 유리를 사용하고, 가장 바깥쪽에 있는 유리는 대기권으로 재진입 시의 약 1,650°C가 되는 고온과 열 충격에 견디는 에어로젤 형태의 석영유리를 사용한다. 이 에어로젤은 공기가 90% 석영유리 섬유가 10%로 이루어져 있고 스티로폼

지구로 재진입 시의 고온과 열 충격에 견딜 수 있는 우주왕복선(위)의 바깥에 덮여 있는 유리 타일(아래). 특히 우주선의 앞부분에는 에어로졸 형태의 석영유리 타일인 HRSI이 제일 바깥에 위치한다.[30]

보다 훨씬 가볍다. HRSI^{High-temperature reusable surface insulation}라는 이름의 이 타일은 -270℃에서 1,600℃까지 견디도록 설계되어 있고 재사용할 수 있다.

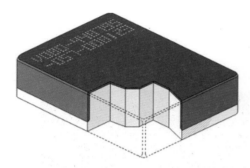 

우주왕복선에 사용되는 석영유리 타일. 흰색 부분이 공기가 90% 석영유리 섬유가 10%인 에어로젤 형태의 석영유리이며 그 바깥은 검은색의 붕규산염 유리가 코팅되어 있다.[31]

다공질 유리인 석영유리, 고온에서 분리 막으로

고순도의 석영유리는 용융해서 만들거나 기상 및 액상의 화학반응을 이용하여 만들어도 원료에서부터 공정까지 제조 단가가 높아 아주 비싸다. 용융해서 만들 때는 그 온도가 높아 에너지가 많이 들고, 합성유리는 그 원료 값이 비싸다. 석영유리의 성분이 100%는 아니지만 약 96%의 이산화규소에 4%의 삼산화이붕소B_2O_3가 함유된 석영유리는 그 열팽창계수가 석영유리보다 비슷해 비교적 값싼 내열유리로 유용성이 크다. 이런 유리를 Vycor 유리라고 하는데 미국 코닝사가 개발한 제품이다.

Vycor 유리의 제조는 다음과 같다. 이산화규소와 삼산화이붕소를 혼합해 녹이면 석영유리를 녹일 때보다 훨씬 낮은 온도에서 붕규산 유리를 만들 수 있다. 이 붕규산 유리를 적절히 열처리를 하면 붕소가 많은 영역과 석영이 많은 영역의 두 가지 유리의 상태로 상 분리(Phase separation)가 일어난다. 분리된 상들은 2~5μm 정도의 작은 그물망처럼 얽혀 있는 구조를 이룬다. 이 유리를 산에 넣고 끓이면 붕산이 많은 영역이 녹아 나와 석영유리가 많은 영역만이 골격처럼 남게 된다. 이것을 1,200℃ 정도에서 가열해 소결시키면 약 96% 순도의 석영유리가 만들어진다.

소결시키지 않고 골격만이 남은 Vycor 유리는 붕산 영역이 녹아 나온 부분이 빈 공간이 되어 다공성을 가진 특성을 가진다. 이 빈 공간 또한 유리 전체에 서로 연결이 되어 있어 가스나 액체를 분리하는 데 요긴한 분리 막으로 사용된다. 붕규산 유리의 조성과 열처리 조건을 달리하여 분리되는 상의 크기를 조절할 수 있으며 수 nm 크기의 미세한 구멍도 얻을 수 있다.

이러한 다공성의 Vycor 유리는 해수 속의 염분을 분리해 담수를 만드는 데 필수적인 분리 막으로 시용되며, 촉매의 담체, 기체의 흡착제 그리고 우수한 내열성으로 고온에서도 사용할 수 있는 기체의 분리 막으로 사용된다. 다공성의 Vycor 유리는 빈 공간에 염료를 주입하여 색이 들어간 필터 유리를 제조하는 데에도 사용된다.

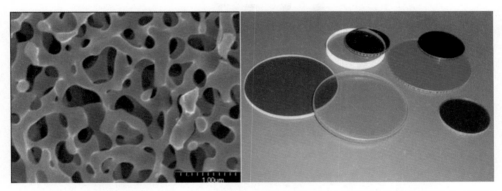

붕규산 유리의 상 분리 현상을 이용하여 만든 다공성 석영유리(Vycor glass)의 미세구조와 빈 공간에 염료를 주입한 후 소결하여 만든 필터 유리. Vycor glass의 기공을 통해 기체나 액체를 고온에서 분리할 수 있다.[32]

15. 유리는 물과 불산을 싫어한다: 물유리와 실리카겔

우리가 마시는 물이나 와인 등 알코올류의 음료는 대부분 유리병에 담겨 있다. 최근 음료수의 용기로 알루미늄 캔이나 페트병 같은 플라스틱으로 많이 대체되기는 했지만, 여전히 안전하고 깨끗한 용기로는 유리 소재를 따라올 수 없다. 병원에서 쓰는 링거액, 물약, 주사액 등이 담겨 있는 용기나 약병 등은 대부분 유리로 만들어진 병을 사용한다. 특히 햇빛이나 조명에 노출되는 약 등은 갈색 병에 들어 있다.

이렇듯 장시간 보관하거나 변질을 막아야 하는 물질은 모두 위생적으로 안전한 유리병에 담겨 있다. 그중에 염산이나, 황산, 질산 등 위험하고 취급에 주의를 요하는 화공 약품은 반드시 유리병에 담겨 있다. 그 이유는 유리가 산이나 알칼리에 반응을 거의 하지 않는 안정한 물질이기 때문이다.

초록색의 와인 병, 무색의 유리 용기와 갈색의 약병[33]

유리와는 다르게 철과 같은 금속은 물이나 산 같은 용액이 묻어 시간이 지나면 녹이 슨다. 금속이 녹이 스는 이유는 물이나 산과 반응하여 산화가 되는 화학반응을 일으켰기 때문이다. 공기 중에는 산소가 있고 물속에도 산소가 녹아 있기 때문에 금속은 이 산소로 인해 만나기만 하면 언제나 산화될 준비를 하고 있다.

금속이 쉽게 산화되는 것은 산화물로 있는 것이 더욱 안정하기 때문이다. 녹이 슨 철을 그냥 놔두면 절대로 원래의 녹슬지 않은 상태로 돌아올 수 없다. 그러나 금속이라도 스테인리스 스틸Stainless steel처럼 니켈과 크롬을 넣어 합금을 만들면 산화를 방지할 수 있다.

한편, 금속을 산소와 인위적으로 반응을 시켜 안정하게 된 금속의 산화물은 물이나 산에 노출시켜도 더 이상 산화는 일어나지 않는다. 세라믹이라는 재료가 이러한 재료인데 대부분 금속의 산화물로 이루어져 있고 화학적으로 안정하다. 금속의 산화물이며 결정질인 세라믹 이외에도 같은 산화물이지만 비결정인 유리 또한 화학적으로 안정하다. 그래서 많은 음료수와 화공약품들은 유리병에 담겨 있다.

유리가 화학적으로 안정하더라도 유리원자가 물을 만나면 변화가 일어난다. 대부분의 유리는 이산화규소SiO_2로 이루어져 있고 중심에 있는 규소Si(실리콘)는 바깥쪽의 4개의 산소와 결합하여 정사면체(SiO_4) 모양의 분자를 형성하고 있다. 이 정사면체의 꼭짓점에 위치한 산소는 옆의 또 다른 정사면체와 공유하면서 연속적으로 3차원으로 연결되어 있다.

이러한 3차원의 그물 구조를 가진 유리 분자에 물 분자H_2O가 접근하면, 실리콘과 결합하고 있는 한 개의 산소$Si-O$가 실리콘 원자를 뿌리치고 물 분자에 있는 한 개의 수소H와 결합을 해버린다. 수소 한 개가 빠진 물 분자는 OH가 남는데 이것이 옆의 또 다른 실리콘과 만나 결합(Si-OH)을 한다. 즉, 한 개의 물 분자가 유리 분자에 접근하여 기존의 Si-O 결합 대신 두 개의 Si-OH 결합을 만들게 된다. 이 화학반응의 결과 강한 Si-O 결합 대신 약한 Si-OH으로 대체되어 유리의 기계적인 강도가 약하게 된다.

원래 Si-O 결합을 깨는 데 필요한 단위면적당의 힘, 즉 파괴강도는 약 30GPa인 데 반해 Si-OH 결합을 깨는 데는 그의 1/10도 들지 않는다. 여기에 더해 유리 표면이 긁히거나 흠집이 생기면 파괴강도는 약 100MPa까지 내려간다. 이론적인 파괴강도보다 1/100 이하의 낮은 강도를 가진 것이 늘 우리가 만지고 접하는 유리 용기이다. 이미 유리 표면이 물과 결합한 Si-OH 분자로 덮여 있으면 더 이상 Si-OH 분자는 생기지 않아 그 기계적인 강도를 유지하고 있게 된다. 만약 그 강도보다 높은 충격이나 힘을 가하면 우리는 쉽게 깨진다.

유리창을 원하는 크기와 모양대로 자를 때 일반적으로 다이아몬드 칼로 금을 긋고 난 후 힘을 주어 자른다. 이때 잘 잘라지지 않을 때는 금이 난 자리에 물을 묻히고 힘을 주면 짱하며 쉽게 잘라진다. 그 이유는 금이 나서 생긴 유리의 내부 표면에 물이 들어와 강한 Si-O 결합이 깨지고 Si-OH 결합이 생기면서 힘을 받으니 쉽게 잘라지는 것이다.

이렇듯 피할 수 없는 물 때문에 유리의 기계적인 강도는 많이 낮아졌지만 평상시에 유리 용기를 사용할 때 파괴강도 이상으로 힘을 가하지 않는 한 깨질 염려는 없다. 유리를 던지거나 딱딱한 돌 등으로 일부러 깨려고 하지 않으면 말이다.

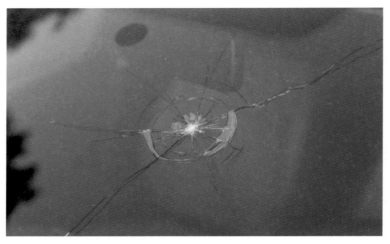

자동차 앞 유리창에 생긴 크랙이 길게 자라난 모습. 물이 크랙에 스며들면 유리의 강한 원자 결합이 쉽게 끊어져 크랙이 빨리 전파해나간다.[34]

물에 의해 Si-OH 결합이 생기면서 유리는 아주 미세하지만 화학적으로 침식을 당한다고 볼 수 있다. 이러한 것을 막기 위해서 일상적으로 사용하는 유리 용기는 SiO_2인 석영유리 성분에 석회 성분인 CaO를 첨가하는 것이다. 병유리는 Na_2O-CaO-SiO_2인 소다석회 규산염 유리 조성으로 이루어져 있고, Na_2O는 유리의 용융 온도를 낮추는 역할, 그리고 CaO는 화학적 내구성을 높이기 위해서 추가한다.

그러나 물을 반드시 피해야 할 유리 제품이 있다. 일반적인 유리의 기계적인 강도보다 훨씬 높은 강도를 유지해야만 사용할 수 있는 제품이다. 다름 아닌 광통신의 핵심 소재인 유리 광섬유가 바로 그것이다. 유리 성분으로 이루어진 광섬유는 케이블 형태로 만들어 지상에 설치하거나 지하에 매설하는데 늘 하중을 받고 있다. 광케이블 포설 시 교체 시한이 기본적으로 40년 주기로 되어 있는데, 만약 광섬유 유리에 결함이 있어 깨지거나 끊어진다면 그 수명을 보장할 수 없다.

기본적으로 유리 광섬유의 기계적인 강도는 기준 이상으로 유지되어야 한다. 따라서 광섬유를 제조할 때 엄격히 제어하는 것이 있는데 물이 바로 그것이다. 유리 광섬유를 만들 때에 유리 표면을 플라스틱 수지로 코팅하는 것도 물로 인한 기계적인 강도의 감소를 막기 위함이다. 이와 함께 물로 인해 생긴 Si-OH는 특정한 파장에서 빛을 흡수하므로 이로 인한 광 손실을 막기 위해 광섬유의 코어는 OH 불순물이 최소로 되도록 공정 관리를 한다.

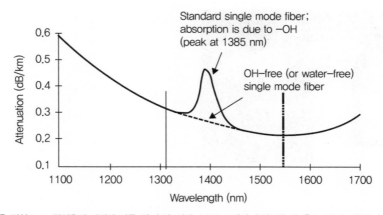

일반 광통신용 단일 모드 광섬유의 파장에 따른 광 손실. 파장 1,385nm에서 솟아오른 광 흡수 피크는 유리 속에 불순물로 존재하는 물(Si-OH) 때문이다. 현재는 -OH를 거의 없애 점선 같이 광 손실을 현저히 낮춘 광섬유(OH-free 단일 모드 광섬유)가 개발되었다.[35]

광섬유 모재(Preform)를 고온에서 인출하여 제조하는 광섬유는 모재의 순도가 광섬유의 광통신 품질을 좌우한다. 모재의 특히 코어 부분은 광 신호가 진행하는 곳이므로, 원료에서부터 모재의 제조 공정까지 수분의 차단은 필수적이다. 유리 내부에 불순물로 들어간 물H₂O은 유리의 Si-O 결합을 깨면서 Si-OH를 형성시키는데, 이것이 1,385nm 파장에서 광 손실을 가져오는 원인이 된다. 최근 불순물인 -OH를 거의 없애 이론적인 광 손실 값까지 낮춘 광섬유가 출시되고 있다.

유리의 광통신 특성에 영향을 미치는 물은 광섬유의 표면에도 Si-OH를 형성시켜 기계적인 강도 저하를 일으킨다. 따라서 광섬유 모재를 머리카락 크기로 고온에서 인출할 때 주위에 습기가 있으면 유리에 치명적이다. 고온의 가열로 내부에 위치하는 광섬유 모재는 수분과의 접촉을 원천적으로 차단하는데, 이를 위해 가열로 내부는 아르곤Ar 같은 불활성 가스로 채운다.

또한 유리 모재가 가열로에서 광섬유로 인출되어 밖으로 나오자마자 아크릴 수지와 같은 물질로 코팅하여 유리 표면으로는 물 분자의 침입을 차단하게 한다. 이렇게 습기가 차단된 상태에서 제조된 광섬유는 그 파괴강도가 10GPa를 상회한다. 싫어하는 물을 차단해주고 유리를 만들면 유리는 높은 파괴강도를 유지한다.

광통신용 광섬유처럼 특정한 목적으로 쓰이는 유리와는 달리 일반적으로 사용하는 유리 제품에게 물은 해가 되지 않는다. 그런데 이렇게 안정한 유리도 꼼짝 못하는 물질이 있는데, 불소 화합물 수용액인 불산HF, Hydrofluoric Acid 용액이 그것이다. 불

산은 염산과 황산 등 강한 산성의 화공약품과는 달리 플라스틱 용기에 담겨 있다. 왜냐하면 불산은 용기가 되는 유리를 녹여내기 때문이다. 엄밀하게는 불산과 유리의 주성분인 이산화규소가 화학적으로 반응한 후 반응 생성물이 녹아 떨어져 나오는 것이다. 따라서 불산은 유리에 담아 보관할 수 없다.

유리병에 담긴 황산과 플라스틱 병에 담긴 불산[36]

한편 이러한 불산의 유리를 녹이는 성질을 거꾸로 이용하여 유리를 에칭Etching하는 데 사용할 수가 있다. 반도체 소자 등을 만들 때 구성요소 중 하나인 유리층을 선별적으로 녹여 없앨 때 이 불산HF 용액이나 불화암모늄NH4HF2을 요긴하게 이용한다. 최근 일본에서 수입규제로 말 많은 것이 반도체 에칭 공정에 필수적인 고순도의 불산이다. 또한 유리의 겉면을 녹여내어 입체적인 그림을 새겨 넣을 때도 이 불산을 에칭 액으로 사용한다.

불산을 이용한 공업적인 유리의 에칭은 무반사 유리를 제조하는 데 주로 사용한다. 대형의 판유리를 불산 용액에 담그거나 유리 표면에 불산 용액을 분사하면 아주 작은 요철이 만들어진다. 표면의 요철이 반사광을 불규칙하게 산란시켜 무반사 효과가 있도록 하는 것이다. 불산 용액의 농도와 반응시간을 달리하여 표면 요철의 형상을 제어하고 이에 따른 반사특성을 조절할 수 있다. 불산 용액과는 달리 불화암모늄은 고체 상태로 존재하며 물에 섞어 젤 상태로 유리 표면에 발라 에칭을 한다.

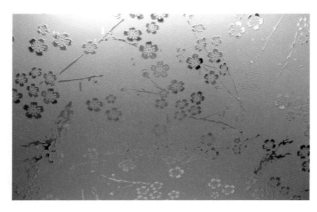

불화 암모늄으로 에칭한 유리의 표면[37]

물유리, 물을 품은 유리

—

물은 생명 유지에 없어서는 안 될 중요한 물질이다. 우리 인체와 동물들 몸의 80% 이상이 물로 이루어져 있다. 식물 또한 대부분이 물로 이루어져 있다. 이러한 물이 생명이 없는 물질과 만나면 어떤 일이 일어날까? 금속을 녹이 슬게 하거나, 소금이나 설탕 같은 고체 덩어리를 녹이거나, 식초나 염산 등 용액의 농도를 묽게 하는 등을 생각해볼 수 있을 것이다, 이 모두 산화 반응, 용해 반응 등 화학적인 반응의 결과라고 볼 수 있다.

한편 물이 유리 표면에 닿으면 물 분자는 산소와 수소로 유리되어 유리의 기본 골격인 Si-O 사면체의 강한 Si-O 결합을 Si-OH 결합으로 바꾼다. 만약 유리 용기에 물을 넣고 온도를 올리면 물은 끓고 증발한다. 계속해서 끓이면 물의 양은 줄어드는데 유리 용기는 변함없이 그대로 있다. 설탕과 소금도 녹이는 물은 어째서 유리는 녹일 수 없는 것일까? 녹이기는 하는데 그 양이 너무 적어서 우리 눈에는 안 보이는 것이 아닌지 궁금하다.

물과 접촉하면 유리는 그 표면에 Si-OH 결합이 생기는데 표면뿐만 아니라 유리 내부까지도 Si-OH 결합이 생겨 많아지면 무슨 일이 일어날까? Si-OH 결합이 많아지면 부분적으로 Si-O 결합으로 되돌아가면서 물 분자인 H_2O를 다시 내놓는다. 이때 생긴 물은 분자의 형태로 유리 내부를 돌아다닌다고 알려져 있다. 유리 분자의 그물 구조가 생각보다 성겨 물 분자가 이동할 수 있는 공간을 제공하기 때문이다. 그러나 이렇게 생긴 유리 내부의 물은 그 양이 너무 적어 유리는 물에 녹지 않는다고 할 수 있다.

그런데 이런 유리도 화학조성이 바뀌면 물에 잘 녹는 유리, 즉 물유리(Water glass)를 만들 수 있다. 유리의 주성분인 이산화규소로 이루어진 모래를 가성소다인 수산화나트륨NaOH이나 탄산소다인 탄산나트륨Na_2CO_3에 넣고 압력을 높인 상태에서 열을 가하면 소다석회 유리Sodium silicate glass, Na_2O-SiO_2가 만들어진다. 들어가는 나트륨Sodium의 양에 따라 Na_2O와 SiO_2의 조성이 1대1, 2대1, 3대1의 비율로 결합된 세 종류의 유리로 만들 수 있다.

나트륨 원자는 SiO_4 정사면체로 이루어진 그물 구조 속에 끼어 있는 형태로 유리

구조를 이룬다. 이 소다 석회 유리는 무색투명하며 물에 잘 녹아 물에 녹인 것을 물유리라고 부른다. 끈적끈적한 물유리는 무쇠주물을 만들 때 쓰는 모래거푸집의 재료

소다석회 유리 분말과 이것을 물에 녹인 물유리[38]

인 주물사의 점결제로 첨가해 사용한다. 모래를 단단하게 잡아주는 역할을 할 뿐 아니라 고온에서도 타지 않고 견딘다. 이러한 물유리는 고온에서의 접착제 역할로 자동차 배기부의 균열 등을 막는 데도 요긴하게 쓰인다.

또한 물유리는 원유 등의 채취를 위해 땅을 드릴링Drilling할 때 윤활제로서도 긴히 사용된다. 일반적인 기름 계통의 윤활제는 드릴링의 마찰 때문에 타서 사용할 수가 없는데, 물유리는 고온에서도 윤활제의 역할과 함께 뚫어진 암석이나 흙벽을 메워줘 무너지지 않도록 한다.

또한 물유리를 시멘트에 섞어서 사용하면 굳을 때 미세한 기포 등을 줄이고 내방수성과 내열성을 높이는 역할을 한다. 최근 후쿠시마 원전 사고 이후 방사능에 오염된 물이 빠져나오지 않도록 지하 땅속에 차단 층을 만들었는데, 이때 물유리를 첨가하여 누수를 막는 데 사용하였다.

모래에 점결제로 물유리를 넣어 굳힌 주물사 주형[39]

실리카겔도 물유리로 만든다

—

　과자나 건조식품 등의 포장지를 뜯어보면 무색투명한 작은 구슬들이 들어 있는 조그만 봉지를 볼 수 있다. 습기를 제거하기 위해 넣어놓은 실리카겔Silica gel이라는 것인데, 이것도 물유리를 이용해 제조한다. 물유리인 소다석회 유리를 황산H_2SO_4과 반응을 시키면 나트륨이 빠져나간 석영유리를 만들 수 있다.

　말랑말랑한 젤 상태의 석영유리를 가는 관을 통해 구슬 모양으로 배출시킨 후 이것을 건조하고 소성 처리하여 딱딱한 실리카겔을 만든다. 실리카겔은 석영유리와 같은 SiO_2 구조로 이루어져 있지만 순도가 낮다. 고온에서 유리를 만들 때 소결 조건을 달리해 내부에 미세한 구멍이 남도록 한 것이다. 실리카겔의 미세하게 연결된 넓은 표면적의 구멍 속으로 습기를 빨아들여 제습제의 역할을 하는 것이다.

　실리카겔은 약 40%의 습기를 제거할 수 있고, 수분을 흡수한 실리카겔은 건조시켜 재사용을 할 수 있다. 이러한 실리카겔은 1차 세계대전 때 방독면의 가스 제거제로 처음 사용했고, 제2차 세계대전 때는 부상자의 감염 치료를 위한 페니실린을 건조한 상태로 유지하기 위해 긴요하게 사용된 바 있다.

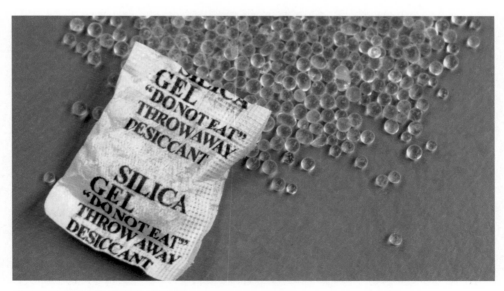

물유리를 가공해서 만든 제습제인 실리카겔[40]

16. 유리는 자연에서도 만들어진다

우리 주위를 둘러보면 살아 있는 생명체인 인간과 동물 그리고 식물 외에도 많은 것들이 존재하고 있다. 수많은 삼라만상을 자르고 잘라 그 크기를 계속 한없이 줄여 나가면 남는 것은 원자이다. 이 원자도 양성자와 중성자로 이루어진 원자핵과 그 바깥에 궤도를 따라 도는 전자들로 이루어져 있다. 모든 물질의 원료가 이 세 가지로 이루어져 있다니 신기할 뿐이다.

양성자와 전자의 개수가 고체인 탄소 원자보다 각각 1개만 많으면 놀랍게도 질소 원자가 된다. 그리고 탄소 원자보다 양성자와 전자가 2개씩 많으면 산소 원자가 된다. 질소와 산소는 원자가 2개씩 결합하여 각각 기체인 질소 분자와 산소 분자로 변한다. 딱딱한 고체인 탄소가 고작 몇 개의 양성자와 전자의 추가로 기체의 상태인 물질이 되는 것이다.

우리가 살고 있는 지구에 가장 많이 존재하는 물질로서 산소 원자는 공기 중에 기체인 산소로도 존재하지만, 다른 원자들과 결합해 산화물로도 안정하게 존재한다. 우리가 광물로 분류하는 산화물들이 지각에는 많이 존재하는데, 세월이 흘러도 변치 않는 돌과 바위가 많은 부분을 차지한다.

이러한 돌과 바위들의 성분을 분석해보면 대부분 산소와 결합한 결정질의 산화물 형태로 존재한다. 물론 황과 결합한 황화물과 불소와 결합한 불화물 등 다른 화합물도 많이 존재한다. 결정구조가 대부분인 돌과 바위 이외에 유리질의 산화물도 천연으로 존재한다.

화산에서 생긴 유리, 흑요석

멀리 선사시대인 구석기시대로 거슬러 올라가보자. 원시인들도 사냥을 하거나 물건을 자를 때 뾰족하거나 날카로운 도구를 만들어 썼다. 만들기가 쉽고 또 지속적으로 사용 가능한 재료가 필요했을 것이다. 원시인들은 까맣게 생긴 반짝이는 돌을 발견하였고, 이 돌은 단단하나 잘 깨져서 화살촉이나 칼로 만들기 좋았다.

이 돌이 흑요석(Obsidian)이라고 하는 자연으로 존재하는 천연유리다. 지구 내부에 있던 산화물로 이루어진 용암이 화산이 분출하면서 식어서 만들어진 것이다. 특히 석영유리SiO_2 성분이 많은 용암이 고온에서 녹아 흘러나오면서 급격히 식어 결정질이 없는 유리질의 검은 돌이 된 것이다. 화산에서 용암이 용출되어 흘러나와도 유리질이 되지 않는 성분으로 이루어져 있다면 빠른 냉각 속도로 식어도 흑요석이 되지 않는다. 따라서 화산이 많이 있는 지역이더라도 흑요석이 발견되는 곳은 많지 않다.

유리질의 흑요석이 사용된 시기는 무려 70만 년 전인 구석기시대까지 거슬러 올라간다. 흑요석의 영어 이름인 옵시디안Obsidian은 아프리카의 에티오피아에서 검은 유리돌을 발견한 로마의 탐험가인 옵시디우스Obsidius의 이름에서 따왔다고 한다. 옛날에는 까맣고 반짝이는 흑요석을 뾰족한 창의 날이나 칼로 사용하였지만, 최근에는 가공해 보석류의 장신구로 사용하기도 하고 의료용 칼로 쓰기도 한다.

흑요석을 깨뜨려 만든 날카로운 칼과 갈고 다듬어 만든 장신구[41]

흑요석은 규사SiO_2 성분이 66~72% 정도가 되는 비결정 조직을 가진 유리질 물질이다. 만약 용암의 규사성분이 이보다 적고 다른 산화물이 많이 섞여 있으면 분출되어 식을 때 유리가 아닌 결정질 구조의 유문암이나 현무암 등이 될 것이다. 우리가 잘 아는 제주도에서 보는 검은 돌인 현무암은 유리질의 바위가 아니고 산화물 결정들이 혼합된 암석이다.

흑요석은 터키(현재 아르메니아의 아라랏산 근처)를 위시하여 그리스, 에티오피아, 미국 캘리포니아 등 전 세계에 분포해 있다. 최근 강원도의 홍천에서도 흑요석으

제주도의 현무암으로 이루어진 주상절리. 화산의 폭발로 생긴 현무암은 유리질인 흑요석과는 다른 결정질로 이루어져 있다.

로 만들어진 석기들이 대량 발굴된 바 있다. 한국에서 발견된 흑요석은 원산지가 백두산이라고 확인되었고, 같은 흑요석이 일본의 규수지방에서도 발견된 바 있다. 이 흑요석은 유럽에서 건너온 것으로 알려져 있고, 옛날에도 유럽과 아시아 간에도 활발한 교역이 이루어졌음을 짐작할 수 있다.

벼락 맞아 생긴 유리, 섬전암

—

한편, 이러한 화산 환경이 아니라도 유리가 천연적으로 생성될 수가 있는 곳이 있다. 녹여 식히기만 해도 유리가 되는 유리질 성분의 물질이 많이 있는 곳인데, 다름 아닌 규사 성분이 대부분인 모래가 많은 지역이다. 이 지역에서 발견되는 섬전암閃電岩은 자연에서 발견되는 또 하나의 유리질 암석이다. 궂은 날 벼락이 땅에 떨어져 모래를 쳤을 때 생긴 순간적인 높은 열로 모래가 녹아 생성된 유리이다.

　모래가 녹은 유리인 섬전암은 벼락을 맞을 때의 모양처럼 녹으면서 식어 구불구
불한 원통의 관이나 나무뿌리처럼 보이는 것이 많다. 원통관의 외부는 보통 모래입
자로 덮여 있다. 번개의 섬광을 맞아 생긴 유리이므로 번개를 의미하는 라틴어 fulgur
를 따와 풀구라이트Fulgurite라고 부른다. 벼락이 칠 때는 적어도 1,800℃ 이상으로 온
도가 순간적으로 약 1초 정도 유지된다고 한다.

　섬전암의 크기와 모양은
벼락의 흔적과 모양을 나타
낸다고 할 수 있다. 보통 수
cm의 직경과 수 m의 길이
까지 커질 수 있다. 때로는
벼락 지점부터 땅 아래로 생
기기도 한다. 섬전암의 색
은 모래의 성분에 따라 투

사막지대에서 벼락에 맞아 형성된 천연 유리인 섬전암들[42]

명하거나 초록색, 갈색, 검은색 등 다양하게 나타난다.

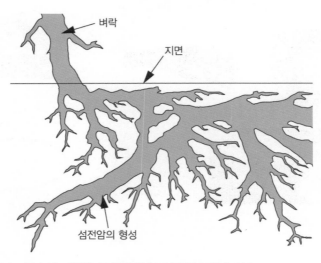

섬전암이 형성되는 과정. 벼락이 치는 형상을 섬전암의 형태로 간접적으로 알 수 있다.[43]

17. 유리의 종류와 용도

유리의 특성은 유리를 이루는 성분에 따라 다르며, 그 성분에 따라 유리의 종류도 달라진다. 우선 유리의 성분을 설명하기 전에 간단하게 유리의 용도에 따른 분류를 해보자. 유리는 그 용도로 판유리, 용기용 유리, 광학유리, 전자용 유리 그리고 코팅 유리로 구분할 수 있다.

같은 용도라 하더라도 우리가 일상에서 늘 볼 수 있는 전통 유리와 최근에 급속히 발전한 기술에 힘입어 특수한 기능을 가진 차세대 유리로 구분할 수 있다. 각기 다른 기능을 가진 유리의 전반에 대해서는 이어지는 장에서 좀 더 깊이 있게 따로 설명할 것이다.

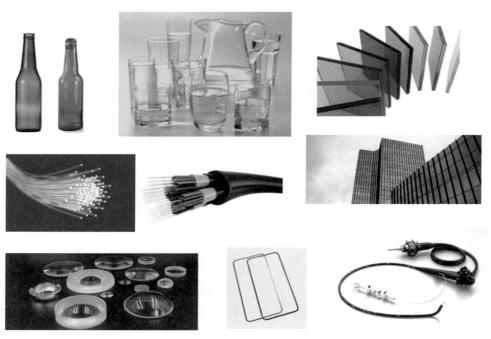

여러 가지 종류의 유리 제품들[44]

	전통 유리	차세대 유리
판유리	• 건축용 판유리 • 자동차용 판유리 • 산업용 판유리 • 내열 유리	• 스마트 윈도우 • 단말기 기판 유리(휴대전화, 내비게이션 등) • LCD 기판 유리 • 태양전지용 기판 유리
용기유리	• 병유리 • 식기 유리 • 법랑 유리 • 공예 유리	• 고내열 결정화 유리(vision) • 고강도 식기 유리(코닝)
광학유리	• 안경용 유리 • 카메라 렌즈 • 광학렌즈	• 광학 필터 • 디카용 렌즈 • 포토크로믹 유리 • 레이저 유리
전자용 유리	• 형광등 유리 • 전구 유리 • TV 브라운관 유리	• 석영유리(포토마스크용) • 저온 소결 기판 • LTCC 유리 • 광학디스크
코팅 유리	• 거울 • 반사 유리 • 미장 유리	• 전도성 코팅 유리 • 무반사 코팅 유리 • 적외선 차단 유리(Low-E 유리) • 박막형 태양전지

유리의 용도에 따른 분류[45]

용도에 맞는 기능을 부여하기 위해서는 먼저 유리의 구성 성분을 달리하여 유리를 만들어야 한다. 유리의 성분은 유리가 되는 원료들의 화학반응 결과에 따라 결정이 된다. 유리는 유리를 이루는 성분에 따라 크게 산화물계 유리(Oxide glass)와 비산화물계 유리(Non-oxide glass)로 나누어진다.

산화물계 유리는 만들어진 유리의 기본 성분이 금속의 산화물로 이루어진 유리다. 이 산화물계 유리도 산화물의 종류에 따라 이산화규소SiO_2가 주성분인 규산염 유리(Silicate glass), 산화붕소B_2O_3가 주성분인 붕산염 유리(Borate glass), 그리고 산화인산P_2O_5이 주성분인 인산염유리(Phosphate glass) 등으로 크게 나눌 수 있다.

이렇게 분류하는 이유는 이 세 가지 종류의 산화물인 SiO_2와, B_2O_3, P_2O_5를 각각 녹여서 식히면 모두 3차원의 그물망 분자구조를 이루어 유리화가 잘되는 유리 형성 물질(Network former)이기 때문이다. 이 유리형성 물질들을 섞어서 유리를 만들어도 결정질은 생기지 않고 유리가 잘 만들어진다. 이 그물망 구조의 유리에 적당량의 다른 산화물을 첨가시켜도 균일한 유리가 만들어져 여러 성분을 가진 유리를 만들 수 있는 장점이 있다.

산화물계 유리

—

규산염 유리

이 산화물계 유리 중 가장 많은 비중을 가진 규산염 유리는 규소Si의 산화물인 이산화규소가 주성분인 유리를 말하는데, 우리가 흔히 접하는 유리창과 유리병이 그 대표적인 예다. 주성분인 이산화규소에 산화나트륨Na₂O과 산화칼슘CaO을 부성분으로 혼합하여 녹인 소다석회 규산염 유리Soda-lime-silicate glass, Na₂O-CaO-SiO₂ glass인데 짧게 소다석회 유리Soda-lime glass라고 부른다. 보통 이산화규소가 65~75%, 산화나트륨이 10~20%, 산화칼슘이 5~15%의 중량비로 들어 있다. 소다석회 유리는 창문으로 사용하는 판유리, 병유리, 전구나 형광등의 조명용 유리등에 주로 사용되고 있다.

소다석회 규산염 유리는 주성분으로 이산화규소의 원료가 되는 천연규사인 모래나 규석, 부성분으로 산화나트륨은 '소다회'Soda ash라고 부르는 화학성분이 Na₂CO₃인 탄산소다 그리고 산화칼슘은 석회석인 탄산칼슘CaCO₃을 혼합한 후 1,300~1,500℃ 정도의 고온에서 녹여 만든다. 천연규사는 석영을 많이 함유하고 있는 화강암이 풍화와 분해 과정을 거쳐 이산화규소 성분을 많이 포함하고 있는 알갱이만 모여서 형성된 것이다. 고온에서 화학반응이 일어나면 Na₂CO₃는 Na₂O와 CO₂로, CaCO₃는 CaO와 CO₂로 분해되고 CO₂는 가스로 배출된다. 반응 후 형성되는 Na₂O와 CaO는 SiO₂에 용해되어 3차원 구조의 소다석회 유리가 된다.

규산염 유리의 원료가 되는 이산화규소의 순도가 99.6% 이상인 규석과 규석 분말[46]

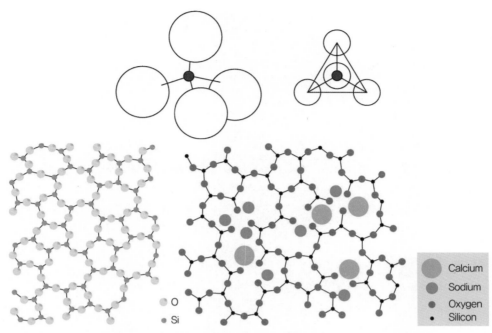

규소를 중심으로 4개의 산소가 결합된 정사면체(위)가 연결된 그물망 구조를 이루는 석영유리. 그림에는 평면으로 그려져 삼각형으로 보이나 실제로는 정사면체(왼쪽)이며 이 그물망 사이에 Na과 Ca이 Si-O 결합을 깨고 들어가 위치한다(오른쪽).[47]

규소를 중심으로 4개의 산소O가 결합된 정사면체들이 그물망처럼 연결된 석영유리SiO_2, Silica glass의 Si-O 결합을 깨고 NaSodium과 CaCalcium 원자가 그 속을 비집고 들어 간다.

특히 Na_2O는 Si-O 결합을 깨면서 녹는 온도와 점도를 낮추어주고, CaO는 Na_2O의 첨가로 약해진 화학적 내구성을 높여주는 역할을 한다. 소다석회 규산염 유리는 가시광에서 근적외선의 파장 영역에까지 투과율이 80% 이상이 되는 우수한 광학적 특성과 함께 화학적 내구성이 좋아 창유리와 병유리로 가장 많이 사용된다. 또한 원료가 비교적 싸고 제조 방법도 간단하여 유리 제품의 80% 이상을 차지한다. Na_2O와 CaO가 없이 100% SiO_2로만 이루어진 유리가 석영유리다.

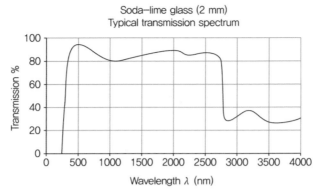

Soda–lime glass (2 mm)
Typical transmission spectrum

소다석회 규산염 유리의 광 투과 특성, 약 400~2,700nm 파장 영역에서 빛은 80% 이상 투과된다.[48]

붕산염 유리

붕산염 유리는 산화붕소가 주성분으로 이루어진 유리다. 삼각형 구조를 가진 산화붕소가 그물망 형성 산화물이 되는 붕산염 유리는 유리 전이점이 300~400°C로 낮고 용융 온도가 1,000~1,200°C로 규산염 유리보다 제조하기 쉽다. 다른 금속이나 희토류의 산화물을 다량으로 함유할 수 있어, 순수한 100%의 붕산염 유리보다는 Al_2O_3, Bi_2O_3, BaO, CdO, PbO, SiO_2 등을 부성분으로 첨가한 다성분계 유리로 주로 사용한다. 붕산염 유리에 세륨[Ce], 터븀[Tb] 등 희토류 원소(Rare earth element)를 첨가하여 광자기(Magneto-optical) 특성을 높인 FR-4, FR-5과 같은 유리는 광 차단기, 편광기 등에 사용된다.

붕산염 유리의 특이한 특성은 석영유리에 비해 열중성자(Thermal neutron, 원자핵 속에 들어가 핵반응을 일으키는 중성자)를 강하게 흡수하고, X-선의 투과가 쉽다는 것이다. 실제 열중성자 흡수용 유리는 B_2O_3 외에 CdO, CaF_2, SiO_2를 혼합해 녹여 제조하며, 원자로의 열중성자 차단용 유리로 사용한다. 붕산염 유리는 X-선 투과 유리, 희토류 원소를 다량으로 함유한 굴절률이 높고 색 분산이 낮은 광학유리 등에도 사용된다.

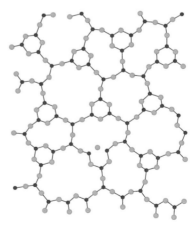

붕산염 유리의 분자구조. 붕소를 중심으로 산소 3개가 결합한 삼각형 구조가 그물망처럼 연결되어 있다.[49]

최근 어린 학생들이 모양이 만지는 대로 변하는 물렁한 젤 같은 것이 유행을 탄 적이 있다. 괴짜 과학이 만들어낸 만지면서 가지고 노는 장난감의 일종이다. 고체는 아니면서 찐득한 액체 상태로 기괴한 모양으로도 바뀌어 액체괴물인 슬라임, 액괴(Slime, Flubber)라고도 부른다. 만지면서 정신을 안정시켜준다는 이유로 어른들도 가지고 논다.

이 액괴는 보락스Borax라고 하는 산화붕산이 주성분인 나트륨 붕산염 유리(Sodium borate glass)에 PVA라고 하는 폴리머를 합성해서 만든 것이다. 보통 무색 투명하나

붕산염 유리에 폴리머와 섞어 합성해 만든 액괴[50]

색소를 넣어 색을 입힌다. 제조 과정에 유해물질이 발견되어 엄격하게 관리하고 규제하고 있다.

인산염유리

인산염유리는 산화인산이 주성분으로 이루어진 유리다. 이산화규소처럼 정사면체 구조를 가진 산화인산의 망구조로 이루어진 인산염유리는 화학적 내구성이 낮으

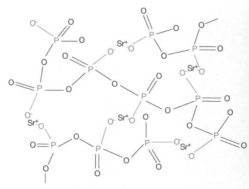

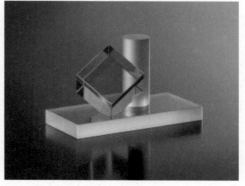

인산염유리의 분자구조. 인을 중심으로 4개의 산소가 결합된 사면체 구조를 이루며, SrO이 첨가되었을 때 P−O 결합을 깨고 그 사이에 들어간다. 네오듐이 함유된 레이저 발진용 인산염유리로 연한 보라색을 띤다.[51]

나, 규산염 유리에 비하여 내불산성과 내수성이 좋다. 특히 적외선 흡수 특성이 우수하여 희토류 원소인 네오듐Nd이 함유된 인산염유리는 고출력 레이저의 핵심 소재인 발진용 유리로 사용된다. 또한 방사선의 양을 측정하는 선량계 유리와 열선 흡수용 필터 유리로 사용되며, 인체의 구성 성분인 인^{P}으로 이루어져 생체용 유리로도 요긴하게 사용된다.

앞에서 설명한 규산염 유리, 붕산염 유리, 인산염유리 같은 그물망 구조의 유리 형성 산화물(Network former)은 다른 원소의 산화물을 첨가하여 다성분계 유리로 쉽게 만들 수 있다. Na^{Sodium}, K^{Potassium} 같은 알칼리^{Alkali}금속이나 Ca^{Calcium}, Sr^{Strontium}, Ba^{Barium} 같은 알칼리토$^{Alkaline\ earth}$금속의 산화물을 첨가한다. 이러한 알칼리금속이나 알칼리토금속의 산화물은 그물망처럼 얽힌 유리형성 산화물의 빈자리에 비집고 들어가 그 구조를 변형시킨다는 의미로 그물망 수식 물질(Network modifier)이라고 부른다. 기본이 되는 유리의 골격 사이사이에 위치해 들어가 용융 온도, 점도, 밀도, 굴절률과 열팽창 등 유리의 특성을 변화시키는 역할을 한다.

그물망 형성 물질$^{Network\ former}$이 되는 유리는 서로 혼합해도 새로운 유리를 만들 수 있다. 그 예로는 석영유리$^{Silica\ glass}$ 성분으로 하고 산화붕소를 첨가하여 유리를 만들면 붕규산염 유리$^{Borosilicate\ glass}$가 된다. 붕규산염 유리에 산화나트륨 같은 알칼리금속 산화물을 넣어 알칼리 붕규산염 유리를 만들기도 한다.

최근 스마트폰의 커버 유리로 사용되는 '고릴라' 유리는 창유리 성분 중 하나인 CaO를 Al$_2$O$_3$와 대체한 Na$_2$O-Al$_2$O$_3$-SiO$_2$ 성분의 소다 알루미노 실리케이트 유리$^{Aluminosilicate\ glass}$다. 유리의 자체 기계적인 강도도 높이고 이온교환을 통한 화학 강화 효과를 높이기 위해 만든 유리이다.

비산화물계 유리

—

칼코지나이드 유리

산화물계 유리와는 달리 비산화물계 유리는 금속과 산소의 화합물인 산화물 성분이 하나도 없는 유리를 말한다. 황$^{S,\ Sulfer}$, 셀렌$^{Se,\ Selenium}$, 텔루륨$^{Te,\ Tellurium}$ 등 주기율

표의 6족에 있는 칼코진Chalcogen 원소의 화합물로 이루어진 칼코지나이드 유리 (Chalcogenide glass)와 주기율표 7족에 있는 불소F, Fluorine, 염소Cl, Chlorine, 브롬Br, Bromine, 요오드I, Iodine와 같은 할로겐Halogen 원소의 화합물로 이루어진 할로지나이드 유리 (Halogenide glass)로 크게 나눌 수 있다.

칼코지나이드 유리는 As_2S_3, GeS_2, As_2Se_3, $GeSe_2$, P_2Se_3 등과 같이 금속과 찰코진 원소가 결합되어 형성된 유리이며, 각각 단독 또는 다성분으로 혼합되어 여러 종류의 유리로 제조된다. 산화물계 유리보다 상대적으로 낮은 온도에서 유리를 제조할 수 있으나, 기계적인 강도가 약한 단점이 있다. 그러나 산화물계 유리에서는 불가능한 원적외선인 약 30μm 파장 대역까지 빛을 투과하는 큰 장점이 있으며, 이를 이용해 군사용 야시夜視장비의 적외선 투과 렌즈로 사용되고 있다.

또한 칼코지나이드 유리는 반도체 특성을 보유하여, 빛을 받으면 전자를 내놓는 광전효과를 가지고 있다. Se 칼코지나이드 유리는 박막 상태로 코팅되어 복사기, Fax 기와 스캐너Scanner의 드럼에 사용되고 있다. 또한 Se 칼코지나이드 유리는 일반 빛이 아닌 X-ray에도 우수한 광전효과가 입증되어 필름 없이 직접 영상을 얻는 X-ray 촬영판으로도 사용된다.

또 다른 칼코지나이드 유리로 $Ge_2Sb_2Te_5$(GST)계 유리는 레이저광을 조사하면 비결정/결정으로 상 변화가 일어나 반사율이 달라진다. 이런 현상을 이용하여 데이터를 저장하는 재기록 가능 CD와 DVD와 같은 광메모리 부품에 사용된다.

칼코지나이드 유리를 이용한 데이터 저장용 DVD와 X-ray 이미지 촬영판[52]

최근에 이 GST를 사용하여 레이저 펄스의 세기를 달리하여 조사하면 GST의 상변화를 세밀히 조절할 수 있다는 것이 알려졌다. 강한 펄스는 유리 상태를 유지하게 하고 약한 펄스는 결정질 상태로 변하게 한다. 이런 현상을 이용하면 수십 년 동안 정보를 보존할 수 있는 비휘발성 메모리로 사용할 수 있다. 이때 레이저의 파장을 달리하여 사용하면 메모리 용량을 증가시킬 수 있어 차세대 메모리로 큰 주목을 받고 있다.

한편, 비산화물 유리인 칼코지나이드 유리의 광학적, 반도체 특성을 유지하기 위해서는 불순물의 관리가 특히 중요한데, 그중에서도 산소는 조금만 있어도 특성을 해치므로 제조할 때 유의해야 한다. 따라서 칼코지나이드 유리의 제조는 일반적인 산화물계 유리와는 전혀 다른 방법을 사용한다.

제조방법의 한 예를 들면, 칼코지나이드 유리 성분의 원료를 석영유리로 된 튜브에 넣고 진공펌프로 감압하여 산소를 없앤다. 다음 유리 튜브 끝을 산수소 토치로 밀봉하여 산소가 들어오지 않도록 차단한다. 이렇게 밀봉된 유리 튜브는 내부의 원료들이 용융되도록 1,000∼1,200℃에서 가열하고 잘 흔들어준다. 용융이 끝나면 식힌 후 바깥의 용기가 되는 유리 튜브를 제거하고 내부에 있는 봉 형태의 칼코지나이드 유리를 얻는다. 복사기에 쓰이는 칼코지나이드 유리는 진공 중에서 가열 증발시켜 드럼의 표면에 박막 형태로 코팅한다.

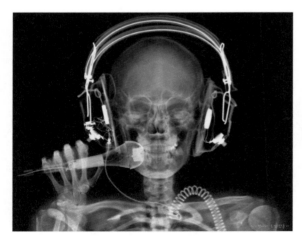

칼코지나이드 유리를 이용한 X-ray 이미지
촬영판을 통해 본 사진[53]

할로지나이드 유리

또 다른 비산화물계 유리인 할로지나이드 유리는 금속과 할로겐 원소와의 화합물로 만들어진 유리다. 각각 단독 또는 다성분으로 섞어 여러 종류의 할로지나이드 유리로 제조한다. 할로지나이드 유리는 내수성이 부족하여 이를 높이기 위해 다성분계로 사용한다. 할로겐 원소 중에서도 금속과 불소F가 결합한 것이 가장 많이 사용되는데, 특히 ZrF_4, HfF_4, ThF_4, CdF_2 등의 중금속 불화물과 BaF_2, AlF_3, LaF_3, TF_3, LiF, NaF 등과 조합한 다성분계 불화물 유리는 독성도 약하고 내수성이 우수한 것으로 알려져 있다.

ZBLAN(ZrF_4-BaF_2-LiF-AlF_3-NaF)이라고 불리는 불화물 유리는 자외선으로부터 4μm 부근의 적외선에 걸쳐 넓은 파장 대역에서 투명성이 좋다. 특히 2.5~2.7μm 부근의 광 손실이 순수한 석영유리보다 매우 낮아 광섬유를 비롯한 적외선 투과재료로 많이 연구되고 개발되었다. 특히 적외선 영역에서의 낮은 광 손실은 의료용 레이저 기기의 광 전달 매체로서 광섬유의 형태로 최근 많이 이용된다. 그러나 기계적인 강도가 낮고 열적으로 불안정한 단점이 많다. 또한 일반 광통신용 광섬유로의 응용은 기존의 석영유리계 광섬유와 호환성이 없어 우수한 광 투과성에도 불구하고 사용이 제한적이다.

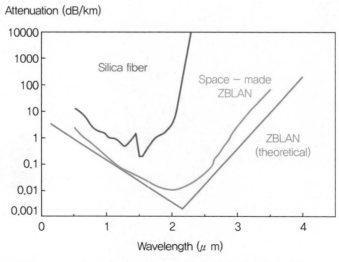

우주 정거장의 무중력 상태에서 만든 ZBLAN 불화유리 광섬유의 파장에 따른 광 손실(Attenuation) 측정 결과. 석영유리는 2μm에서 광 손실이 급격히 증가하지만 ZBLAN 불화유리는 장파장인 4μm까지 광 손실이 적다.[54]

광학유리의 분류, Abbe Diagram

—

유리를 이루는 성분에 따라, 유리 형성 여부에 따른 유리화 특성에 따라, 또는 최종 유리가 만들어졌을 때의 특성에 따라 유리를 분류하고 제조한다. 그중에서도 특별히 광학적인 특성을 이용해 사용하는 렌즈나 프리즘 등의 광학유리는 빛의 파장에 따른 굴절률이 달라지므로 이러한 특성을 아는 것이 중요하다.

광학유리는 굴절률과 파장에 변화에 따른 굴절률의 상대 비율인 색 분산의 지표가 되는 Abbe number의 상관관계를 보여주는 Abbe Diagram으로 분류한다. 굴절률이 크고 Abbe number가 작은 유리를 Flint 유리, 굴절률이 작고 Abbe number가 큰 유리를 Krown(Crown) 유리라고 하는데, Abbe number가 55, 50인 수직선이 그 경계가 된다.

예를 들어 가장 보편적으로 렌즈 등에 사용되는 BK 유리는 Boron[B]이 들어간 Krown[K] 유리를 지칭하는 것이며, 굴절률이 1.5~1.55, Abbe number가 62~67의 범위에 들어 있는 붕규산염 유리를 말한다.

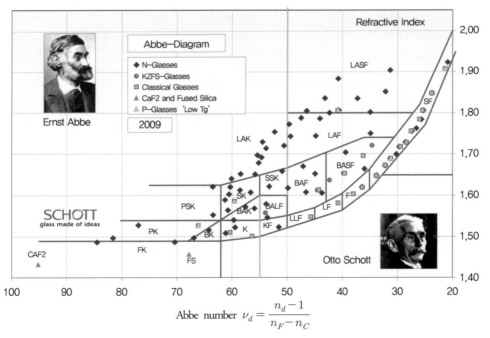

광학유리의 굴절률과 파장에 따른 굴절률의 상대비율인 Abbe number와의 상관관계를 나타내는 Abbe diagram[55]

빛과 유리

빛과 유리

18. 유리의 형상을 달리해 빛의 경로를 바꾼다: 렌즈

굴절률이 서로 다른 매질을 통과하는 대부분의 빛은 굴절하여 그 방향이 바뀐다. 또 입사하는 각도와 대칭하여 빛의 일부분은 반사된다. 만약 빛이 매질 표면에 수직으로 입사하면 빛의 방향은 바뀌지 않고 그대로 통과한다.

그렇다면 빛을 매질이 되는 투명한 유리면에 입사시킬 때, 수직으로 입사시키되 유리의 표면을 평면에서 곡면으로 바꾸면 어떨까? 유리판을 통과한 빛이 공기로 나올 때는 빛의 방향이 달라져 나올 것이다. 유리판에 수직인 90°로 빛이 입사하여도 굴절각은 달라진다. 유리판의 표면 형상, 즉 표면의 곡률을 달리하여 굴절을 유도하는 것인데, 이것이 렌즈의 원리이다.

볼록렌즈의 경우 정중앙으로 입사된 빛은 그대로 통과하고 바깥쪽으로 입사된 빛은 중심 쪽으로 굴절되어 모인다. 오목렌즈는 정중앙으로 입사된 빛은 볼록렌즈처럼 그대로 통과하나 바깥쪽으로 입사된 빛은 더 바깥쪽으로 굴절되어 발산되어 나간다.

따라서 유리의 바깥 면을 볼록하게 만들면 빛을 한 점으로 모을 수 있고, 오목하게 만들면 빛을 퍼져나가게 할 수 있다. 렌즈에는 목적에 따라 한쪽 면만 볼록한 렌즈, 양면이 볼록한 렌즈와 오목한 렌즈 등 다양한 형태로 만들어 사용한다.

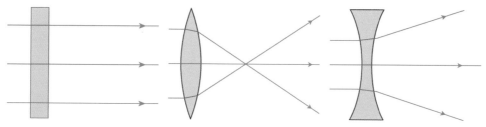

편편한 유리판에 수직으로 입사된 빛은 굴절이 일어나지 않지만, 렌즈의 축에 수직으로 입사된 빛은 정중앙 빛은 그대로 통과하나 바깥쪽의 빛은 중앙으로 굴절되어 안으로 모이거나(볼록렌즈) 더 바깥쪽으로 굴절되어 나간다(오목렌즈).

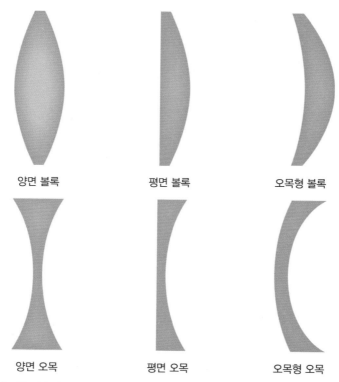

| 양면 볼록 | 평면 볼록 | 오목형 볼록 |

| 양면 오목 | 평면 오목 | 오목형 오목 |

유리의 표면 형상에 따른 여러 가지 렌즈의 종류

또 다른 형태의 렌즈로는 원기둥 모양을 한 유리의 한 면을 자른 형태의 원기둥 렌즈(Cylinder lens)가 있는데, 빛을 초점에 모으되 긴 선처럼 나오게 한다. 한 점으로 나오는 레이저 빔을 기다란 빔으로 바꿔서 사용하는 레이저 가공기나 광학 장비에서 사용하는 특수한 렌즈이다. 두 개의 원기둥 렌즈를 서로 직각으로 위치시키면 원형의 빛을 만들 수 있다.

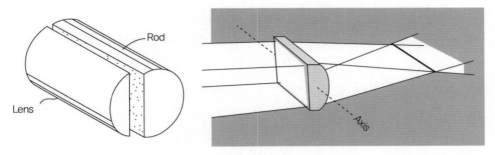

원기둥 형상의 유리의 한 면을 잘라 만드는 원기둥 렌즈를 통해 진행하는 빛의 모양. 렌즈의 축(Axis)과 수직으로 입사한 빛이 초점에 맞히면 긴 선 모양으로 된다.[1]

빛을 정확한 한 점, 즉 초점에 모이게 하려면 렌즈의 면을 정확하게 설계하고 정밀하게 연마해야 한다. 이것이 잘 안 되었을 때에 초점이 흐려지는 구면수차(球面收差, Spherical aberration)라고 하는 것이 생겨 렌즈의 기능을 떨어뜨린다. 그런데 유리를 기하학적으로 최적의 렌즈를 설계하고 만들었다고 해도 유리의 두께 차이 때문에 생기는 빛의 경로 차이 그리고 빛의 파장에 따른 굴절률의 차이 등도 함께 고려해야 한다.

렌즈의 표면 결함으로 생기는 구면수차 외에도 빛 자체가 가지는 고유한 특성 때문에 생기는 문제가 있다. 빛을 구성하는 다른 파장을 가진 빛이 각각 굴절률이 달라 초점이 흐려지고 색이 나타나는 색수차(色收差, Chromatic aberration)가 그것이다.

이러한 렌즈의 수차를 없애기 위해 여러 렌즈를 복합적으로 결합하여 구성해 사용한다. 두 개의 렌즈를 사용해 색수차를 없앤 Achromatic 렌즈와 세 개의 렌즈를 사용해 구면수차와 색수차를 모두 없앤 APO 렌즈(Apochromatic lens)가 그 좋은 예다.

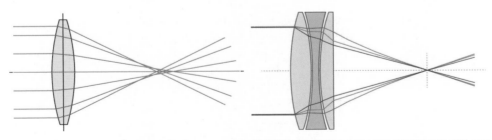

렌즈 곡면의 불완전성으로 인한 생긴 구면수차[2]

세 개의 렌즈를 결합하여 구면수차와 색수차를 모두 없앤 APO 렌즈[3]

공기보다 굴절률이 큰 유리라는 매질을 이용하면 피사체의 영상을 확대하거나 축소해서 볼 수 있다. 망원경과 현미경이 그 좋은 예다. 사진기에서는 영상이 담긴 빛이 렌즈를 통과하여 다른 쪽에 맺힌 영상을 볼 수도 있을 뿐만 아니라 필름이나 종이에 기록할 수도 있다. 영상이 맺힌 위치에 사진 필름이나 인화지를 대면 영상을 고정시켜 찍을 수 있는 것이다.

선명한 영상을 맺히게 하기 위해 렌즈의 곡률도 다르게 하고 서로 다른 렌즈를 조합하여 구면수차와 색수차 등을 없앤 복합렌즈를 만들어 사용한다. 더욱이 초점을 맞추기 위해 렌즈를 고정시키지 않고 움직여 초점거리를 이동하면서 조정하는 기능이 생겼고, 이젠 이것도 자동으로 조정된다. 고급 카메라의 렌즈는 5개 이상 복합적으로 된 것도 있다. 구면수차와 색수차의 제거와 함께 줌Zoom, 광각과 자동 초점 조정(Auto Focussing) 등의 기능을 포함시키기 때문이다.

요즈음은 반도체로 만들어진 CCDCharge-Coupled Device(전하결합소자) 소자가 필름이나 인화지가 위치한 자리에 들어가 영상을 받아들인다. 이것이 디지털카메라이다. 이런 경우에는 선명한 영상을 렌즈에서 얻었다 하더라도 CCD 소자의 화소가 최종화질을 좌우한다.

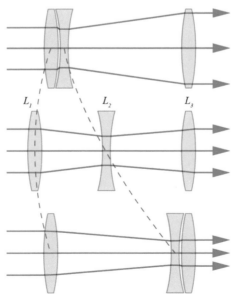

줌 렌즈의 원리. 2개의 볼록렌즈 사이에 오목렌즈를 넣고 오목렌즈의 위치를 변화시켜 초점거리를 바꾼다. L₁과 L₂ 사이의 거리가 멀수록 초점거리가 길어져 확대해보는 망원 기능이 된다.[4]

1제곱인치의 면적에 2천만 화소 이상을 가진 카메라 모듈이 생산되어 스마트폰이나 디지털카메라에 장착되어 널리 사용되고 있다. 최근에는 1억 개 이상의 화소를 가진 카메라 모듈이 개발되어 눈으로 직접 보는 것 이상의 해상도를 자랑한다. 받아들인 영상을 불연속적으로 받으면 사진이 되고 연속적으로 받으면 동영상이 되는 것이다.

영상을 전기신호로 바꿔주는 반도체 CCD 소자가 들어간 디지털카메라 모듈과 스마트폰용 소형의 카메라 모듈. 모두 유리렌즈가 CCD 소자 앞에 들어가 있다.[5]

19. 유리의 농도를 달리해 빛의 경로를 바꾼다: 그린렌즈

　유리 표면을 평면에서 곡면으로 만들면 평행한 방향으로 들어오는 빛의 방향을 쉽게 바꿀 수 있다. 빛은 굴절률이 공기보다 큰 유리 내부를 통과해 공기 쪽으로 나올 때 굴절이 되어 꺾여 나온다. 이때 유리의 곡률 때문에 빛이 지나가는 위치에 따라 그 굴절각이 달라 렌즈의 역할을 한다.

　유리면의 곡률을 다르게 만들면 빛이 모이는 초점의 위치를 바꿀 수 있다. 곡률반경이 크면 초점은 길어지고 곡률반경이 작으면 원에 가까워 초점은 짧아진다. 이런 방법으로 유리를 볼록하거나 오목하게 가공 연마하여 사진기, 망원경, 현미경 같은 광학기기의 렌즈로 유용하게 쓴다.

금형으로 찍어 만든 초정밀 비구면 유리 렌즈[6]

스마트폰에는 사진기 기능이 있어 쉽게 영상을 찍고 또 보관할 수 있는데, 장착된 렌즈가 일반 사진기보다 아주 작다는 것을 보기만 해도 쉽게 알 수 있다. 수 mm밖에 안 되는 작은 렌즈를 어떻게 만들고 또 어떻게 얇은 휴대폰에 조립해 넣었을까?

작은 크기의 렌즈는 일반적으로 BK7이라고 하는 붕규산염계 광학유리를 이용해 만든다. 렌즈가 너무 작아 곡률을 가진 유리를 정밀하게 가공 연마하기는 힘들다. 실제로 렌즈의 곡률 또한 간단한 구면이 아니다. 사진을 찍을 때 수차가 없는 정확한 상이 맺히게 하기 위해서는 비구면 곡률을 가지도록 렌즈를 만들어야 한다. 비구면의 형상을 가진 렌즈는 더욱이 연마하여 만들기는 복잡하고 어려워 고온에서 성형해서 만든다.

유리는 온도를 올리면 말랑하게 연화되는 성질이 있다. 이러한 점성을 가진 유리이기에 고온에서 성형하기가 쉽다. 원하는 렌즈의 형상을 위한 광학설계를 한 후 그 형상대로 유리를 성형할 틀이 될 금속을 깎고 내부를 연마해 금형을 만든다. 한 짝의 금속 성형 틀 속에 말랑하게 된 유리를 넣고 압력을 가해 찍어내면 된다.

유리를 렌즈 형태로 찍어낸 다음에는 후속 연마 공정이 없으므로 금형 내부의 치수 정확도와 연마 수준은 아주 높아야 한다. 물론 이 금형의 재질인 금속도 고온에서 팽창하고 유리 또한 미세하게 팽창하므로 금형을 설계할 때 이런 온도에 따른 치수의 변화도 반드시 고려해야 한다.

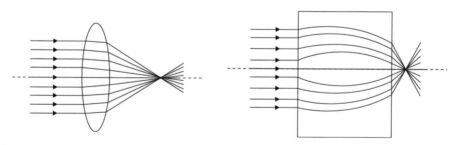

일반적인 볼록렌즈와 그린렌즈의 빛이 모이는 원리. 볼록렌즈는 렌즈의 형상에 따라 빛이 굴절되는 데 반해(왼쪽), 그린렌즈는 렌즈의 내부에 굴절률의 변화를 주어 빛이 굴절된다(오른쪽).[7]

렌즈의 기능은 빛을 굴절시켜 방향을 바꿔 상을 맺히게 하는 것이다. 이제 발상의 전환을 해서, 빛을 굴절시키는 방식을 바꿔보자. 렌즈의 표면에 곡률을 만드는 대신 유리 자체의 굴절률을 곡률의 형태를 가지도록 만든다. 굴절률이 클수록 빛이 꺾이는 정도가 커지므로 렌즈의 바깥쪽은 굴절률이 크게 중심 쪽은 작게 한다. 이렇게 하면 렌즈의 형상을 바꿀 필요는 없고 대신 굴절률의 변화를 주어 렌즈의 기능을 가지게 된다. 이런 렌즈를 굴절률의 분포를 달리해 만든 Graded Index 렌즈라고 하며 앞 글자를 따서 그린렌즈(GRIN lens)라고 부른다.

그린렌즈의 외형은 납작한 원기둥을 옆으로 세운 모양이다. 정면에서 보면 원형, 옆에서 보면 직사각형의 모습이다. 이런 모양의 일반적인 렌즈에 빛을 보내면 그냥 평행하게 통과할 것이다. 그런데 유리의 조성을 달리하여 굴절률에 변화를 준 그린렌즈는 일반 렌즈처럼 빛은 굴절한다.

우리가 사용하는 복사기나 팩스기는 책이나 잡지의 지문을 스캔하여 시각 정보를 빛으로 읽는 핵심 부품이 있다. 이것은 아주 작은 그린렌즈가 수십 개 이상 결합된 렌즈 어레이Lens array라고 하는 것인데, 우리 눈과 같은 기능을 하는 광학부품이다. 렌즈 모양이 아닌데도 빛이 스스로 초점으로 모인다 하여 Selfoc lens라고도 하며, 이 Selfoc lens를 여러 개 모아 다발로 만든 것을 특별히 SLA(Selfoc Lens Array) 또는 GRIN lens array라고 부른다.

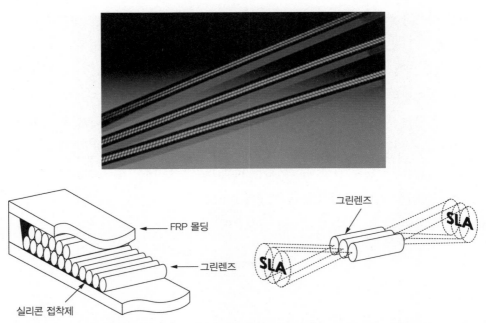

복사기나 스캐너에 들어가는 핵심 광 부품인 그린렌즈 어레이. 그린렌즈 어레이인 SLA를 통해 이미지를 사람의 눈처럼 읽어 들인다. 종이의 폭과 같은 길이에 그린렌즈가 두 줄로 길게 배열된 구조이다.[8]

복사할 때 종이의 폭 전체를 스캔하므로 렌즈 어레이는 종이 폭만큼이나 길다. 렌즈의 수가 많을수록 해상도가 높아지므로 많은 렌즈가 결합된 렌즈 어레이는 일반적인 형태인 곡률을 가진 렌즈로는 결합과 실장(Packaging)하기가 어렵다. 반면에 원기둥 모양의 그린렌즈는 간단하게는 아무리 양이 많아도 나열하여 쉽게 결합할 수 있는 장점이 있다.

그린렌즈의 제조

—

그린렌즈를 만들기 위해서는 유리의 형상 대신 굴절률을 변화시켜야 하는데, 유리의 성분을 조절해 가능하다. 소위 이온교환(Ion exchange)이라고 하는 방법인데, 유리 내부의 한 성분을 유리 바깥에 있는 다른 성분과 화학학적인 방법으로 교환하는 것이다. 유리의 한 성분으로 있는 나트륨 이온(Na^{+1})을 리튬 이온(Li^{+1})과 서로 치환하는 것이다.

염화리튬^{LiCl}을 가열해서 녹인 용액 속에 가늘고 긴 유리봉을 넣어 시간이 지나면 나트륨 이온과 리튬 이온 간에 서로 교환이 일어난다. 염화리튬 용액 속에는 나트륨이 없어 유리 안에 있는 나트륨 이온은 농도 차이 때문에 용액으로 빠져나온다. 이와 동시에 용액 속의 리튬 이온은 반대로 유리 속으로 확산(Diffusion)해 들어가는 반응이 일어난다.

이러한 확산 반응은 나트륨 이온 한 개당 리튬 이온 한 개가 일대 일로 교환되면서 일어난다. 시간이 지날수록 유리 중심 방향으로까지 리튬 이온은 확산해 들어간다. 리튬 이온의 농도는 확산해 들어가는 바깥쪽은 높은 데 반해 유리봉의 중심에서는 낮다. 따라서 리튬 이온 때문에 굴절률은 감소하여, 리튬의 농도가 낮은 중심 부분은 굴절률이 크고 제일 바깥쪽은 굴절률이 가장 작다.

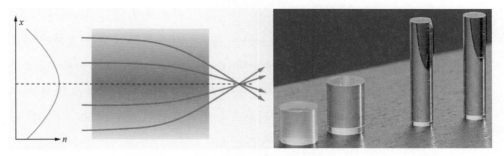

일반적인 볼록렌즈와는 다른 원기둥 모양의 그린렌즈: 중심은 굴절률이 크고 바깥쪽은 굴절률이 작은 분포를 해 볼록렌즈의 역할을 한다.[9]

이 유리봉을 잘라 원기둥처럼 세워 빛을 보내면 리튬 이온의 분포에 따라 굴절률이 달라져 빛은 볼록렌즈를 통과한 것처럼 된다. 굴절률의 분포가 리튬 이온의 농도의 분포와 비례하여 점진적으로 변하므로, 이러한 이온교환법으로 만든 렌즈를 Graded Index 렌즈, 즉 그린렌즈라고 한다.

그린렌즈는 이온교환이라고 하는 화학적인 방법을 이용하여 렌즈를 제조하므로 그 크기는 제한적이다. 실제로 그린렌즈는 아주 작은 렌즈의 대량생산에 적합하다. 그 이유는 이온의 확산을 통해 이루어지는 이온교환의 속도가 아주 느리기 때문이며, 따라서 큰 유리를 이용한 그린렌즈를 제조하기는 거의 불가능하다.

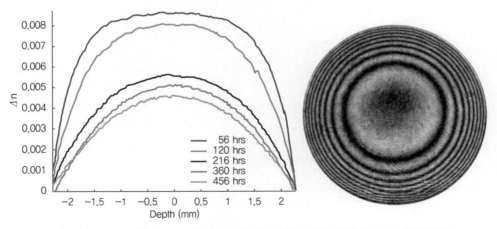

Na-Li 이온교환 처리 후 5mm 직경 유리의 굴절률 분포: 이온교환 시간이 길수록 유리의 중심까지 굴절률의 변화가 이루어짐(왼쪽), 굴절률의 연속적인 분포를 보여주는 이온교환 456시간 후의 유리의 간섭무늬(오른쪽)[10]

유리 내부의 나트륨과 이온교환을 하는 물질로는 리튬 이외에도 은Ag이나 탈륨Tl을 사용할 수 있다. 그린렌즈로 만들고자하는 유리는 이온교환이 되는 성분인 나트륨을 반드시 포함하는 유리를 사용해야 한다. 소다규산염 유리Sodiumsilicate glass와 소다알루미늄규산염 유리Sodium aluminosilicate glass 등이 많이 사용되며, 최근에는 빠른 이온교환 속도를 이용한 큰 그린렌즈를 생산하기 위해 티타늄이 함유된 소다규산염 유리도 사용하고 있다.

긴 유리봉을 이온교환 방법을 이용해 만든 후 작게 잘라서 가공하여 GRIN 렌즈를 대량생산할 수 있다. 그린렌즈의 두께는 굴절률의 크기와 원하는 초점거리 등을 감안하여 정한다. 유리 표면이 평평한 그린렌즈는 줄과 열을 잘 맞추면 특별한 치구 없이도 렌즈 어레이 형태인 SLA로 만들기 쉬운 큰 장점이 있다. 복사기나 팩스기는 이러한 그린렌즈로 이루어진 광학 부품이 한 개씩 들어 있어 복사할 글이나 그림을 눈처럼 볼 수 있는 것이다. 그린렌즈가 작을수록 그리고 그 개수가 많을수록 선명한 영상 정보를 보고 읽을 수 있다.

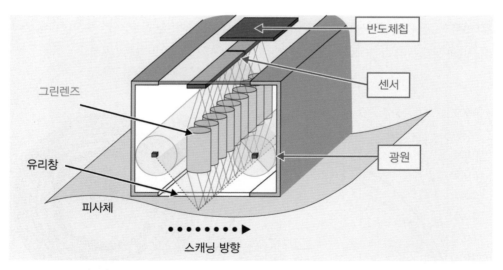

접촉식 이미지 센서(CIS, Contact Image Sensor)에서 눈의 역할을 하는 그린렌즈 어레이. 광원(Light Source)은 빛을 비추고 센서 본체를 움직여 스캔하면 그린렌즈가 이미지를 읽어 수광 센서에 보낸다.[11]

20. 빛을 멀리 보낸다: 프레넬렌즈

직진하는 빛은 굴절이라는 현상을 통해 그 방향을 바꿀 수 있다. 유리의 표면에 곡률을 주어 빛을 모으거나(볼록렌즈) 흩어 버리게(오목렌즈) 할 수 있다. 또 다른 방법으로는 유리 형태의 변화 없이 유리의 조성을 달리하여 굴절률 변화를 주어 빛을 굴절시킨다(그린렌즈).

렌즈의 크기에 따라 빛을 내보내는 양이 달라, 그 용도에 맞게 크기를 달리하여 제조한다. 화학적인 방법을 이용하여 만드는 그린렌즈GRIN lens는 아주 작은 렌즈의 대량생산에 적합하다. 반면 볼록렌즈나 오목렌즈는 상대적으로 크게 만들 수 있지만 그 크기에도 한계가 있다.

별을 관측할 수 있는 고급 망원경이나 천문대에서나 볼 수 있는 프로급 고성능의 망원경의 렌즈를 보자. 망원경 전체는 커 보이나 실제 망원경 렌즈 크기는 기껏해야 직경이 20cm 이하인 것이 대부분이다. 경통이 훨씬 커 큰 렌즈가 장착되어 있는 것으로 보이는 반사망원경에는 렌즈 대신 크게 만들기 쉬운 반사경을 이용한다.

우주 공간에 떠 있는 미국 NASA의 허블 우주 망원경. 유리 표면에 알루미늄을 코팅한 반사경이 렌즈 역할을 한다.[12]

우주를 관측하기 위해 만든 허블 우주 망원경도 반사망원경인데 반사경 크기가 무려 2.4m나 된다. 반사경 또한 렌즈 역할을 해야 하기 때문에 포물선 모양의 곡률을 가지도록 유리를 미세하게 연마한 후 알루미늄을 얇게 코팅하여 사용한다.

참고로 허블 우주 망원경은 가시광선과 근적외선 영역의 파장을 이용해 우주를 관측하나, 최근 개발되어 우주선에 장착된 제임스웹 우주 망원경(James webb space telescope)은 적외선을 이용한다. 제임스웹 우주 망원경은 반사경으로 유리 대신 가볍고 적외선 반사능이 뛰어난 베릴륨^{Be} 금속 위에 금을 코팅한 거울을 쓰며, 그 직경은 무려 6.5m나 된다.

허블 망원경에 사용할 반사경의 유리를 연마하는 모습(왼쪽)과 연마 후 알루미늄을 코팅하기 전의 유리의 모습(오른쪽). 유리는 투명하면 뒷면에 유리판을 지지하는 구조로 되어 있다.[13]

빛을 멀리 보내려고 하면 우선 보내는 빛의 세기가 커야 한다. 그리고 강한 빛을 받아 보낼 렌즈는 그 크기 또한 커야 한다. 허블 망원경 등에 사용하는 렌즈는 큰 유리를 가공하고 거울을 만들어 반사경으로 사용한다.

반면에 반사경이 아니라 큰 렌즈가 필요한 곳이 있다. 지금은 많이 사용하지 않지만 자료를 화면에 비춰서 발표할 때 사용하는 OHP(Overhead Projector)와 빛을 먼 곳까지 보내야 하는 등대다. OHP를 이용해 문서를 발표하려면 글과 그림을 그리거나 복사한 투명하고 얇은 플라스틱 필름을 OHP의 유리 판위에 올려야 한다. 다음 밑에서 빛을 비추면 넓은 유리판을 통과한 빛은 OHP 상단에 위치한 거울과 렌즈를 통과하여 앞의 스크린에 화면이 비친다.

투명한 플라스틱 필름을 올려놓은 바로 밑의 네모난 유리판은 그냥 유리가 아니라 렌즈의 역할을 하는 유리인 것이다. A4지 크기의 화면을 위에 있는 렌즈로 보내기 위해서는 A4 용지 크기와 같은 큰 렌즈가 필요하다. 자세히 보면 큰 유리판 밑에 동심원의 모양으로 가는 원들이 새겨져 있음을 알 수 있다. 이것이 소위 편편해 보이지만 렌즈의 역할을 하는 프레넬(Fresnel)렌즈이다.

유리판 같은 프레넬렌즈 위에 투명 플라스틱 필름을 놓고 크게 비추는 OHP(왼쪽)와 프레넬렌즈를 이용하여 태양광을 집광하는 모습(오른쪽)[14]

프레넬렌즈는 곡률을 가진 렌즈를 수평으로 슬라이스 하듯이 잘라 한 면으로 배열해 놓은 렌즈라고 생각하면 된다. 곡률을 가진 렌즈가 그 크기가 커지면 두께 또한 커져야 한다. 이 두께를 줄이기 위해 층층이 가로로 잘라 납작하게 한 면이 되도록 만든 것이다.

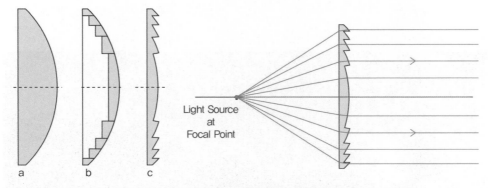

프레넬렌즈의 형상(왼쪽의 C)과 점광원이 링 모양의 프레넬렌즈를 통과하여 평행광이 만들어지는 원리[15]

양파 반쪽을 슬라이스하면 여러 개의 양파 링이 나오는데 이것들로 한 면을 만든다고 생각하면 이해하기 쉽다. 이렇게 렌즈를 만들면 곡률을 가진 각각의 링들이 링한 개의 두께로 이루어진 렌즈의 조합이 된다. 요즈음 명함 크기의 얇고 투명한 플라스틱에 렌즈의 링을 찍어 돋보기로도 시판하는데, 이것이 우리가 쉽게 접하는 프레넬렌즈다.

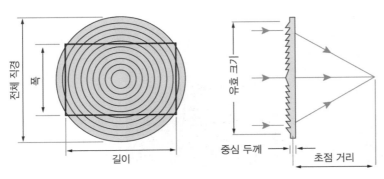

프레넬렌즈의 규격과 명칭[16]

아주 큰 크기의 렌즈를 개념적으로 슬라이스할 뿐 아니라, 그 슬라이스의 한 조각인 링 또한 2개나 4개로 잘라 결합할 수도 있다. 실제로는 큰 렌즈를 만든 뒤 슬라이스나 조각을 내는 것이 아니라, 렌즈의 광학 설계를 마친 후 각각의 모양을 따로 만든 뒤 결합하여 렌즈의 역할을 하도록 한다. 이것 또한 프레넬렌즈라고 하며, 바닷가에 있는 등대의 불빛은 이런 렌즈를 통해 비춰진다. 강력한 빛을 멀리 보내야 하는 등대의 불빛은 조각난 유리의 집합체인 커다란 프레넬렌즈로 그 역할을 다 할 수 있다.

등대에 설치된 프레넬렌즈와 멀리 빛을 비추는 경북 죽변항의 등대[17]

21. 빛을 되돌려 보낸다:
도로경계선과 표지판의 미세한 유리구슬

밤에 차를 운전하다 상향등을 켤 때가 있다. 마주 오는 차가 없거나 앞에 달리는 차가 가까이 없을 때 멀리 잘 보려고 할 때이다. 상향등에 비친 넓은 시야와 뚜렷한 차선과 표지판이 운전하는 데 도움이 된다.

특히 고속도로에서 상향등에 비친 표지판의 글씨나 방향표시가 잘 보인다. 초록색 바탕에 흰색의 글씨가 확 눈에 들어오는데 빛이 반사되어 오는 것 같다. 그리고 도로에 그어져 있는 흰색과 노란색의 차선도 뚜렷하게 보인다. 도로 표지판과 차선에 쓰인 도료에는 빛을 반사해 돌아 나오게 하는 역할을 하는 렌즈가 있다. 도료 속에 들어 있는 유리로 만든 구슬 형태의 렌즈(Glass beads)가 바로 그것이다.

도로의 차선과 멀리 보이는 표지판이 뚜렷이 보이는 것은 도로 속에 들어 있는 유리구슬이 렌즈 역할을 하기 때문이다.[18]

유리가 공 모양의 구형이 되면 빛이 유리구슬로 입사해 굴절된 뒤 유리구슬 내부에서 반사가 일어나 되돌아 나온다. 이렇게 빛이 되돌아 나오는 현상을 재귀반사(Retro-reflection)라고 한다. 유리구슬이 렌즈의 역할을 하는 것이다.

유리구슬의 굴절률이 높을수록 반사되어 되돌아 나오는 빛의 양은 증가한다. 유리의 굴절률을 높이기 위해 이전에는 납 성분을 첨가하기도 했다. 소다석회 규산염 유리에 첨가되어도 유리화에도 문제가 없고 굴절률을 크게 증가시키는 효과적이 물질이 산화납이었기 때문이다. 이제는 산화납은 환경 문제로 사용할 수 없고, 굴절률을 높이기 위해 이산화티타늄이나 이산화지르코늄 등을 함유시킨 소다석회 규산염유리를 주로 사용하고 있다.

최근에는 유리구슬도 기능을 보강시켜 다양한 제품이 출시되어 있다. 굵은 유리알에 여러 개의 작은 유리알을 붙여서 재귀 반사율을 높인 제품은 비가 오는 밤이나흐린 날씨에도 차선이 선명하게 보인다. 혼잡한 도시의 도로는 물론 산악 도로, 공항활주로에도 요긴하게 사용된다.

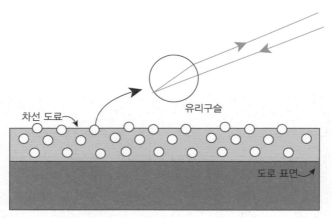

차선 도로 속에 들어 있는 유리구슬. 빛을 받으면 도로 속에 첨가된 유리구슬이 렌즈역할을 해서 재귀 반사되어 되돌아 나온다.[19]

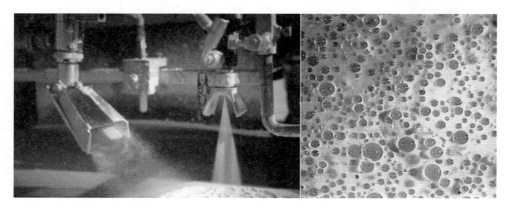

액상의 도료를 분사함과 동시에 렌즈 역할을 하는 유리구슬을 흩뿌려 차선을 도색하는 모습과 도료에 유리구슬이 박힌 모습[20]

도로의 표지판과 함께 차선을 구분하는 흰색의 차선이나 노란색의 중앙 분리선도 밤에 차량의 상향등을 켜면 뚜렷하게 잘 보인다. 이 도로 위의 차선에 칠하는 도료에도 아주 작은 유리구슬들이 들어 있다. 차선이나 도로경계선은 먼저 액체의 도료로 줄을 긋고 뒤이어 유리분말을 그 위에 덧뿌려 완성한다. 만약 구형의 유리구슬 대신 유리 분말을 뿌린다면 렌즈의 역할을 제대로 할 수 없다. 따라서 반드시 규격에 맞는 유리구슬을 사용해야 한다.

　표지판의 경우, 최근에는 차량에서 비춰진 빛을 유리구슬이 반사시키는 기존의 방법과는 달리 표지판 자체에서 발광을 하도록 만든 제품이 점차 사용되고 있다. 이러한 제품은 표지판의 글자나 표시 신호등을 LED나 광섬유를 이용해 발광하도록 하여 표지판의 시인성이 높은 장점이 있다.

LED 광원과 플라스틱 광섬유를 이용해 시인성을 높인 표지판. 위쪽의 일반 표지판은 매우 어둡게 보인다.[21]

　표지판과는 달리 도로 위에 칠해진 차선은 자동차 바퀴가 지나가면서 마모가 된다. 이 차선이 마모가 되면서 타이어의 고무, 페인트의 구성 물질, 유리구슬 등이 분진으로 날아오른다. 납 성분이 들어간 유리구슬은 이제는 사용할 수 없도록 규제가 되어 있다. 만약 도료에 첨가하는 유리구슬에 납 성분이 들어 있거나 도료나 타이어 등에 중금속이 함유되어 있다면 그 분진은 인체에 해롭다.

22. 난반사, 무반사도 유리로 가능하다

유리창을 무심히 쳐다보면 거울도 아닌데 내 모습과 방 안의 광경이 다 비쳐 보인다. 대야에 담긴 물에도 내 얼굴은 비치고, 호숫가에 가면 멋진 풍경이 고스란히 물 표면에 비친다.

공기와 유리, 공기와 물 모두 굴절률이 서로 다른데, 굴절률이 다르면 빛은 그 계면에서 방향을 바꾸며 굴절해 들어간다. 이와 동시에 빛의 일부분은 반드시 그 계면에서 반사되어 되돌아 나온다. 특히 먼 곳에서 풍경을 바라보면 빛의 입사각이 커져서 빛의 많은 부분이 반사되어 뚜렷하게 비쳐 보인다.

만약 일정한 두께를 가진 편편한 유리를 수직으로 세워놓고 측면에서 정면으로 빛을 보내면 어떻게 될까? 대부분의 빛은 그대로 통과할 것이고 일부분의 빛(보통 4% 정도이나, 유리의 두께와 빛의 파장에 따라 다르다)은 유리의 표면인 공기와 유리의 계면에서 반사되어 되돌아 나온다.

호수에 비친 풍경, 거울에 비친 것처럼 대칭으로 반사되어 보인다.[22]

좀 더 정확하게 말하면 4% 반사된 빛의 나머지인 96%의 빛이 유리 내부로 들어오지만, 유리를 빠져나갈 때 유리와 공기의 계면에서 이 96%의 4%는 또 반사되어 유리 내부로 되돌아온다. 이 되돌아온 빛이 다시 처음의 공기와 유리의 계면에 도달하면 이것의 96%는 공기 밖으로 나오고 나머지인 4%가 또다시 반대 방향으로 유리 내부로 반사되어간다.

실제 빛은 공기와 유리 그리고 유리와 공기의 양쪽의 계면에서 무한대로 계속 반사가 이루어지는 것이다. 실제 이 반사되는 빛의 총량은 등비수열로 표현되지만, 간단하게 원래 빛의 약 8% 정도의 빛(4%+(96%×0.04)×0.96+(96%×0.04)×0.04×0.04×0.96+⋯=~8%)이 반사해 되돌아 나오고 약 92%의 빛은 투과해 나간다고 볼 수 있다.

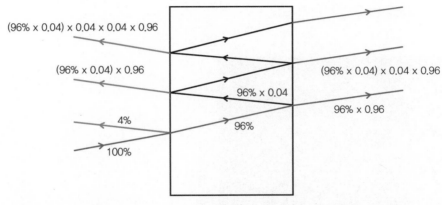

100%의 빛이 입사하여 반사(빨간색 선)와 투과(파란색 선)를 반복한다. 반사되는 빛의 세기를 다 합하면 총 반사량이 된다.

난반사로 반사를 막는다

이렇게 유리의 표면에서 약 8%의 빛이 반사되어 비치니, TV를 볼 때도 평평한 유리 화면에 앉아 있는 내 모습과 주변이 비쳐 시청하기에 조금 불편하다. 더욱이 낮에 방으로 햇빛이 비치면 그 반사 현상은 더 심해진다. 이런 빛의 반사는 공기와 TV화면 유리의 굴절률의 차이로 일어난다. 어떻게 하면 반사를 줄이거나 없앨 수 있을까? 굴절률이 서로 다른 계면에서는 반드시 반사가 일어나므로 반사된 빛 자체를 없애는 것은 불가능하다. 대신 매끈한 유리 표면에 요철을 주어 빛을 난반사 시키면 직접 반사되는 것을 막을 수 있다.

유리를 녹이는 약품인 불산^{HF}을 이용해 유리 표면을 녹여내어(Etching) 미세한 요철을 만들어낼 수 있다. 유리의 SiO_2 성분이 불산$^{HF, Hydrofluoric acid}$을 만나 $4HF+SiO_2 \rightarrow 2H_2O+SiF_4(g)$의 반응이 일어나고 이 $SiF_4(g)$가 다시 불산과 반응해서 $2HF+SiF_4 \rightarrow H_2SiF_6$가 되어 유리는 녹게 되는 것이다. 실제 TV의 유리는 석영유리 성분에 소다와 석회가 들어 있는 소다석회 규산염 유리이므로 표면의 석영유리 성분이 주로 녹아나와 표면이 매끄럽지 못하고 미세한 요철이 생긴다.

실제 불산을 이용한 유리의 에칭^{Etching} 가공은 불산이 위험한 화공약품이라 취급에 엄격한 주의가 필요하다. 최근에는 크림 형태로 만들어 유리 표면에 발라 에칭하는 제품이 나와 있다. 주성분은 Barium Sulfate, Sulfuric Acid, Sodium Bifluoride, Ammonium Bifluoride 등이다.

문양 패턴만 남기고 에칭하여 녹여낸 창문. 문양은 빛이 통하고 에칭된 부분은 미세한 요철이 생겨 난반사가 일어나고 반투명하다.[23]

유리의 표면이 미세하게 에칭이 되면 표면의 요철에 따라서 반사되어 나오는 빛의 방향이 불규칙한 난반사를 일으키고 부분적으로 빛의 위상도 달라져 빛의 세기가 서로 상쇄되어 반사량이 줄어든다.

반사를 줄일 수 있는 또 다른 방법으로는 매끈한 유리 표면에 표면 상태가 울퉁불퉁한 얇은 코팅층을 형성하는 것이다. 이 코팅층으로 유리의 박막을 이용할 수 있다. 용융된 상태의 유리를 입히는 것이 아니라 상온에서 화학반응을 이용해 유리의 얇은 막을 형성시키는 것이다.

예를 들어 액체 상태의 실리콘 화합물(TEOS, $Si(OR)_4$)을 물에 섞어 유리 표면에 얇게 도포한다. 이 TEOS는 수화반응을 거쳐 $Si(OH)_4$로 변환된다. 젤 형태의 $Si(OH)_4$ 얇은 막을 건조하여 수분을 제거하면 다공성의 석영유리 박막으로 변한다. 이러한 솔젤Sol-Gel 공정으로 형성된 유리 박막의 표면은 매끄럽지 않아, 빛은 난반사되고 결과적으로 반사되어 나오는 빛은 현저히 줄어든다.

거울을 통한 반사

난반사

입사된 빛은 거울의 경우 일정한 방향으로 반사가 일어나지만, 표면에 요철이 있는 유리면에서는 여러 방향으로 난반사 일어나 골고루 비친다.[24]

TV 등의 가전제품 이외에도 빛을 이용하는 광학 부품이나 광 시스템에는 내부의 연결 부위에서 반드시 반사를 막아야 성능을 유지한다. 반사광이 되돌아 들어오면 내부의 부품에 빛에 의한 물리적인 손상이 일어나거나 광 신호에 교란이 생길 수 있기 때문이다. 따라서 반사광의 세기뿐만 아니라 특정한 파장에서의 반사를 막아야 하는 필요성이 있다.

예를 들어 특정한 파장의 고출력의 빛을 방출하는 레이저 장치 내부의 계면에서 빛이 반사되면서 되돌아 들어가면 강한 빛이 내부의 여러 광 부품에 손상을 입혀 성능저하와 수명을 단축시킨다. 이런 경우 광자기효과를 가진 광 차단기(Optical isolator) 등을 사용해 반사광을 차단할 수 있다.

무반사도 유리 코팅으로 해결

입사되는 빛의 파장의 1/4 두께로 투명한 물질을 유리 표면 위에 입히면 반사를 막아 되돌아오는 빛을 차단할 수 있다. 소위 무반사(AR, Anti-reflection) 코팅으로 알려진 방법이다.

코팅층이 입혀진 유리판에 빛이 입사되면 두 개의 빛이 반사되어 나온다. 코팅층 표면에서 반사해 나오는 빛과 코팅층을 통과한 후 코팅층의 바닥면과 유리 표면이 만나는 계면에서 반사해 나오는 빛이 그것이다. 그런데 이 두 빛의 위상은 미리 계산한 코팅층의 두께 조건, 즉 빛의 파장의 1/4에 따라 빛의 경로가 달라져 서로 180° 어긋나게 된다. 하나의 빛이 사인Sine파라면 180°로 위상이 어긋난 파는 코사인Cosine 파와 같이 된다. 따라서 이 두 빛이 합쳐지면 서로 상쇄되어 빛의 세기가 0이 되어 반사광이 나오지 않게 되는 것이다.

그러나 실제 TV나 PC의 모니터 등에는 정교하게 두께를 조절한 무반사 코팅은 사용하지 않고 효과도 없다. 왜냐하면 TV나 모니터에 나오는 총천연색의 화면은 모든 파장을 가진 빛의 혼합체이므로 코팅층의 두께를 맞추더라도 한 가지 파장의 색에만 해당되므로 의미가 없다.

반면 특정한 파장의 빛을 이용하는 레이저 다이오드(LD, Laser Diode) 같은 광 부품은 반사를 막기 위해서는 코팅 막의 두께를 맞추는 것이 유효하다. 광 부품에서 사용하는 파장의 1/4 두께로 코팅 막을 형성시키면 반사광을 없앨 수 있는 소위 AR 코팅이 되는 것이다. 또한 특정한 파장의 1/4 두께로 코팅을 하고 모든 파장의 파장, 즉 백색광을 보내면 그 파장의 빛만 걸러내는 필터로 용용할 수가 있다.

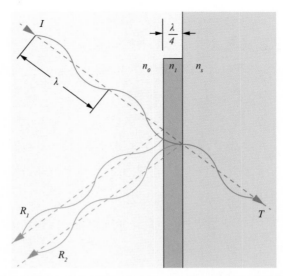

굴절률이 n_s인 유리의 표면에 굴절률이 n_1인 유리를 파장(λ)의 1/4의 두께로 코팅할 경우, 공기(굴절률 n_0)와 코팅 유리의 계면에서 반사된 빛 R_1과 코팅 유리와 유리의 계면에서 반사된 빛 R_2는 위상이 180° 달라져 서로 상쇄가 되어 반사광은 없어진다. I의 세기로 입사된 빛은 상쇄된 반사광만큼 줄어든 T의 세기로 투과해 나간다.[25]

23. 유리로 찬란한 그림을 만든다: 스테인드글라스

해외여행 중 오래된 성당이나 교회에 들어가면 예외 없이 예술성과 종교 색이 짙은 조각이나 그림들을 많이 볼 수 있다. 이러한 멋진 예술작품들도 실내에 빛이 없어 어두우면 제대로 볼 수가 없다. 건물 내부의 조명이나 창문을 통해 빛이 들어와야 그림이나 조각을 비추고 그 반사되는 빛을 우리가 보는 것이다.

유리창은 태양광인 흰색의 햇빛을 투과시켜 건물 내부의 조명 역할을 한다. 햇빛을 받은 물체는 그 물체의 광학적인 속성에 따라 특정한 파장의 빛을 흡수하고, 흡수되지 않는 파장의 빛은 반사시킨다. 이 반사되는 파장의 빛을 우리가 보는 것이고, 이것이 물체의 색이 되는 것이다.

그러나 일반 유리창을 색유리로 바꾸면 그 색깔과 같은 파장의 빛만 통과시키는 필터Filter의 역할을 한다. 따라서 색을 달리한 유리를 사용하면 형형색색으로 내부를 빛으로 물들일 수 있을 것이다. 이런 색유리를 이용해 그림같이 만든 유리창은 빛이 들어오는 창구가 되면서 자체로 작품이 되며, 이런 유리창을 스테인드글라스Stained glass라고 한다.

채광과 예술성 있는 종교적인 표현을 위해 그림이 있는 창문을 제작하여 성당에 설치할 때, 옛날에는 깨끗하고 색이 균일한 유리를 만들지 못해 얼룩(Stain)이 있는 유리라는 뜻으로 스테인드글라스라고 불렀다.

다양한 색의 유리로 그림을 만든 멋지고 아름다운 스테인드글라스도 성당 밖으로 나와서 보면 칙칙한 검은빛의 창문으로밖에 보이지 않는다. 성당 내부가 어두워 밖으로 투과되어 나오는 빛이 거의 없어 검게 보이기 때문이다. 같은 유리라도 건물의 내부와 외부에서 보면 이렇게 다를 수가 있다.

스테인드글라스의 기원과 발전에 관해 백과사전에는 다음과 같이 간략하게 설명하고 있다.

"색유리를 건물의 창이나 천장에 이용하기 시작한 것은 7세기경 중동지방에서 비롯되었다. 이슬람식 건축에는 대리석판에 구멍을 뚫어서 유리 조각을 끼워, 채광과 장식을 겸하는 방식을 많이 이용하였다. 유럽에는 11세기에 이 기법이 전해졌고 12세기 이후의 성당 건축에서 본격적으로 발달하였다. 특히 고딕건축은 그 구조상 거대한 창을 달 수 있으며, 창을 통해서 성당 안으로 들어오는 빛의 신비한 효과가 인식되었다. 이러한 스테인드글라스는 성당 건축에 불가결한 것으로 되어 큰 발전을 해왔다. 일반적으로 초기의 스테인드글라스는 유리의 질과 착색이 고르지 못해 섬세한 표현이 잘 안 되었으나, 광선의 투과와 굴절에 미묘한 변화가 있어서 오히려 매력을 더하고 있다고 하겠다. 14세기 이후 유리의 제작기술이 향상되어 세부적인 표현이 잘 되게 되었으나, 이는 오히려 그림과 같이 표현되어 초기의 유리가 나타내는 독특한 미가 없어졌다. 20세기에 들어와서는 현대건축에 스테인드글라스를 많이 활용하게 되었다."[26]

11~12세기경 중세시대에 건축된 교회와 성당의 유리창은 대부분 작은 조각의 색유리로 이루어진 스테인드글라스로 이루어져 있다. 유럽에 퍼져 있던 기독교 문화가 그 지역의 건축양식에 큰 영향을 미쳤고, 성경에 있는 내용을 그림으로 나타낸 스테인드글라스 창문은 교회나 성당 건축의 필수 장식품으로 자리 잡았다.

벨기에의 노트르담 뒤 사블롱 교회의 스테인드글라스. 교회 내부에서 본 스테인드글라스는 외부에서 햇빛이 비쳐 형형색색의 아름다운 색깔이 그림 같이 나타나지만 외부에서 보면 실내에서 비치는 빛이 거의 없어 색을 볼 수 없는 검은빛의 유리로 보인다.[27]

가우디가 설계한 스페인 바르셀로나에 있는 성가족성당의 스테인드글라스와 스테인드글라스로 만든 앵무새. 종교 색 짙은 성향이 점차 사라지고 있고 공예품으로도 응용되고 있다.[28]

그 당시 스테인드글라스는 작은 색유리들을 납이나 무른 금속으로 만든 틀에 끼워 넣어 그림을 표현했는데, 그 이유 중의 하나는 그 당시에는 넓고 큰 유리를 만들 수 있는 기술이 없었기 때문이다. 자세히 보면 색유리의 두께가 다 다른 것을 알 수 있다. 그러나 초기의 이러한 스테인드글라스는 유리의 두께도 다르고 유리에 얼룩도 많지만 유리를 만든 장인의 손길과 예술성을 더 느낄 수 있다.

14세기 이후에는 넓은 판유리 제조 기술이 개발되고 색유리의 종류도 늘어나 스테인드글라스는 더 섬세하고 우아한 표현을 할 수 있게 되었다. 현대에 와서도 스테인드글라스는 성당과 교회의 유리창으로 사용될 뿐만 아니라 대형 건축물의 유리창에도 활용된다. 스페인의 바르셀로나에 위치한 성가족성당의 스테인드글라스는 채광성과 예술성을 함께 갖춘 것으로 유명하다. 스테인드글라스의 주제도 종교적인 내용에서 벗어나 다양한 소재로 분화되고 있으며, 예쁜 유리 장식품들을 만드는 데에 쓰이기도 한다.

24. 유리 속에 그림을 넣는다

우리가 여행을 떠나 알려진 명승지에 가면 꼭 볼 수 있는 기념품이 있다. 다름 아닌 멋진 조각품이나 건물, 심지어 인물 등을 투명한 유리블록 안에 새겨놓은 것이다. 맑고 투명한 유리 속에 하얗게 문양처럼 새겨져 3차원으로 뚜렷하게 보인다. 자세히 보면 흰색은 조그만 점들로 이루어진 것을 알 수 있다. 빛을 유리를 비추면 흰 점에서 빛이 산란해 하얗게 보인다.

빛을 산란하게 하는 흰 점들은 다름 아닌 유리 속에 아주 조그맣게 깨진 부분이다. 유리 내부에 국부적으로 아주

유리 속에 새겨져 있는 3차원 형상의 장미꽃. 고출력 레이저로 내부에 새겨 넣은 것인데 파란 LED로 조명 기능을 넣었다.[29]

작은 흠집인 크랙Crack이 형성된 것인데, 강력한 레이저를 조사하여 충격을 받아 생긴 것이다. 레이저를 이용해 유리 내부에 그림을 만들어 넣는 것을 레이저 식각(Laser engraving)이라고 한다. 레이저 식각 과정은 먼저 유리 속에 새겨 넣을 물건이나 대상의 3차원 영상을 찍는 것으로 시작한다. 다음 3차원 영상을 아주 작은 화소로 디지털화하여 좌표로 만든다. 이 좌표의 위치에 강력한 레이저로 초점을 맞춰 쏘아 크랙을 형성시키는 것이다. 레이저 식각용 유리는 일반 창유리 조성의 소다석회 유리보다 열 충격에 강하고 무색투명한 붕규산 유리를 사용한다.

미세한 크랙은 주로 532nm 파장의 녹색 레이저광을 방출하는 1.5W급 반도체 레이저를 주로 사용하여 형성시킨다. 레이저광의 초점의 크기는 20μm, 새기는 위치의 정확도는 10μm, 해상도는 800dpi(1인치당 800개의 점) 정도이다. 새기는 속도는 분당 30만 dots로 상당히 빠르며 화소의 수가 많을수록 선명한 영상을 얻을 수 있다.

각국의 유명한 명승지에는 신혼여행을 온 부부들이나 커플들이 많이 찾아온다. 최근에는 이런 분들을 위해 사람을 대상으로 사진을 찍고 즉석으로 레이저로 유리에 새겨주는 곳도 있다. 영상처리 장비와 기술이 발전해서 속도도 빠르고 레이저 가격도 많이 낮아진 덕분이다. 특히 개인의 초상화처럼 얼굴 정면을 찍어 유리블록에 담아 간직하는 사람도 많아졌다. 이런 유리블록 초상은 일반 사진과는 달리 옆에서도 뒤에서도 볼 수 있어 실제 사람인 것처럼 묘한 감정이 든다. 유리블록 위아래 쪽에서 LED로 빛을 비춰 색까지 연속적으로 바뀌는 멋을 내는 경우도 있다.

레이저 빛은 한곳에 초점을 모으면 유리를 깰 정도로 강력한 에너지를 가지고 있다. 따라서 레이저를 이용하는 장소에서는 유의를 해야 한다. 일반 안경은 레이저 빛을 투과할 뿐 아니라 표면에서 반사도 하여 눈에 치명적이므로, 특별히 제작된 레이저 차단용 안경을 반드시 착용해야 한다.

유리 속에 그림을 레이저로 새겨 넣는 공예품을 만드는 경우 외에도, 레이저를 이용해 유리 내부에 미세한 가공을 할 수 있다. 최근 붕규산염 유리를 사용해 직경 20μm 이하의 가는 통로를 3차원으로 새겨 센서 부품으로 용용하기도 한다.

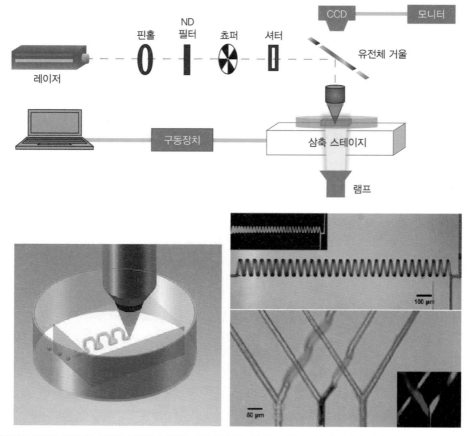

레이저를 이용해 붕규산염 유리의 내부에 3차원의 미세한 통로를 새기는 과정과 가공이 끝난 유리의 사진[30]

25. 유리만으로도 거울을 만들 수 있다: 유전체 거울

유리 표면에 광택이 나는 금속 층을 입히면 거울이나 반사경을 만들 수 있다. 유리 표면에 부착되어 높은 반사율을 보이는 은^{Ag}과 알루미늄^{Al}을 많이 사용한다. 이전에는 은거울 반응이라는 화학반응을 통해 은의 얇은 층을 유리 표면에 입혀 거울을 만들었다. 질산은^{AgNO_3} 용액에 암모니아수를 반응시켜 은의 착이온을 만든 후, 유기산을 넣으면 은 이온은 환원이 되어 금속 은의 얇은 막이 생기는 원리를 이용하는 것이다. 은거울 반응은 물질의 산화 환원 반응과 이것을 눈으로 직접 확인할 수 있는 간단하면서도 유용한 실험으로 화학 시간에 배우는 내용이다.

은과 같은 금속을 거울로 사용하는 이유는 금속 내부에 존재하는 자유전자가 빛을 받아 다시 빛을 방출하기 때문이다. 그래서 편편하고 매끄러워 광택이 나는 금속은 빛을 반사한다고 하는 것이다. 옛날에는 청동 같은 금속의 한 면을 연마하여 거울로 사용하였고, 유리에 금속판을 붙여서도 거울을 만들었다. 이후 값싼 거울을 만들기 위해 독성이 강한 수은을 유리에 발라 사용하기도 했지만, 이젠 은이나 알루미늄을 가장 보편적으로 유리 위에 코팅하는 금속으로 사용한다. 은과 알루미늄을 거울로 이용하면 최소 80% 이상의 반사율을 얻을 수 있다.

가장 일반적인 현대적인 거울 제조법은 은거울 방법 같은 습식 공정을 사용하지 않고 고온에서 은의 화합물을 열분해하여 코팅시키는 공정을 사용한다. 매끈하게 연마된 유리 표면에 팔라듐[Pd] 금속을 먼저 코팅하고 연이어 은을 코팅한다. 그 이유는 팔라듐이 유리와의 접착력이 좋기 때문이며, 결과적으로 은과 유리와의 부착을 증진시키기 위해서이다.

팔라듐과 은의 원료가 되는 팔라듐 화합물과 은의 화합물은 고온에서 노즐을 통해 유리층 위로 분사되고, 분사된 화합물들은 고온에서 열분해 반응을 거쳐 팔라듐과 은의 얇은 층으로 순차적으로 코팅되는 것이다. 은의 코팅이 끝나면 은막을 접촉에서 보호하기 위한 코팅을 하고, 마지막으로 친환경 방수도료를 그 위에 1, 2차 코팅하여 거울을 완성한다.

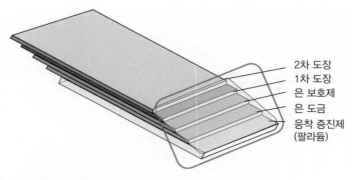

금속의 코팅 막을 이용한 거울의 구조[31]

최근에는 금속을 코팅하기 위해서 고온 열분해 방식 대신 진공 증착이라는 방법을 이용한다. 넓은 유리를 진공 챔버(Vacuum chamber)에 넣은 다음 공기를 빼내 진공 상태를 만든 다음 코팅할 금속을 고온에서 휘발시켜 얇은 박막을 입힌다. 두께를 쉽게 조절할 수 있고 빠른 속도로 코팅할 수 있는 장점이 있다. 금^{Au}과 은보다는 반사율은 작지만 가격대비 성능이 우수한 알루미늄을 코팅 재료로 사용한다.

얇은 알루미늄의 코팅층을 유리 표면에 입힌 다음에는 흠집이 생기지 않고 반사율도 높이는 목적으로 무기화합물을 그 위에 보호막으로 코팅한다. 산화물인 SiO_2, TiO_2과 MgF_2 등을 주로 사용하는데, 모두 투명하고 단단한 막을 형성한다.

보호막은 SiO_2와 TiO_2를 여러 겹으로 또는 TiO_2와 Al_2O_3를 여러 겹으로 코팅하여 반사율을 높인다. 물론 산화물 코팅을 하면 알루미늄 박막이 물리적으로 훼손되는 것을 막아준다. 특히 이 보호 코팅의 두께를 조절하면 반사율도 높일 수 있다. 반사하는 빛의 파장의 1/2 두께로 막을 입혀 90~95%까지 반사율을 증대시킨다.

은이나 알루미늄에 의해 일어나는 반사는 빛의 파장에 관계없이 일어나므로 거울에 보이는 빛은 모든 파장의 빛이 섞인 은색 또는 흰색으로 보인다. 그러나 정확하게는 500nm 근처의 파장 빛이 다른 파장에 비해 반사가 많이 일어나 아주 연한 초록색을 띤다.

거울을 통해 거울을 보는 거울 터널(Mirror tunnel, 또는 무한 거울)을 만들어보면 무한대의 반사가 일어나는데, 반사가 많이 일어나는 먼 곳으로 갈수록 확연히 초록색을 띠는 것을 알 수 있다.

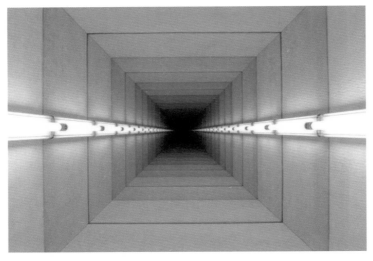

두 개의 거울을 마주보고 찍은 거울 터널 사진. 반사가 거듭될수록 초록색이 두드러지게 나타난다.[32]

금속이 아닌 투명한 유리만으로도 거울을 만든다, 유전체 거울

은과 알루미늄 같은 금속의 얇은 막을 입히는 방법으로 반사율이 높은 거울을 만들 수 있지만 금속자체의 빛을 흡수하는 성질로 99% 이상의 높은 반사율은 불가능하다.

그러나 광학의 원리를 이용하면 금속을 사용하지 않고서도 빛을 반사하게 만들 수 있다. 금속이 아닌 투명한 유리를 이용하여 거울을 만들 수 있는 것이다. 소위 '유전체 거울'(Dielectric mirror) 또는 '브래그 거울'(Bragg mirror)이라고 부르는 것으로, 유리 표면 위에 또 다른 유리의 박막층을 입혀 반사가 일어나게 만든 거울이다.

굴절률이 다른 유리 박막이 유리 위에 번갈아 코팅되어 있으면, 각각의 계면에서 반사가 일어나는데 이 유리 박막 층의 수를 늘여 반사율을 점차 높여가는 원리이다. 유전체 거울은 99% 이상의 매우 높은 반사율로 빛의 손실을 최소화할 수 있고 금속을 이용한 거울보다 내구성이 뛰어난 장점이 있다.

이러한 유전체 거울은 일반 거울처럼 모든 파장이 섞인 햇빛을 통해 비춰보는 목적으로 사용하지 않고, 특정한 파장의 빛을 반사하거나 투과하는 광학 부품으로 사용한다. 특히 레이저 공진기에 사용하는 거울이나 특정한 파장의 레이저 광을 분리하기 위한 빔 분리기(Beam splitter) 등에 사용한다.

유전체 거울 중에는 적외선만 반사시키고 나머지 가시광의 빛은 투과하는 'Hot mirror'라고 부르는 것이 있다. 이것은 광학기기 내에서 열을 받으면 안 되는 곳에 설치하여 적외선만 반사시키는 기능을 한다. 또한 이 Hot mirror를 사진기에 적용하면 플래쉬를 터트려 사진을 찍을 때 눈이 빨갛게 나오는 현상인 'Red eye'을 없앨 수 있다.

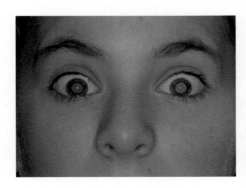

플래시를 터뜨려 칼라 사진을 찍을 때 생기는 빨간 눈 현상. 눈 내부의 모세혈관이 비쳐 생긴다.[33]

Hot mirror와는 반대로 적외선만 투과시키고 나머지 가시광은 반사시키는 거울을 'Cold mirror'라고 한다. 이 Cold mirror는 적외선을 발진하는 레이저 시스템에서 적외선 외의 불필요한 파장의 빛을 걸러내기 위한 빔 분리기로 사용된다.

금속 박막 자체에 의한 빛의 반사가 아닌데 유리나 산화물 같은 부도체인 유전체 재료는 어떤 역할로 빛을 반사시켜 거울이 된다는 것일까? 이런 재료들은 금속과는 달리 빛의 흡수는 거의 없고 대부분 투과되어 통과해 나간다. 빛은 공기/유리나 유리/공기 같이 굴절률이 다른 계면에서는 반드시 반사가 일어난다. 공기와 맞닿은 일반유리의 표면에서 빛은 약 4%의 반사가 일어나고, 유리창을 통과해 나갈 때 96%의 4%가 되돌아 반사해 나온다. 그래서 한 장의 유리창에는 합해서 약 8%의 빛이 반사된다고 할 수 있다. 따라서 만약 이런 유리를 연속해서 배열해 놓으면 유리층이 많을수록 반사율이 커진다. 이러한 원리로 거울을 만드는 것이다.

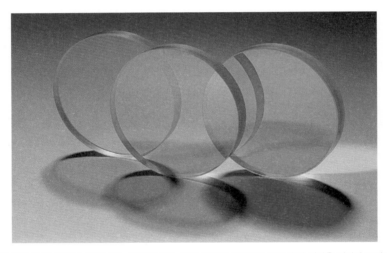

특정한 파장의 빛을 반사시키거나 투과시키는 유전체 거울. 유리 표면에 굴절률이 다른 유리 박막을 번갈아 코팅하여 만든다.[34]

유리를 여러 개 놓는 대신 유리 표면에 굴절률이 다른 두 가지 물질을 교대로 얇게 코팅을 하면 99% 이상의 높은 반사율을 얻을 수 있다. 유리의 표면에 굴절률이 높은 유리 박막(n_1)과 굴절률이 낮은 유리 박막(n_2)을 교대로 배열하여 코팅을 한다고 하자. 공기 중에서 입사된 빛은 굴절률이 높은 n_1 박막에서 먼저 반사되고, 다음 n_1과 n_2 박막 사이의 계면에서 반사되어 되돌아 나온다. n_2를 통과한 나머지 빛은 다음의 n_2와 n_1 박막의 계면에서 또 되돌아 나온다. 이러한 굴절률 차이가 있는 박막의 개수가 많으면 많을수록 반사되어 되돌아 나오는 빛이 점점 더 많아진다.

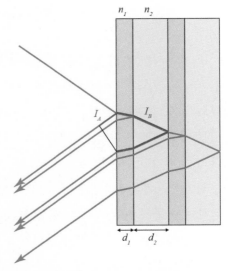

굴절률이 높은 박막 n_1과 낮은 박막 n_2를 엇갈려 코팅했을 때 반사되는 빛의 경로, I_A와 I_B가 서로 빛의 파장에 배수로 차이가 나면 반사율은 증가한다.[35]

만약 반사되어 나오는 이 많은 빛들이 서로 위상차가 없다면 반사되는 빛들의 합은 원래 빛 세기의 99.999% 이상까지 나올 수 있다. 위상차를 없애기 위해서는 굴절률이 다른 박막의 두께인 d_1과 d_2가 중요하다. 그림에서처럼 공기와 n_1의 계면에서 반사된 길이 I_A와 n_2와 n_1의 계면에서 반사되어 나오는 경로 전체 길이인 I_B가 서로 빛의 파장에 배수로만 차이가 나면 반사되는 빛은 합쳐서 나오게 된다. 두 개의 반사되는 빛이 서로 중첩 간섭하여 그만큼 반사율은 증가한다.

그러나 같은 박막 코팅을 했다 하더라도 그 두께를 조절하여 두 빛의 경로인 I_A와 I_B가 서로 빛의 파장에 1/2 배수로 차이가 나면, 빛은 서로 상쇄 간섭을 일으켜 반사되는 나오는 빛은 없어진다. 빛의 반사를 없애야만 하는 광학부품을 만들 때 이러한 빛의 상쇄 간섭 현상을 이용해 무반사 코팅(AR coating)을 한다.

유전체 거울은 코팅층 두께의 미세한 조정과 균일한 코팅 면을 유지하기 위해 물리증착(PVD, Physical Vapor Deposition)이나 화학 증착(CVD, Chemical Vapor Deposition) 공정을 주로 사용해 만든다. 물리증착의 경우에는 고순도의 원료 물질을 진공하에서 고온에서 증발시켜 유리에 증착한다. 이산화규소^{SiO_2}, 이산화티타늄^{TiO_2}, 탄탈륨 산화물^{Ta_2O_5}, 불화마그네슘^{MgF_2} 등의 물질을 주로 사용하는데, 각각의 굴절률에 맞춰 원하는 반사파장과 반사율이 되도록 설계한 후 코팅 공정에 들어가 제조한다.

26. 빛을 받으면 색이 바뀐다: 변색 유리

맑고 투명한 유리는 빛을 잘 통과시킨다. 반면 금속이온 등이 함유되어 색이 들어 간 유리는 함유된 이온의 종류에 따라 통과하고 흡수되는 빛의 파장도 다르다. 대부 분의 금속 원자는 유리 내부에서 산소와 결합하고 있다. 그러나 만약 이온 상태로 있는 금속에게 전자가 여분으로 공급되면 금속이온이 전자와 결합하여 아주 미세한 금속 입자가 될 수 있다.

일반적인 선글라스Sunglass는 실외에서 쓰고 나서 실내에 들어오면 벗어야 한다. 컴 컴하여 어둡기 때문이며, 이때 선글라스를 쓰고 벗는 것이 번거롭다. 그런데 실내에 서는 맑고 투명한 유리인데 야외에 나와 햇빛을 받으면 회색이나 검은색으로 변하 는 유리로 만든 선글라스는 실내에서도 벗을 필요가 없다. 햇빛이 차단되면 다시 맑 은 유리안경으로 돌아오기 때문이다. 빛을 받으면 어두워지는 이러한 안경은 햇빛 이 강한 여름에 특히 그 어둡기 변화의 정도가 크다.

실내   중간 정도의 빛   실외

빛을 받으면 어두워지는 광 변색 유리. 실내에서 실외로 나갈수록 자외선 지수가 높아 진하게 어두워진다.[36]

광 변색 유리는 어떠한 유리인데 이런 멋진 변신을 하는 걸까? 햇볕을 쪼이거나 차단하면 색이 변했다가 다시 돌아오니까 우선 햇빛에 그 원인이 있을 것이다. 파란 색 파장보다 짧은 파장을 가진 빛인 자외선이 유리에 들어가면 유리 분자 내부에서 화학적인 변화를 일으킨다. 자외선은 유리 속의 미세 금속 입자를 금속이온과 전자 로 분리시키고, 떨어져 나온 전자는 다른 금속이온과 결합해 금속으로 환원시킨다.

그렇다면 유리의 성분 중에 자외선을 받아 전자를 쉽게 분리시키고 또 결합시킬 만한 금속의 짝에는 어떤 것이 있을까? 은Ag과 세륨Ce이 효과적인 짝이며 유리의 성분으로도 잘 만들어진다고 알려져 있다. 유리 내부에서 은과 세륨은 금속의 은 입자와 은 이온, 금속의 세륨 입자와 세륨 이온으로 공존하며 평형을 이루고 있다.

자외선이 이 유리 속을 비추면 빛 에너지가 세륨 입자에게서 전자를 떼어내 은 이온에게 전달해 은 이온은 은의 작은 입자가 된다. 은이 이온으로 존재할 때는 무색으로 투명하였다가 입자로 변하면 가시광 파장 영역의 빛을 흡수해 우리 눈에는 검게 보인다. 이때 자외선으로 변환된 은 입자의 크기는 수 나노미터(nm)이다.

에너지의 공급원인 자외선이 더 이상 비치지 않으면 이젠 은 입자에게서 전자가 떨어져 나간다. 은 입자는 은 이온으로 돌아가고 떨어져 나간 전자는 세륨 이온과 만나 세륨 입자로 변한다. 은은 이온으로 존재하므로 무색투명하고, 세륨의 입자는 빛의 흡수가 거의 없어 검은색을 띠진 않는다.

즉, 은 이온이 은 입자가 되는 반응과 그 반대의 반응이 자외선의 유무로 가역반응을 일으켜 변색이 되고 탈색이 된다. 빛에 따라서 색이 바뀌는 현상을 광 변색(Photochromism)이라고 하며 이러한 유리를 광 변색 유리(Photochromic glass)라고 부른다.

은과 세륨처럼 전자를 서로 주고받는 성질이 맞을 때 변색 반응이 잘 일어나는 것처럼, 다른 이온들의 짝도 가능하다. 선글라스 소재로 사용되는 이런 변색 유리의 특성 중 또 다른 중요한 사항은 변색 및 탈색의 속도이다. 실외에서는 검은색으로 선글라스의 역할을 잘했는데 실내에 들어와서도 빨리 투명하게 탈색이 안 되면 문제가 된다.

이러한 광 변색 유리는 오래전 1960년대에 개발되어 많이 사용되었는데, 최근에 광 변색 기능을 가진 폴리머의 성능이 좋아져 선글라스 재료로 유리를 대체해나가고 있다. 자외선을 받으면 분자구조가 바뀌어 빛을 차단하고 자외선이 없으면 원래의 구조대로 돌아가는 폴리머를 합성해 개발한 것이다.

광 변색 소재는 개인이 착용하는 선글라스에서부터 자동차나 대형 버스 등의 햇빛 가리개로 많이 사용된다. 특히 착색까지 한 다양한 제품으로 상용화되어 있다. 자외선의 강한 빛 에너지를 유리나 폴리머가 받아 스스로 변색하면서 자외선도 막아주고 색은 어두워져서 눈부심도 막아주는 두 가지 기능을 함께 하는 것이다.

광 변색 유리나 폴리머로 만든 선글라스와는 다른 일반 선글라스와 관련해서 주의사항이 있다. 우리 눈에 해로운 자외선을 차단하는 목적과 너무 햇빛이 세어(가시광선 파장 영역의 빛) 눈부심을 막기 위해 만든 것이 선글라스이다. 일반 선글라스도 원래 색이 들어 있어 가시광선 파장의 햇빛도 차단하고 자외선 차단 코팅이 함께 이루어져 눈도 보호하게 되어 있다.

그러나 자외선 차단 코팅이 없고 색깔만 검은 선글라스는 눈부심은 막아주지만, 대신 눈동자의 동공이 크게 열려 오히려 자외선을 더 받아들인다. 이런 선글라스는 안 쓰는 것보다 못 하므로 선글라스는 반드시 자외선 코팅이 잘 되어 있는지 확인하고 사용해야 한다.

양자점을 이용한 색 변환

유리 속에 존재하는 은의 미세입자는 투명한 유리를 모든 파장의 빛이 흡수되는 검은색으로 바꾼다. 이러한 금속이나 반도체 물질의 입자 크기를 다르게 하여 여러 가지 색을 만들어내기도 한다.

물질은 그 크기가 수 나노미터로 아주 작아지면 양자 구속(Quantum confinement) 효과라는 것이 일어나 에너지 준위의 폭인 밴드 갭(Band gap)이 커지게 된다. 이러한 물질을 양자점(Quantum dot) 또는 퀀텀닷(QD, Quantum Dot)이라고 부른다.

양자점의 크기가 달라지면 에너지 준위의 폭인 밴드 갭의 폭도 달라진다. 따라서 이런 양자점에 빛을 쪼여주면 양자점의 크기에 따른 밴드 갭 폭에 따라 흡수되는 파장 영역이 달라져 다른 파장의 빛, 즉 다른 색의 빛이 나온다.

양자점은 같은 물질이라도 그 크기에 따라 색을 다르게 낼 수 있어 새로운 개념의 화소(Pixel)를 만들 수 있다. 최근 이러한 양자점을 디스플레이나 TV에 응용하여 사용하고 있다. 대표적인 물질로는 카드뮴계 화합물 반도체인 CdTe, CdSe 인데 Cd의 독성으로 최근에는 InP, ZnSe를 주로 사용한다. 이런 양자점을 필름에 넣거나 가는 유리관에 넣어 색 발현을 하여 디스플레이 제품으로 제조한다. 퀀텀닷 TV라고 하는 것이 바로 이것이다.

양자점(QD)의 크기에 따른 색 조절

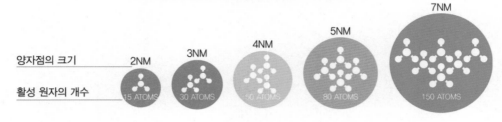

양자점의 크기

활성 원자의 개수

같은 물질의 양자점이라도 그 크기에 따라 다른 색이 나온다.[37]

퀀텀닷의 크기에 따른 색 변화

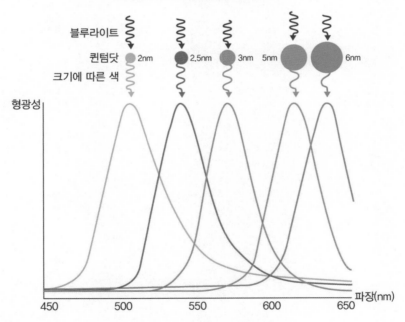

퀀텀닷에 크기에 따른 형광 스펙트럼. 크기가 클수록 장파장 영역에서 빛이 나온다.[38]

유리의 변신

유리의 변신

27. 인조 뼈도 유리로: 생체용 유리

유리의 내화학성을 이용한 병유리, 투명하고 강한 기계적 특성을 이용한 건축자재로서의 유리창, 열적 특성을 이용한 내열 유리, 광학적 특성을 이용한 각종 렌즈, 광통신용 광섬유와 내시경용 유리 다발 등 유리의 쓰임새는 정말 다양하고 많다. 이와 같은 유리의 응용 분야보다는 역사는 짧지만 생명공학 분야에도 진출한 지 오래되었다.

유리의 생체적인 적합성을 이용해 신체의 일부를 대신해 사용할 수 있는 바이오 유리가 최근 적극적으로 활용되고 있다. 1969년에 최초로 뼈와 결합이 잘 되는 생체용 유리가 연구가 시작된 이래, 1980년대 중반에는 규산염 성분의 유리와 결정화 유리가 뼈를 대체하는 인조 뼈의 유리 성분으로 개발되어 이용되고 있다.

Bioverit®으로 알려진 바이오 유리는 뼈의 충진재로 사용된다. 붕산의 산화물이 주성분인 붕산염 유리(조성 $53B_2O_3$-$20CaO$-$6Na_2O$-$12K_2O$-$5MgO$-$4P_2O_5$)를 섬유 형태로 만들어 골 조직의 재건에 사용하고 있다. 또한 붕산염 유리 미립자를 인산염 수용액에 침지하여 만든 수산아파타이트의 마이크로 입자 또한 뼈의 충진재로 사용한다.

그러나 이러한 아파타이트 계열의 인조 뼈는 자체의 기계적인 강도가 낮아 힘을 받는 뼈의 대체재로는 사용하지 못하고 뼈의 결손부위를 수복하는 충진재로서의 역할 밖에 할 수 없다. 이를 개선하고자 뼈와 잘 결합하면서 기계적 강도, 특히 파괴인성을 크게 개선한 다른 소재가 최근 개발되었다.

외부의 충격을 받아들일 수 있는 기준이 되는 재료의 기계적인 특성인 파괴 인성

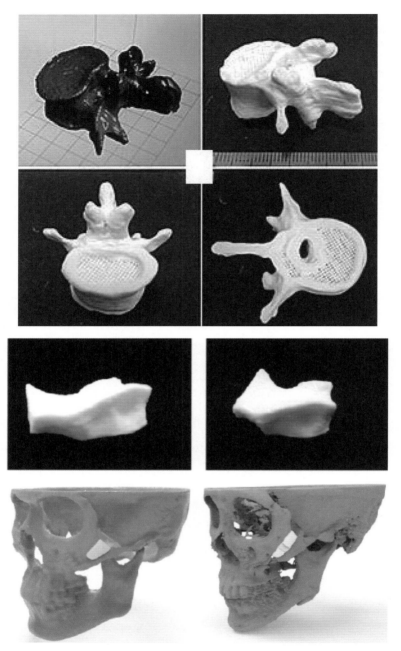

3D 프린팅으로 제작한 CaO-SiO₂-P₂O₅-B₂O₃ 결정화 유리 성분의 척추의 추간판과 광대뼈[1]

치(Fracture toughness)가 3배 이상 증가한 BGS-7라고 하는 결정화 유리인데, 기존의 붕산염 유리의 조성과는 다른 CaO-SiO₂-P₂O₅-B₂O₃ 결정화 유리이다. 이 결정화 유리는 퇴행성 척추 질환을 치료하는 척추의 추간판 유합 보형재로 현재 사용되고 있다. 최근에는 이 소재로 광대뼈의 복원에도 사용되고 있으며, 또한 3D 프린팅으로 맞춤형으로 뼈를 제작하는 데 성공하였다.

뼈의 재건에 사용하는 것 이외에도 유리는 의료용 치료 소재로도 사용되고 있다. 규산염 유리에 희토류 원소인 이트리움^{Y}을 첨가하여 이의 강자성 특성을 이용하여 암 치료를 시도하였고 계속 연구가 진행 중이다.

현재 임상으로 응용되고 있는 것은 반감기 64.1시간의 방사성 동위원소 Y의 β-붕괴를 이용한 규산염 유리인 YAS(Y_2O_3-Al_2O_3-SiO_2)계 유리 미립자이다. 반감기 14.3일인 인^{P}으로 이루어진 이트리움이 첨가된 인산염유리인 YPO_4 유리 또한 β-붕괴를 이용한 암 치료에 사용된다.

또 다른 유리를 이용한 암 치료는 Fe_2O_3 미세 결정이 석출된 CaO-SiO_2-P_2O_5-B_2O_3-Fe_2O_3 결정화 유리를 이용한 것인데, 암세포 근처에 유리를 이식한 후 자장을 가해 고온을 발생시켜 암세포가 선택적으로 궤멸되도록 하는 것이다. 발열을 통한 암 치료의 또 다른 방법으로는 아미노기$^{-NH_2}$를 붙인 나노크기의 Fe_2O_3 미세 결정을 혈액에 주입하여 암세포로 접근하도록 유도한 후 자장을 가해 열을 발생시키는 것이다.

최근에는 이러한 온열 암 치료에서 사용하는 자성 나노 입자의 열 방출 효과가 낮은 단점을 극복하기 위해 마그네슘이 결합된 Fe_2O_3 나노 물질을 이용하여 성공한 바 있다. 특히 저주파(120 MHz 미만)를 가해 섭씨 50℃ 이상의 높은 온도를 짧은 시간에 발생시켜 특정 암세포만을 대상으로 치료가 가능한 새로운 암 치료 방법으로 기대가 된다.

28. 유리도 비료와 고온 접착제가 된다: 인산염유리

우리가 일상적으로 접하고 사용하는 창유리나 병유리는 산화물인 이산화규소^{SiO_2}에 또 다른 산화물인 이산화나트륨^{Na_2O}과 산화칼슘^{CaO}이 무정형으로 결합한 상태로 이루어져 있다. 하나의 원소로 이루어진 철이나 알루미늄, 구리 등의 금속은 무정형의 구조를 가질 수 없어 유리가 되지 못하고 결정 상태로 존재한다. 이러한 금속은 산화가 되어 산화물이 되더라도 유리가 되기는 어렵다. 또한 다른 대부분의 많은 금속의 산화물도 결정상태가 안정하여 유리로 존재하지 않는다.

규소Silicon가 산화된 이산화규소를 녹인 다음 식히면 자연적으로 유리가 된다. 이때 다른 산화물도 함께 첨가하면 유리의 분자구조 속에 들어가 함께 유리를 이룬다. 이산화규소가 주성분으로 이루어진 규산염 유리Silicate glass 외에도 쉽게 유리로 될 수 있는 산화물이 있다. 인(P, Phosporous)의 산화물인 P_2O_5가 바로 그것이다.

P_2O_5 분자도 SiO_2처럼 정사면체 구조를 가지고 3차원 형상의 그물처럼 연결되어 비결정질의 인산염유리(Phosphate glass)를 형성한다. 이 인산염유리는 석영유리에 비해 용융 온도가 상당히 낮고 물에도 잘 녹는 성질이 있다.

인산염유리의 분자구조. 인를 중심으로 산소가 둘러싼 정사면체 구조로 이어진다. 산소 하나는 이중결합을 하고 있으며, Na^+이온이 들어오면 산소 이온과 결합한다.

이러한 인이 주성분인 인산염유리 속에 비료의 요소가 되는 질소와 칼륨을 넣어 함께 녹여 만들면 훌륭한 비료가 될 수 있다. 식물생장에 필수적인 인은 토양에도 물론 함유되어 있다. 척박한 땅에 모자란 미네랄 성분을 보충하기 위해 비료를 뿌린다. 비료의 삼 요소인 질소, 인, 칼리 외에도 칼슘Ca, 마그네슘Mg, 구리Cu, 망간Mn 등의 금속을 미량 첨가하여 인산염계 유리를 만들 수 있다.

물에 천천히 녹는 인산염유리를 만약 비료로 흙 속에 뿌리면 어떻게 될까? 일반적인 화학비료는 물에 너무 잘 녹아서 비가 오면 씻겨 나가는 단점이 크다. 따라서 지속적인 비료의 효과를 기대하기 어렵고 유실되어 낭비가 심하며 환경도 훼손시킨다. 반면 인산염유리는 흙 속에 스며 있는 물이나 비에 조금씩 천천히 녹는다. 모래 같은 크기의 알갱이로 인산염유리를 만들어 뿌리면 흙의 한 성분처럼 되어 천천히 녹아나와 비료의 역할을 지속적으로 한다. 한 번 뿌려주면 상당한 기간 오래간다.

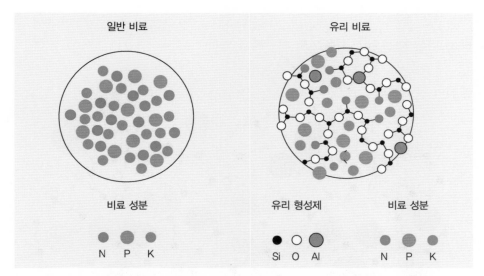

비료의 삼요소인 질소, 인, 칼리가 개별적으로 섞인 일반 비료에 비해 유리의 성분으로 결합되어 있는 유리 비료. 유리 성분이 천천히 녹아 나와 비료의 역할을 지속적으로 한다.[2]

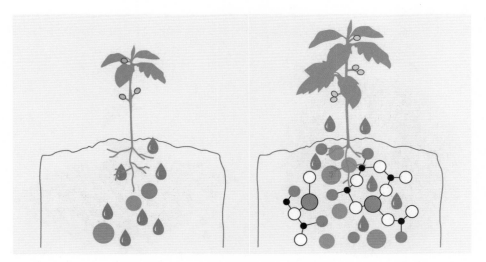

일반 비료(왼쪽)는 물을 주면 대부분 용해되어 땅속으로 빨리 사라지지만, 유리 비료(오른쪽)는 천천히 용해된 후 식물에 흡수되어 생육에 도움이 된다.[3]

　　인산염유리에 칼륨 성분을 넣으면 칼륨 인산염유리(Potassium-phosphate glass, K_2O-P_2O_5)가 되어 소위 인산-칼리 비료가 되는 것이다. 이러한 인산염유리 외에도 규산염 유리도 식물이 필요한 다른 무기질인 칼슘Ca이나 마그네슘 그리고 여타 미네랄 성분을 함께 넣어 다목적 비료용 유리를 만들 수 있다. 규산염 유리 비료는 인산염 유리보다는 용해속도가 느리지만 천천히 녹아 나오는 유리 비료(Slow release glass fertilizer)라는 이름으로 사용으로 시판되고 있다.

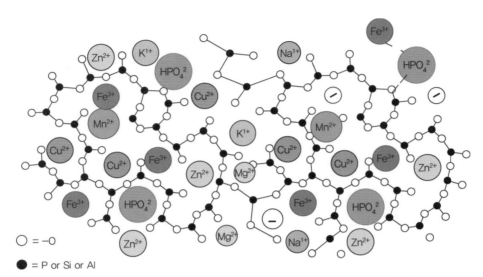

유리 비료의 분자구조. 인산염계 및 규산염계 유리의 그물 구조 사이에 식물에 필요한 미네랄인 금속 이온들이 위치하고 있다.[4]

시판되는 인산염유리비료. 함유 성분에 따라 색이 다르다.[5]

사리도 알고 보면 인산염계 화합물

우리가 흔하게 접하는 규소^{Si}의 산화물인 규산염 유리 외에도 유리가 잘 형성되는 유리로서 붕소B의 산화물인 붕산염 유리Borosilicate glass와 인P의 산화물로 만들어진 인산염유리가 있다. 모래, 규석과 화강석 같은 바위 속에 풍부하게 들어 있는 규소와는 달리 붕소와 인은 그리 흔한 물질이 아니다. 특히 인은 귀한 물질인데 인광석이라는 광물에서 인과 인의 화합물을 얻을 수 있다.

사람의 소변에서도 미량의 인, 나트륨Na과 칼슘이 나온다는 것은 잘 알려진 사실이다. '빛을 가져오는 것'이라는 어원을 가지고 있는 인은 밤중에 바람에 날리며 인광이라는 도깨비불로 나타나기도 한다. 인 입자가 산화되면서 발화되어 일어나는 현상이다. 인체의 소변에서 소량의 인이 나오는 것을 보면 알 수 있듯 사람과 동물들의 몸속에는 인이 많이 있다. 그중 인의 대부분은 인산칼슘이라고 하는 인산염의 형태로 뼈에 들어 있다.

칼슘과 인과 단백질이 주성분인 뼈를 태우면 단백질과 유기물들은 다 연소되어 날아가고, 남아 있는 무기물 중에 인은 산소와 결합하여 인산염이 된다. 다른 원소와 결합하여 결정질의 인산염 결정이 될 수 있고 인산염유리도 될 수 있다. 뼈를 태울 때 적당한 온도와 산소의 농도가 맞으면 태우고 난 자리에 회색빛의 작은 덩어리 등이 남는데, 이것의 실체가 바로 인산염 화합물이나 인산염유리이다.

실제 나무를 장작으로 뼈를 태우면 나무재의 성분인 나트륨이 인산염유리의 성분 하나로 들어가 더 쉽게 유리가 형성된다. 나트륨이 유리의 형성 온도뿐만 아니라 유리의 녹는 온도까지 낮추기 때문이다. 나트륨 외의 칼슘이나 마그네슘 등도 유리의 구성 성분으로 미량 포함된다.

뼈를 태워 인산염유리가 형성된 후 계속 뜨거운 열이 지속되면 녹아 구슬 형태를 이루는 것도 있다. 뼈를 태울 때 여타의 금속들도 산화되어 함께 유리 속에 들어가면 빛을 받을 때 여러 가지 색을 낼 수도 있다.

최근 사람이 죽으면 화장하는 일이 많아졌다. 가스 불을 이용하여 높은 열로 시신을 태우면 인산염 화합물의 형성 조건이 맞지 않거나 혹 형성이 되더라도 태워져 구슬이나 덩어리 형태로 남는 것이 거의 없다. 그러나 나트륨 등의 무기질 성분이 있는 나무를 이용해 시신을 서서히 태우면 가스 불에 비해서 인산염유리가 형성될 반응 조건에 잘 맞을 수 있다. 이 경우 인산염유리가 원형이나 타원 등 여러 모양의 사리 형태로 뼈와 함께 수습되는 경우가 많다.

최근 '사리舍利의 비밀'이라는 제목으로 실제 스님이 사후 시신을 태우는 다비식을 통해 나온 사리를 과학적으로 분석한 결과를 보도한 일이 있다. 조계종 전 종정이었던 성철 스님은 110여 과, 조계종 전 종정 혜암 스님은 86과 등 알려진 유명 스님들의 몸에서 많은 사리가 나왔다고 한다.

일반적으로 화장 후 사리의 숫자에 따라 스님들의 수행의 깊이를 갈음하는 듯한 세상의 시선에 불교계는 반발한다. 그런 영향 때문인지 일부 고승들은 입적 후 자신의 사리를 수습하지 말도록 상좌들에게 명하기도 한다고 한다. 사리의 유무 및 과다는 수행의 정도와는 무관하며 화장할 때 땔감으로 쓰는

시신을 화장한 후 수습하여 나온 여러 가지 형태와 색을 가진 물체들인데 사리라고 부른다.[6]

나무와 화장할 때의 온도와 관계가 있을 것이다. 스님이 아닌 일반인을 화장할 때도 사리가 나온 사례가 많은 것 또한 사실이다.

사리 한 조각을 분석한 결과 무기질 재료임에는 틀림이 없으나 담석 등과는 전혀 다르며 강도가 높은 것으로 알려져 있다. 사리의 정체는 사람 몸의 뼈 속에 있는 인과 공기 중의 산소 그리고 나무가 타고 남은 재속의 성분들과의 반응 생성물인 인산염 화합물이나 인산염유리다.

유리도 OLED의 접착 봉지제로

—

유리는 가열하면 연화되면서 액체처럼 유동하여 금속이나 세라믹스와도 쉽게 융착된다. 식은 다음에는 접착성과 기밀성이 좋아 유리를 분말로 만들어 재료들을 결합하거나 피복하는 데 사용한다. 이러한 유리를 실링 유리Sealing glass, 솔더 유리Solder glass, 봉지 유리Encapsulation glass 등으로 부르며 전자 부품의 실링Sealing에도 요긴하게 사용한다. 현장에서는 유리 분말에 각종 첨가제를 혼합하여 풀(Paste)처럼 만들어 사용

하고 있다.

실링용 유리는 낮은 융점, 낮은 점도, 적당한 열팽창계수, 강한 접착력, 높은 화학적 내구성을 가져야 하는 특성을 요구하고 있다. 이러한 요구조건을 만족하는 유리로, 환경규제가 있기 전에는 산화납PbO을 주성분으로 하는 납유리가 저용점 실링용으로 많이 사용되었으나 이젠 생산이 불가능하다. 따라서 다양한 다른 성분의 유리가 개발되었고 그중에 인산염계P_2O_5, 바나듐계V_2O_5 유리가 가장 많이 사용된다.

인산염계 유리는 다른 산화물의 용해도가 크고, 융점이 낮아 납유리를 대체하는 저용점 유리의 기본조성으로 개발되었다. 현재 P_2O_5-SnO계, P_2O_5-SnO-B_2O_3계, P_2O_5-SnO-SiO_2계 인산염유리가 대표적로 사용된다. 인산염유리는 그 융점이 낮아 유리의 접착제, 기밀성이 요구되는 봉지제, 전기절연 재료 등에 사용된다. 특히 반도체 IC 패키지의 실링에 요긴하게 사용된다.

접착제와 실링의 역할을 하는 또 다른 유리는 바나듐계 유리인데 바나듐산화물(V_2O_5)은 스스로 그물망 구조를 가지는 유리가 되지 못하여 반드시 다른 산화물과 함께 혼합하여 유리를 만드는데, 그 대표적인 것이 P_2O_5이다. 바나듐계(V_2O_5-P_2O_5) 유리는 처음 전도성 유리로 연구가 시작되었으나, 1980년대부터 저용점 유리로 개발되기 시작하여 현재는 저온 접착용 유리로 상용화 되었다. 특히 유리 분말이 들어간 페이스트Paste로 만들어 도포한 후 열을 가하여 접착과 봉지 작업을 한다.

최근 스마트폰이나 TV 등 평판 디스플레이 분야에서 유기발광 다이오드(OLED, Organic Light Emitting Diode) 기술을 채용한 제품들이 많이 생산되고 있다. OLED는 양극과 음극 사이에 100~200nm 두께의 유기 박막이 적층되어 있어, 전압을 가하면 특정 파장의 빛을 방출하는 원리로 만들어져 있다. OLED 제조 공정 중 패널 부분은 구동 소자인 TFT(Thin Film Transister)와 배선(Backplane)을 형성하는 공정, 빛을 내는 화소를 형성하는 OLED 공정, 소자 보호를 위한 봉지(Encapsulation) 공정 등으로 이루어져 있다.

저용점 실링용 유리는 주로 스마트폰 제조 시 OLED 소자를 보호하기 위한 기밀 봉지 공정에 사용되고 있다. 이때 봉지유리의 필수 특성인 낮은 유리 전이점, 높은 적외선 흡수 특성, 기판과 적합한 열팽창계수 등에 바나듐계 유리가 가장 우수한 것으로 알려져 있다.

OLED는 수분이나 산소 등에 취약하여 외부에서 유입되지 않도록 반드시 차단해야 한다. 그렇지 않으면 OLED 내부의 유기물과 전극 재료가 산화되어 발광 영역이 좁아지고 검은 점 등이 생겨 불량이 된다. 이때 바나듐계 유리를 이용해 봉지하여 유입되는 수소와 산소를 차단할 뿐 아니라 기계적·물리적인 충격에서도 보호하는 역할을 한다.

OLED의 봉지를 위해서 바나듐계 유리를 미세 분말로 만든 다음 열팽창계수를 조정하기 위한 필러Filler와 유기 바인더Binder를 혼합하여 접착체처럼 유리 페이스트로 만든다. 이 페이스트를 유리나 금속 기판에 도포한 후에 OLED 기판과 합착한 후 열을 가해 봉지하는 것이다. 열을 가하는 방법으로 최근에는 적외선 레이저를 많이 사용한다.

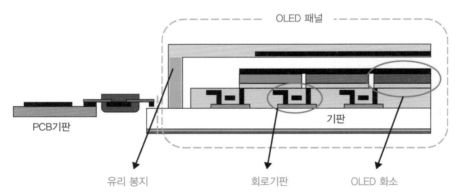

스마트폰의 단면을 옆으로 본 구조. RGB의 OLED 화소로 이루어진 OLED panel 위에 얇은 유리판을 유리 봉지제를 이용해 밀봉하여 산소와 수분을 차단하고 물리적인 충격에서도 보호한다.[7]

29. 유리가 아닌 결정화 유리

열 충격에 강한 붕규산 유리와 석영유리와는 다른 산화물로 만들어진 것으로 불에 찌개나 국을 끓여도 깨지지 않는 유리같이 투명한 냄비가 있다. 코닝사의 '비전'(Vision)이라는 내열유리 제품인데 유리처럼 투명하나 약간 연한 갈색을 띤다. 이것은 유리처럼 보이나 엄밀하게는 유리가 아니고, 투명한 결정질의 소재가 유리 속에 형성된 결정화 유리(Glass ceramics)라고 하는 세라믹 재료이다.

이 내열유리는 실리케이트계 유리를 열처리하여 열팽창계수가 0에 가까운 아주 미세한 결정들이 부분적으로 형성되도록 한 결정화 유리이다. 결정의 크기가 가시광선의 파장보다 훨씬 작고 굴절률도 모체인 유리와도 별 차이가 없어 우리 눈엔 거의 투명하게 보인다. 또한 결정들의 열팽창계수가 작아 열 충격에 아주 강하다. 따라서 고온의 열에도 견디고 보온성도 좋아 직접 가열해 요리하는 주방용 조리 기구나 전자레인지의 용기로 사용한다. 맑고 투명해 조리 과정도 볼 수 있는 장점이 있다.

최근 가스레인지 대신 전기 레인지를 사용하는 가구가 늘어가고 있다. 가스레인지의 단점은 가스의 연소 과정에서 일산화탄소가 발생해 건강에 해로울 수 있고, 가스누출이나 화재 등 안전사고의 위험이 높다는 것이다. 전기 레인지의 열판으로 사용하는 매끈한 검은색의 넓은 판 또한 유리처럼 보이나 엄밀하게는 유리가 아니다. 유리판처럼 성형한 뒤 열처리 가공을 하여 결정질 조직으로 만든 결정화 유리다.

이 결정화 유리로는 열팽창계수가 아주 작은 LAS계 결정($LiAlSi_2O_6$)이 형성된 리튬 알루미노 실리케이트 유리(LAS, $Li_2O-Al_2O_3-SiO_2$, Lithium alumino silicate glass)와 MAS계 결정($Mg_2Al_4Si_5O_{16}$)이 형성된 마그네슘 알루미노 실리케이트 유리(MAS, $MgO-Al_2O_3-SiO_2$, Magnesium alumino silicate glass)의 두 종류가 대표적이다. 모두 열팽창계수가 아주 작아

유리처럼 보이는 조리용 냄비로 쓰는 투명한 결정화 유리 용기. 유리를 녹인 후 찍어낸 다음 열처리를 거쳐 결정질이 형성되도록 한다.[8]

온도의 변화가 심한 열 충격에 강해 조리하는 데 유용하게 쓰인다.

결정화 유리는 결정질의 형성 양상에 따라 불투명하게 만들 수도 있다. 주방용 그릇으로 많이 사용하는 코닝사의 '코렐'이 대표적이다. 최근에는 이러한 유리의 열처리를 통한 결정화 기술을 이용해 인조 대리석을 제조해 건축 자재로도 많이 사용하고 있다.

전기 레인지에는 열이 발생하는 원리에 따라 '인덕션'(Induction cooktop)과 '하이라이트'라고 부르는 두 가지 방식이 있다. 가장 최근에 나온 인덕션 가열 방법은 레인지의 검은색 결정화 유리판 밑에 전선 코일을 놓고 전기를 통해 자기유도(Magnetic induction) 현상을 이용하는 것이다. 유도된 자기장은 금속으로 된 조리용기 내부에 전류를 발생시켜 금속의 전기 저항으로 열을 내게 하는 원리를 이용한 것이다.

따라서 이러한 전자기유도가 일어나지 않는 재질의 용기는 가열되지 않는다. 철판이나 스테인리스 스틸로 이루어진 용기는 가능하나, 내열유리나 심지어 알루미늄이나 구리로 만들어진 용기도 인덕션 가열기에는 사용할 수 없다. 인덕션은 열효율이 높아 요리 시간이 짧고 조리 이후에는 상판이 금방 식어 열화상 위험이 적은 장점이 있다. 최근 2017년에 일본의 파나소닉에서는 주파수를 높인 고주파 자기장 유도를 이용해 모든 재료의 용기를 인덕션 전기 레인지에도 쓸 수 있는 기술을 개발한 바 있다.

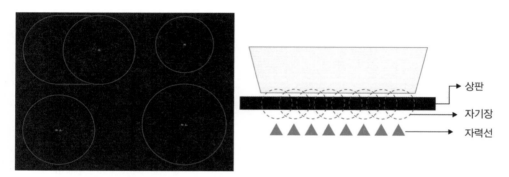

'인덕션' 전기 레인지와 가열 원리. 인덕션을 사용할 때는 반드시 전자기유도 현상이 일어나는 금속으로 된 용기를 사용해야만 한다. 단, 주파수를 높인 고주파 자기장 유도를 이용해 모든 재료의 용기를 인덕션 전기 레인지에도 쓸 수 있는 기술이 최근 개발되었다.[9]

인덕션 전기 가열기 위의 금속 프라이팬 위에 있는 달걀은 익지만 상판에 있는 반쪽은 열이 발생하지 않아 전혀 익지 않음. 일반적인 전자유도가열 방식인 인덕션은 금속 재질의 용기가 아니면 작동하지 않는다.[10]

반면 '하이라이트'라고 하는 발열기술은 결정화 유리판 밑에 니크롬선 발열체를 두어 가열하는 열유도 방법(Thermal induction)을 이용하는데, 인덕션 가열과는 달리 용기에 제한이 없는 장점이 있다. 상판은 전기를 꺼도 열이 남아 있어 잔열을 사용할 수 있으나, 조리 이후에도 계속 뜨거워 화상을 조심해야 한다. 최근에는 인덕션과 하이라이트 기능을 함께 사용할 수 있는 하이브리드 제품도 나와 있다.

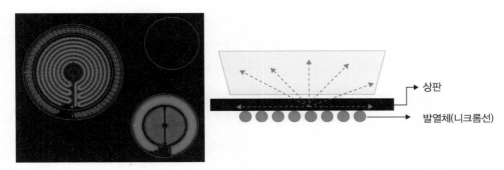

'하이라이트' 전기 레인지와 가열 원리. 상판은 열 충격에 강한 결정화 유리이나 그 아래는 발열체가 있어 겉으로는 인덕션처럼 보이나 전혀 다르다.[11]

30. 핵폐기물은 유리로 만들어 저장한다

요즘 원자력 발전소의 위험성과 안정성에 대한 의견 차이로 나라가 시끄럽다. 그 이유의 하나는 공해 없고 안전하다는 원자력을 이용한 발전 시설이 더 이상 안전하지 않다는 것을 사람들이 깨닫고 나서다. 일본의 후쿠시마 원자력발전소와 구소련의 체르노빌의 원자력발전소의 폭발로 인해 그곳에 살던 주민들과 환경에 미친 엄청난 재앙을 알게 되었기 때문이다. 또 하나는 원자력을 이용한 폭탄의 비극적인 사용과 그 참혹한 결과를 잘 알고 있기 때문이다. 인간이 만든 것으로 인류 최대의 재앙을 일으킨 일본에 투하된 원자폭탄으로 인한 비극이 바로 그것이다.

인류의 공영을 목적으로 한 과학기술의 발전과 응용이 원래의 목적을 벗어나 사용되었을 때는 참혹한 결과를 초래한다. 그러나 원자력은 원래의 선한 목적으로 올바르게 사용된다 해도 완전한 안전성을 담보하기는 기술적으로 어렵다. 공해가 없고 무한에 가까운 에너지인 원자력의 장점을 살리고자 원자력발전소를 지었고 운용하고 있는 것이다. 화력 발전 시 방출되는 대기오염이 없이 환경 친화적이고 값싼 에너지원인 원자력 발전은 매력적인 기술임에는 틀림이 없다.

그러나 원자폭탄의 위험과는 별개로 원자력발전소 또한 완벽한 관리가 되지 못하면 비극을 초래하기는 마찬가지다. 원전이 폭발한 것도 문제가 되는 징후를 사전에 발견하지 못했고 바르게 대처하지도 못했다. 더욱이 일이 터지고 난 후에도 그 처리가 완벽하지도 못하고 불투명해 아직까지도 해결책이 나오지 않는 것도 사실이다.

이러하듯 원자력발전소 문제는 참으로 어렵고, 터지면 걷잡을 수 없고 이미 늦었다고 봐야 한다. 그러면 우리는 어떻게 해야 할까? 전 세계적으로 그렇게 많이 지었고, 이젠 노후가 되어 불능 상태로 처리하는 수순에 들어간 곳도 많이 생겼다. 방사능 누출 없이 원자력발전소를 폐기 처리하는 데도 엄청나게 어려운 기술이 필요하고 시간 또한 수십 년이 걸린다.

정상적으로 운용이 잘되는 원자력발전소에서도 기술적으로 해결해야 할 일이 많이 있다. 다름이 아니라 이미 설치되어 운용 중인 원자력발전소에서 계속해서 배출되는 핵폐기물의 처리에 관한 것이다.

원자로의 운전이나 핵연료의 처리 등으로 각종 방사성폐기물이 발생한다. 원자력발전소가 가동이 되는 동안에는 피할 수 없다. 방사성폐기물에 의한 방사성 오염을 방지하기 위하여 폐기물을 특별하게 처리하고 엄격하게 관리해야 한다. 즉, 방사성폐기물을 인간의 생활권으로부터 격리시켜야 한다.

중·저준위 방사능 폐기물은 소각하여 드럼통에 넣은 후 땅속 깊은 곳에 저장한다.[12]

방사성폐기물은 우리나라 원자력법에 따라 방사성물질 또는 그에 의해 오염된 물질로 폐기의 대상이 되는 물질이다. 원자력발전소에서 나오는 방사성 물질을 포함한 폐기물은 기체, 액체, 고체의 세 종류가 있으며, 열 발생률과 방사성의 농도에 따라 저준위, 중준위, 고준위의 방사성폐기물로 구분된다.

저준위 방사성폐기물은 원자력발전소 내에서 사용한 장갑, 방호복, 기자재 등 각종 물품을 말한다. 중준위 방사성폐기물은 발전소의 원자로 내에서 사용하고 폐기 처리한 물품이다. 방사성 동위원소를 사용하는 병원, 연구기관, 산업체 등에서도 중·저준위 폐기물이 발생한다. 방사성폐기물의 95% 이상은 중·저준위 폐기물이 차지한다.

중·저준위 방사성 고체 폐기물은 소각하여 압축된 뒤 시멘트와 섞어 철제 드럼통에 넣고 밀봉된다. 이러한 중·저준위 폐기물은 방출하는 방사선의 양이 적어, 한국의 경우 200리터 용량의 폐기물 전용 드럼통에 넣어 밀봉한 후 두꺼운 콘크리트로 벽을 만든 밀실에 채워 보관된다. 물론 이러한 콘크리트 구조물은 지하 깊이 판 동굴 속에 만들어진다.

경상남도의 경주에 설치된 방사성폐기물 처분시설(방폐장)은 이러한 중·저준위 방사능 폐기물을 드럼통에 넣어 보관하는 곳이다. 최근 한국의 한수원에서는 중·저준위 방사능 폐기물도 유리화하여 처리하는 기술을 개발한 바 있다.

고준위 방사성폐기물은 유리로 만들어 보관한다

—

가장 위험하고 특별히 관리하는 폐기물은 고준위 방사성폐기물이다. 방사성폐기물의 나머지 5%를 차지하는 고준위 폐기물은 대부분이 사용 후 핵연료들로 이루어져 있다. 원자력 발전소에서 3주기 정도 연소시켜 충분한 열을 생성하지 못하는 핵연료를 '사용후핵연료'라고 한다.

이 중 96%가 재처리 과정을 통해 다시 사용할 수 있어 세계 각국에서는 사용 후 핵연료 재처리 시설을 운영 중이나, 아직 한국은 미국과 맺은 원자력 협정 문제 때문에 '사용후핵연료' 재처리 시설을 지을 수 없다.

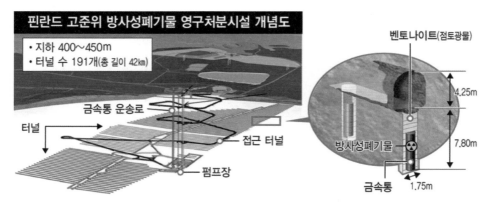

핀란드 고준위 방사성폐기물 영구처분시설 개념도

- 지하 400~450m
- 터널 수 191개(총 길이 42km)

금속통 운송로

터널

접근 터널

펌프장

벤토나이트(점토광물)

4.25m

방사성폐기물

7.80m

금속통

1.75m

세계 최초의 고준위 방사성폐기물 처리시설인 핀란드의 '온칼로(ONKALO)'. 2023년부터 사용후핵연료를 유리화시킨 후 캐니스터에 넣어 영구 보관할 예정이다.[13]

원자력발전소를 운용하면서 발생하는 사용 후 핵연료와 이것을 재처리하는 과정에서 발생되는 농축액 등의 고준위 방사성폐기물은 높은 열과 방사능을 방출한다. 이러한 고준위 폐기물은 방사능이 확산되어 퍼지는 것을 막도록 처리하는 것이 가장 중요하다.

따라서 고준위 폐기물의 방사능이 방출되는 성분을 유리화하여 퍼지는 것을 막는다. 유리화의 공정은 먼저 고준위 폐기물을 고온에서 연소시켜 재 형태로 만든다. 이것을 유리가 되는 유리 산화물과 혼합하여 고온에서 용융시키는 것인데, 고준위 방사성폐기물의 방사능 방출 성분이 유리의 한 성분으로 된 폐기물 유리가 새롭게 탄생되는 것이다. 다음 용융된 상태의 고온의 폐기물 유리를 스테인리스 스틸로 만들어진 큰 캔 모양의 캐니스터Canister에 부어 넣은 후 봉하게 된다.

유리 장전   유리 용융   폐기물 투입   유리 배출

방사성폐기물을 유리화하는 과정[14]

다음 땅을 깊이 파서 만든 동굴 속의 콘크리트 밀실에 이 캐니스터를 보관하여 수만 년 동안 영구히 사람들과 격리시키는 것이다. 고준위 폐기물을 유리화시키는 이유는 방사능을 방출하는 성분이 캐니스터의 유리 밖으로까지 확산되어 나오기까지는 이론적으로 백만 년 이상 걸려 비교적 안정하기 때문이다. 고준위 방사성폐기물의 연소처리와 유리화 용융 그리고 캐니스터 봉입 등의 공정은 사람에게는 노출할 수 없어 모두 로봇이 투입되어 원격으로 이루어진다.

선진국들은 고준위 폐기물을 유리화시켜 캐니스터에 밀봉하여 저장하고 있다. 가까운 일본에서도 고준위 유리화 폐기물 저장시설을 현재 두 개 운영하고 있다. 하나는 영국과 프랑스에 위탁 재처리하는 과정에서 발생된 폐기물을 저장하기 위한 시설이고, 또 하나는 사용후핵연료를 직접 재처리하는 시설이다. 모두 방사성 고준위 폐기물을 유리화 처리하여 캐니스터에 봉입하여 보관하고 있는데, 2200년까지 약 40,000개의 캐니스터가 발생할 것으로 추정한다.

반면 한국에서는 사용후핵연료는 국제법상 재처리를 못하여, 원자력 발전소 내에 있는 '사용후핵연료 저장조'라고 부르는 냉각 설비가 갖추어져 있는 물탱크에 저장하고 있다. 수조에는 붕소가 용해되어 있는 고농도 붕산수가 채워져 있다. 재처리 못하여 쌓이는 고준위 핵폐기물을 처리해야 할 큰 숙제가 우리에게 남아 있다.

31. 도자기의 유약, 법랑과 칠보는 유리다

한국은 도자기의 나라이다. 고려청자, 조선백자, 분청사기와 옹기에 이르기까지 도자기는 한국의 멋을 품은 멋진 유산이라 할 수 있다. 예술 작품에서부터 실생활 용기까지 선조들은 도자기를 다양하게 만들어왔고 그 제조 기술도 함께 발전해왔다. 지금은 관상용으로만 보는 고려청자나 조선백자 등도 만들 당시에는 무언가를 담는 그릇이나 항아리의 용도로도 쓰였을 것이라 짐작된다.

원래 도자기는 질그릇이라고 부르는 도기(陶器, Pottery)와 자기(瓷器, Porcelain)로 구분해 사용하였으나, 20세기에 들어와서는 도자기란 용어로 통칭한다. 그런데 도기와 자기는 그 원료가 되는 흙부터 다르다. 도기는 불그스레한 황토 흙이나 진흙을 빚어 만들고, 자기는 알루미늄이 포함된 규산염 성분의 점토인 고령토($Al_2Si_2O_5(OH)_4$) 같은 흙을 빚어 만든다.

국보로 지정된 아름다운 자기인 상감청자와 청화백자[15]

초벌한 후 유약을 발라 건조시킨 도기와 불에 구운 항아리 옹기들[16]

관상용으로 만든 청자건 백자건 그 표면은 아주 매끈하고 광채가 난다. 값싼 옹기조차도 표면이 반짝이는 것은 큰 차이가 없다. 그 이유는 모두 황토나 고령토 반죽으로 그릇이나 항아리를 빚어 말린 후 유약 칠을 하고 구워내기 때문이다. 유약(釉藥, Glaze)은 광택(釉)이 나는 약품이라는 뜻인데, '짚이나 나무를 태운 재를 우려낸 물'로 도자기 표면에 윤택이 나게 하는 물질이다. 유약은 다름 아닌 유리를 아주 미세하게 갈아 만든 분말을 물에 타놓은 것이다.

　도자기를 만드는 방법은 다음과 같다. 먼저 흙 반죽을 빚어 그릇이나 항아리를 만들고 건조시킨다. 그 다음 건조된 그릇을 가마에 넣은 후 초벌구이를 한다. 초벌이 끝난 도자기를 유약물이 담긴 통에 넣어 그 표면에 유약을 묻힌다. 유약이 발라진 항아리를 다시 건조시킨 다음 가마에 넣고 재벌이라고 하는 불에 굽는 과정을 거친다.

　건조시킨 후의 항아리의 표면은 밀가루를 칠한 것 같이 보통 흰색을 띤다. 유약 속에 들어 있던 유리분말이 말라 그렇게 보이는 것이다. 유약이 발라진 항아리를 불에 구우면 미세한 유리가루인 유약이 녹아 항아리의 바깥 면을 둘러싸게 된다.

　유리 막으로 덮인 항아리는 물과 같은 액체는 스며들지 않는다. 물론 공기는 통하는 정도의 미세 구멍은 존재하여, 전통 항아리를 숨 쉬는 용기라고도 한다. 유약은 도자기의 종류에 따라 다른데, 도기용 유약은 1,100℃ 근처의 온도에서 자기용 유약은 1,300℃ 근처에서 유리화가 이루어진다.

유약의 제조

—

　그렇다면 유약은 어떻게 만들 수 있을까? 짚이나 풀 그리고 나무들을 태우면 유기물은 다 연소되고 무기질 물질만 남는다. 타나 남은 재는 주로 이산화규소^{SiO_2}, 산화알루미늄^{Al_2O_3}, 산화나트륨^{Na_2O}과 기타 금속의 산화물들로 이루어져 있다.

　따라서 잿물만으로도 유약으로 사용할 수 있고, 잿물의 성분은 유리의 기본 조성으로 별다른 혼합제가 없어도 고온에서 유리로 잘 만들어진다. 만약 잿물 속에 철분이 들어 있으면 이 철분으로 인해 색이 만들어진다. 초목을 태운 재에 함유되어 있는 소량의 철분 성분 때문에, 도자기를 구울 때의 조건에 따라서 연한 황갈색이나 연한 파란색을 띤다. 이런 잿물이 청자를 만들 때 쓰는 유약의 시초가 되었다.

　유약을 칠해 다른 색을 내려면 특정한 색을 내는 산화납, 산화아연, 산화구리, 산화철 등의 산화물들을 잿물에 섞어 만들 수 있다. 이런 산화물 성분이 많이 들어 있는 광물들을 갈아서 쓴다.

　청자의 은은한 연한 파란색을 내기 위해서 선조들은 철 성분이 들어 있는 유약을 쓰되, 온도를 약간 올리고 바람을 적게 불어 환원상태를 유지하여 만들었다. 이것이 초기 청자를 만들 때의 공정인데 환원번조還元燔造라고 부른다. 만약 같은 유약을 쓰면서도 연한 갈색을 만들 때는, 그와 반대로 온도를 조금 낮추고 풀무질을 많이 하는 산화번조酸化燔造를 이용한다.

유리, 즉 유약성분에 들어 있는 철의 원자가가 2가이면 연한 파란색, 원자가가 3가이면 연한

유리 분말이 주성분인 유약을 입힌 후 구워낸 생활 자기의 여러 가지 색깔. 유약 원료의 자체 색과 고온에서 유리화가 된 후의 유약의 색은 다르게 나온다.[17]

갈색을 띤다. 연한 파란색을 얻기 위해서는 2가의 철 이온Fe^{2+}이 3가의 철 이온Fe^{3+}보다 많이 존재해야 한다. 이를 위해서는 자기를 굽는 온도는 높게 하고 산소량은 적게 해야 하는데, 이것은 현대의 반응의 열역학으로 잘 알 수 있다.

이와 반대로 갈색은 제조 시 온도는 낮추고 산소량은 많아야 3가의 철 이온이 많이 존재해 가능하다. 옛날에는 이러한 열역학 지식이 없었는데도 선조들은 경험으로 불(온도)과 바람(산소공급)을 조절하여 색을 마음대로 조절할 수가 있었다. 과학을 꿰뚫어보는 옛 선인들의 놀라운 기술이라 아니할 수 없다.

신안 앞바다에서 발굴된 연꽃무늬 매병, 찻그릇, 잔받침, 베개, 뚜껑 등으로 구성된 고려청자[18]

옛날에는 풀과 나무를 태워 그 잿물을 이용해 유약을 만들었는데, 요즈음은 유약의 성분이 밝혀져 산화물들을 혼합하여 만들어 사용한다. 유약의 종류에 따라 색깔도 원하는 대로 만들어낼 수 있다. 특히 요즈음은 생활자기란 이름으로 실생활에 사용하는 컵이나 그릇에 유약을 물감처럼 사용해 총천연색의 그림을 그려 넣기도 한다.

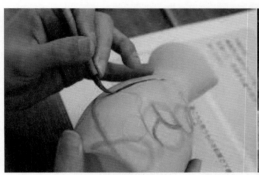

그림처럼 유약을 칠하는 모습과 불에 구워 만든 생활 자기[19]

법랑과 칠보

—

유약을 도자기 표면이 아닌 금속 위에 발라 구워 만든 것이 법랑(琺瑯, Vitreous enamel)이다. 법랑은 유리가 가진 내열성, 내화학성, 내마모성 등의 장점과 금속의 높은 기계적 강도와 내구성의 장점을 공유하여 탄생한 제품이다. 1970~1980년대에는 법랑을 코팅한 식기와 조리기에 한정되었으나, 최근에는 가스레인지, 전자레인지, 냉장고와 세탁기 등과 같은 다양한 주방용, 가정용 가전제품에까지 확대되어 사용되고 있다.

법랑은 건축 자재에서부터 산업 설비에까지 그 응용 범위가 넓어지고 있다. 법랑을 입힌 건축 외장 패널과 화학용품을 저장하는 대형 탱크나 각종 저장 용기에 사용되고 있다. 특히 발전소에서 사용하는 히터와 발전기 등은 강한 산성과 고온에도 견디는 법랑제품이 기존의 것들을 대체해나가고 있다. 이는 모두 유리인 법랑이 가지고 있는 우수한 내화학성과 내구성 덕분이다.

도자기에 바르는 유약은 보통 1,000℃ 이상의 온도에서 가열해 유리층을 형성하는 데 반해, 법랑은 그보다 낮은 온도인 800℃ 전후에서 소성하여 만든다. 온도가 높을수록 금속과 유리 사이의 열팽창 차이가 커지고 이에 따라 밀착도가 낮아져 부착된 법랑이 떨어지기 때문이다. 또한 너무 고온이 되면 금속이 산화되어 변질될 수 있기 때문이다. 따라서 법랑에 사용되는 유약은 도자기에 사용하는 것과는 그 유리 성분이 다르다.

법랑을 코팅한 가스레인지와 오븐의 부품들[20]

주방기기용 유약은 보편적으로 SiO_2, Al_2O_3, ZrO_2, P_2O_5, Na_2O를 주성분으로 하는 유리 분말을 원료로 사용하고 있다. 내열성이나 세척 용이성 등 기능을 보완하는 경우에는 B_2O_3와 CaO 등을 첨가해 유리 조성을 다양화한다. 유약을 고온에서 소성하여 유리질로 만든 다음에는 도자기의 경우에는 투명한 데 반해 법랑은 보통 불투명하다.

금속 표면에 유약을 발라 사용하는 법랑을 여러 가지의 색이 나오도록 무늬를 만들어 장신구로 쓰는 것을 칠보七寶라고 한다. 일곱 가지 보석이라고 하는 말처럼 칠보는 유리의 아름다운 색깔과 광채 그리고 고급스러움을 대변한다.

칠보를 만드는 방법에는 여러 가지가 있으나, 가장 일반적인 것이 유선칠보有線七寶라고 하는 공정이다. 대상 용기의 표면에 무늬를 그려 표시하고, 그 무늬에 따라 가는 철사처럼 만든 구리나 은을 부착시킨다. 다음 금속으로 이루어진 무늬 사이의 내부를 유약으로 채워 수차례 구워서 만드는 것이다. 보통 칠보유약의 유리화는 550~750℃ 정도의 온도에서 이루어지며, 표면은 광택이 나도록 연마하여 최종 작품을 완성한다.

금속으로 만든 무늬 속에 각종 다른 유약을 채워 만든 채색 유리의 법랑으로 이루어진 칠보 공예품[21]

32. 에너지를 절약하고 스스로 청소한다: Low-E 유리와 스마트 유리

요즘은 유리창에도 차별화가 되어 있다. 에너지 절약을 위해 유리에 단열 기능을 부여하기도 하고, 스스로 깨끗이 하는 셀프 클리닝 기능도 갖추게 한다. 김 서림을 방지해 냉장·냉동고에 들어 있는 식품을 마음대로 보며 고를 수 있고, 차창에 서리가 끼지 않아 쾌적하게 차를 운전할 수 있다. 모두 스마트한 유리라고 할 수 있다.

열 차단 유리(Low-E 유리)

—

창문을 통해 에너지 절약을 할 수 있는 방법은 유리의 단열 기능을 이용해 가능하다. 열의 3요소인 전도, 복사, 대류 중 복사를 억제하여 단열을 할 수 있다. 여름에는 바깥의 열기를 차단하고 겨울에는 안에서 발생한 난방열이 밖으로 빠져나가지 못하게 차단하는 전천후 유리창이 바로 이것이다. 따라서 에너지 절약과 함께 냉난방비를 줄일 수 있는 장점이 많은 유리창이다.

열의 방사를 낮춰준다는 의미로 low-emissivity 유리라고 부르며 짧게 로이 유리(Low-E 유리) 또는 저방사 유리라고도 한다. 일반 창유리의 표면에 금속 또는 금속산화물을 얇게 코팅하여, 열의 이동이 최소화되고 이에 따른 단열 효과가 증대되어 에너지가 절약되는 유리이다.

그 원리는 창을 통해 들어오는 가시광선은 대부분 안쪽으로 투과시켜 실내를 밝게 유지하고, 대신 적외선 영역의 복사선은 차단하는 것이다. 유리창으로 사용할 때는 유리창 1개를 쓰지 않고 2개를 복층으로 조립해 사용한다. 이때 로이 유리의 코팅된 면이 반드시 실내 쪽 방향의 유리창 내부에 위치하도록 해야 한다. 만약 이중으로 된 유리창 사이를 진공으로 하면 단열 효과를 더 볼 수 있다.

로이 유리를 유리창으로 사용할 경우 한 장의 유리창과 비교해 약 50%, 일반 복층유리보다는 약 25%의 에너지 절감 효과가 있는 것으로 알려져 있다. 이런 장점 때문에 로이 유리를 주택이나 일반 건축물의 창으로 에너지 절약을 위해 많이 사용한다. 특히 24시간 냉난방 가동 중인 호텔이나 병원 등의 창호에 적합하다.

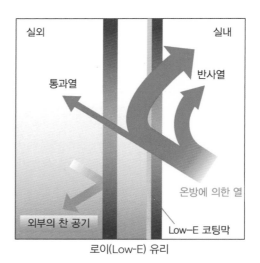

이중창으로 되어 있는 로이 유리(Low-E 유리)창. 실내 방향의 유리창의 안쪽 면에 코팅이 되어 있어 실내의 따뜻한 복사열은 밖으로 나가지 않고 반사되어 들어온다.[22]

로이 유리의 종류는 유리면에 코팅하는 제조 방법에 따라 하드 로이Hard low-E 유리와 소프트 로이Soft low-E 유리로 구분한다. 하드 로이 유리는 판유리 위에 이산화주석

SnO₂ 용액을 분사하며 열을 가하는 열분해(Pyrolysis) 방법을 이용하여 코팅하는 'Pyrolytic' 공정을 통해 제조한다.

따라서 판유리를 생산하는 도중에 뜨거운 유리판 위로 코팅 액을 분사하여 만들 수 있는 장점이 있다. 이산화주석의 코팅 막은 경도와 내구성이 강하며, 코팅이 끝난 로이 유리는 고온에서 강화 열처리를 할 수도 있다. 반면 광학적으로 투명도가 떨어지는 단점이 있다.

이에 반해 소프트 로이 유리는 이미 생산된 판유리를 별도의 진공 챔버Chamber에 넣고 금속을 박막으로 코팅하는 증착Sputtering 공정을 통해 제조한다. 주로 은Ag을 코팅 재료로 사용하며 티타늄Ti과 스테인리스강Stainless Steel 등의 금속과 함께 다층으로 코팅해 사용하기도 한다. 금속 코팅은 진공에서 이루어지며 'Magnetron Sputtered Vacuum Deposition'MSCVD이라고 알려진 공정을 통해 대량생산된다.

이 소프트 로이 유리는 외부에서 들어오는 가시광선은 투과시키고 적외선은 반사해 차단하여 열 손실도 막아준다. 또한 실내외의 온도 차를 줄여 결로가 생기는 것도 막아준다. 투명도가 높고 여러 가지 금속을 사용할 수 있어 다양한 색상 구현이 가능하다.

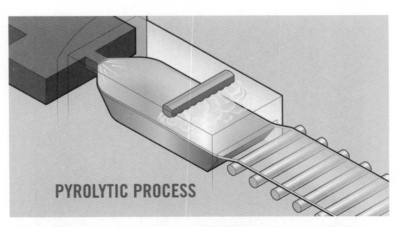

PYROLYTIC PROCESS

판유리 생산 중에 용액을 분사하여 열분해 하는 Pyrolytic 공정을 이용하여 제조하는 하드 로이 유리[23]

하드 로이 유리보다 소프트 로이 유리가 그 단열성이 더 우수하다고 한다. 그러나 소프트 로이 유리는 하드 로이 유리에 비해 코팅 막의 경도와 내구성이 약하다. 금속 코팅 막이 장시간 노출되면 산화가 될 수 있으며, 실제로 이중으로 유리창을 만들 때 간봉을 넣는 가장자리 부분은 반드시 금속 코팅 막을 벗겨내고 작업을 해야 하는 단점이 있다. 이것을 방치하면 가장자리의 금속이 산화되어 변색이 되고 금속 막이 벗겨져 효과가 없어진다.

김 서림이 없고 스스로 청소가 되는 유리
—

또 다른 스마트 유리로는 스스로 표면을 깨끗하게 유지하는 셀프 클리닝(Self cleaning) 기능이 들어간 유리다. 이산화티타늄^{TiO_2}의 박막을 코팅한 유리인데, 물의 분자를 잘 붙잡는 친수성이 있어 김 서림도 방지되고 빗물에 묻은 먼지도 깨끗하게 씻겨 내려간다. 특히 자외선을 받으면 이산화티타늄이 가진 광촉매 현상으로 전자(e^-)와 정공(h^+)이 생기고, 이것은 각각 산소 음이온(O^{2-})과 수산화물(OH radical)을 만들어내어 강력한 산화작용을 한다. 이 산화작용으로 살균과 곰팡이 번식 방지에 효과가 있고 탈취도 되어 유리창이 스스로 청소가 되는 것이다.

일반 창유리(왼쪽)에 비해 이산화티타늄 박막을 코팅한 유리(오른쪽)는 김 서림도 방지되고 빗물에 묻은 먼지도 깨끗하게 씻겨 내려간다.[24]

유리에 김이 서리지 않게 하는 기술은 창문을 사용하는 일상생활에서 없어서는 안 되는 유리창의 중요한 기능중의 하나다. 후덥지근한 여름철 차 안에 서리는 김이나 추운 겨울 자동차를 운전하는데 김이 서리는 전면 유리창은 시야가 흐려져 위험하다. 특히 차 안에 많은 사람이 타면 김이 더 빨리 서린다.

김이 서리는 것을 없애기 위해 창문을 열어 환기를 시키든지, 심할 경우 전면 유리창 쪽의 에어컨을 작동시킨다. 김 서림은 차창 밖의 온도와 차 내부의 온도 차가 커서 일어난다. 따라서 환기를 시킨다는 것은 밖의 찬 공기를 넣어 차창과 차 내부의 온도 차를 줄이는 방편의 하나이다. 차 안의 에어컨을 트는 것도 같은 이유에서이다.

김 서림을 없앤다고 계속 추울 수가 없으니 이제 반대로 생각해보자. 온도 차를 줄이는 것은 같은데 다른 방법이 있다. 차 안의 온도를 낮추는 것이 아니라 차창 유리의 온도를 올리는 것이다. 실제 차의 유리창에 온도를 올리는 코팅을 하는 것이다. 이때 코팅을 해도 유리창은 투명해 시야에 문제가 전혀 없어야 함은 당연하다. 또한 코팅층에 전류를 흘리면 저항 열을 낼 수 있는 전도체여야 한다. 가장 흔하게 우리가 접하는 발열 창은 자동차의 뒷면 유리와 사이드 미러Side Mirror이다.

자동차 전면 유리에 코팅된 아주 가는 열선(왼쪽)과 뒷면 유리에 굵게 코팅된 열선(오른쪽)에 전류가 흐르면 온도가 올라 습기나 눈을 쉽게 제거할 수 있다.[25]

자동차의 뒷면 유리창에는 은Ag 성분의 가는 열선을 유리 표면에 융착 처리하여 전기를 통하면 발열하게 되어 있다. 유리창에 김이 서리거나 눈이 쌓이거나 하면 온도를 높여 쉽게 제거한다. 사이드 미러의 경우는 거울 뒷면에 열선을 붙이거나 은 페이스트를 발라 만든다. 전류가 흐르면 사이드 미러는 발열이 되어 서린 김은 금방 사라진다.

물론 자동차의 전면 유리에도 뒷면 유리처럼 열선 처리를 하지만, 시야 확보 때문에 눈에 보이지 않을 정도의 훨씬 가는 선으로 처리하여 발열 기능을 넣는다. 이러한 자동차는 추운 겨울이 긴 북유럽의 차종에 많이 장착되어 있다.

최근에는 자동차 전면 유리창 전체에 약 50nm 두께로 탄소나노튜브(CNT, Carbon Nanotube)를 아주 얇게 코팅하여, 투명하면서도 전기를 통한 김 서림 방지 기능이 들어간 유리창을 적용한다고 한다. 특히 탄소나노튜브 코팅 유리는 전자파 차폐 기능도 함께 있어 건축용 유리창에도 최근 적용하기 시작했다.

거울 뒷면에 발열 처리를 하여 김 서림 방지를 한 또 다른 예는 호텔이나 숙박업소의 세면실에서 볼 수 있다. 일반 거울은 목욕을 하거나 샤워를 하면 서린 뿌연 김 때문에 잘 볼 수가 없다. 그런데 김 서림 방지 처리를 부분적으로 한 거울은 그 부분만 김이 서리지 않고 평상시와 같이 잘 보인다.

김 서림 방지 코팅 필름을 부착한 거울[26]

거울 한 부분의 뒷면에 온수 파이프를 지나게 하거나 발열 처리를 한 것이다. 거울과 세면실 내부의 온도가 별 차이가 나지 않아 김은 서리지 않는다. 이런 거울은 일본의 호텔에 가면 자주 볼 수 있다. 최근에는 폴리머 기술이 발달해 3겹의 얇은 김 서림 방지용(Anti-fog) 필름이 개발되어 이것을 자동차의 사이드 미러나 욕실의 거울에 붙여 사용하기도 한다.

김 서림 방지 기능의 유리창이 없으면 절대 안 되는 것이 있다. 슈퍼마켓이나 백화점에 있는 냉장식품과 냉동식품을 진열해 넣은 쇼케이스Showcase라고 하는 것이다. 고객들이 보면서 골라 살 수 있도록 유리 창문으로 되어 있으며, 찬 물건들이 잔뜩 들어 있어도 전혀 김 서림이 없이 잘 보인다.

이러한 쇼케이스의 창문은 3겹의 유리창으로 이루어져 있다. 3겹의 유리창을 통해 내부의 찬 온도는 그대로 유지하고 외부로부터의 열은 차단시켜 물건들이 상하지 않도록 한 것이다. 그러나 쇼케이스의 내부와 밖의 온도 차가 커서 3겹의 유리창만으로는 김이 서리는 것까지는 막을 수 없다. 그래서 김 서림을 막기 위해 제일 바깥 쪽 유리의 안쪽 면에 투명하면서도 발열이 되는 코팅을 한다. 전기를 항시 연결해 60°C 정도 유지하여 김이 서려 결로가 되는 것을 막아준다.

쇼케이스의 유리창 내부에 코팅하는 물질은 투명하면서도 전기가 통하는 주석이 함유된 인듐산화물인 ITO(Indium Tin Oxide)가 대표적이다. 산화아연ZnO도 투명하면서 전도성이 있어서 전기를 통하면 저항열이 발생해 발열한다. 이러한 투명 전도성 산화물은 로이 유리창을 제조할 때 사용하는 방법인 Pyrolitic 공정과 Sputtering 공정을 사용해서 얇은 박막으로 코팅할 수 있다.

냉장 식품 보관용 쇼케이스 냉장고와 냉동식품 보관용 냉동고, 모두 김 서림 없이 내부를 볼 수 있게 3겹의 유리창으로 되어 있다.[27]

33. 한쪽에서는 창문, 다른 쪽에서는 거울: 매직미러

유리의 반사와 투과현상을 이용한 생활 속의 과학기술이 생각보다 우리 곁에 많이 있다. 한쪽에서는 거울로 다른 쪽에서는 창문으로 보이는 매직미러(Magic mirror), 그냥 보면 커튼처럼 빛을 차단하는 창문인데 전기를 통하면 투명하게 변하는 유리, 그리고 차량의 운전자 전면 유리창에 비춰 내비게이션Navigation처럼 사용하는 헤드업 디스플레이(HUD, Head Up Display) 등이 좋은 예다.

매직미러

—

영화 속에서 경찰서의 취조실의 장면이 나오면 항상 묘한 거울이 함께 등장한다. 수사관이 용의자를 취조하는 방안에서는 거울처럼 보이지만 바깥에서는 취조실의 상황이 훤히 들여다보이는 창문이다. 경찰서의 취조실뿐만 아니라 정신병원의 심리 치료실이나 어린이 보호시설 같은 데서도 이러한 거울 같은 유리창을 설치해 사용한다. 이러한 창문과 거울의 기능을 모두 갖춘 거울을 단방향 투시 거울(One-way mirror) 또는 반투명 거울(Semi-transparent mirror)이라고 하며, 속칭 '매직미러'라고도 부른다.

우리가 매일 보는 일반적인 거울은 빛의 반사를 이용해 얼굴이나 사물을 비춰보는 용도로 사용된다. 이러한 거울은 유리 표면에 빛을 반사하는 알루미늄 같은 금속을 얇게 코팅하고 그 뒷면에 검정 페인트 같은 불투명한 물질을 입혀 만든다. 만약 얇은 금속 층 뒷면을 불투명한 물질로 코팅하지 않으면 빛의 일부분이 유리를 투과하여 거울의 기능이 약해진다.

그러나 한쪽에서는 거울처럼 보이나 다른 쪽에서는 창문처럼 보이는 취조실의 매직미러는 빛의 반사와 투과를 함께 이용한 특수한 거울이다. 매직미러는 일반 거울보다 알루미늄의 두께를 얇게 하여 반사량도 줄이고 그 뒤에는 투과를 막는 검정 페인트칠도 하지 않는다. 따라서 절반 정도의 빛만 반사되고 절반 정도의 빛은 그대로 투과한다.

빛의 반은 반사하고 나머지 반을 통과시키는 매직미러 일지라도 취조실 안이나 밖의 빛의 밝기가 같으면 매직 효과는 없다. 실제 취조실 내부에서는 거울이 되어 밖의 상황실에서 내부로 들여다보는 것을 눈치 채지 못하게 하려면 반드시 조치해야 하는 것이 있다. 취조실 안은 항상 밝게 하고 취조실 밖 상황실 쪽은 어둡게 해야만 한다. 밝은 내부에서는 거울처럼 모습을 비추지만, 어두운 바깥에서는 창문처럼 밝은 곳을 들여다 볼 수 있는 것이다.

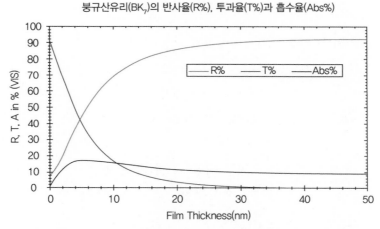

붕규산유리(BK$_7$)의 반사율(R%), 투과율(T%)과 흡수율(Abs%)

알루미늄 박막이 코팅된 붕규산 유리의 박막 두께에 따른 반사율(R%), 투과율(T%)과 흡수율(Abs%). 알루미늄 박막의 두께가 약 5nm일 때 반사율과 투과율이 거의 같으나, 20nm 이상이 되면 대부분 반사된다.[28]

만약 밝은 취조실과 밖의 어두운 상황실의 빛의 밝기가 99대 1이고, 거울의 반사율과 투과율이 모두 같은 1/2이라고 가정을 해보자. 취조실에서는 반사되는 빛은 99/100×1/2이므로 49.5%이며 투과되어 나가는 빛 또한 똑같은 49.5%이다.

반면 어두운 상황실은 모두 1/100×1/2이어서 0.5%의 빛을 반사하고 0.5%의 빛을 투과한다. 따라서 취조실에서는 49.5%가 반사되고 밖에서 투과해 들어오는 빛은 0.5%밖에 되지 않아 거울처럼 보이고, 밖의 상황실에서는 취조실 빛의 49.5%가 투과되어 창문처럼 들여다 볼 수 있는 매직미러가 되는 것이다. 만약 실수로 상황실의 불을 켜지면 취조실 안에서도 거울처럼 내부를 보면서 밖의 상황실의 모습도 함께 볼 수가 있어 비밀스럽게 해야 하는 취조는 실패할 것이다.

매직미러 창을 설치하면 불이 켜진 취조실 내부를 밖의 컴컴한 상황실에서는 창문처럼 들여다 볼 수 있으나, 내부에서는 거울처럼 보이고 밖이 보이지 않는다.[29]

　이러한 단방향 투시거울 같은 매직미러 현상은 집에서도 경험할 수가 있다. 밝은 대낮에는 밖이 실내보다 밝아서 안이 잘 안 보이지만 상대적으로 어두운 실내에서는 밖이 잘 보인다. 그리고 어두운 밤에는 불을 켜놓은 실내를 밖에서는 훤히 들여다 볼 수 있지만 안에서는 누가 보는지 밖을 잘 볼 수가 없다.

　매직미러의 기능을 생활 속에 이용한 것으로 자동차의 옆 유리에 부착하는 선팅 필름이 있다. 햇빛을 가리는 용도로 사용하는데, 선팅 필름은 빛을 차단하므로 차 안은 어두워진다. 반면 차 바깥은 밝아서 어두운 차 안에서는 밖이 잘 보이지만 밖에서는 차 안은 잘 볼 수 없다.

　어두운 선팅을 하는 것은 햇빛 차단 외에도 차 밖에서 안을 볼 수 없도록 하기 위한 목적도 있다. 그런데 문제는 밖이 그리 밝지 않은 흐린 날이나 깜깜한 밤에는 차 안에서도 밖이 잘 보이지 않는다. 이런 경우 선팅 처리는 운전자에게 오히려 위험하다.

　혹 불순한 목적으로 이런 매직미러를 설치한 곳이 있다고 하자. 어떻게 일반거울과 구별해낼 수 있을까? 매직미러의 원리를 알면 간단하다. 매직미러도 빛을 반사할 뿐 아니라 투과도 하므로 일반 거울보다는 비치는 상이 어두운 편이다. 이것을 확인하면 된다. 또 다른 방법으로는 거울을 보는 방의 불을 끄고 거울 가까이에서 스마트폰 등으로 불을 비춰 보는 것이다. 만약 건너편이 보이면 이 거울은 매직미러이다.

매직유리

—

　이러한 매직미러와는 달리 '매직유리'라는 특수한 유리창이 있다. 전기를 꺼놓으면 불투명한 유리창인데 전기를 통하면 투명하게 되어 볼 수 있게 만든 유리이다. 창문틀에 장착하여 사무실에 놓고 필요시 커튼Curtain처럼 차단하거나 볼 수 있게 만든 가변형 창문이라고 할 수 있다.

　이러한 매직유리는 두 장의 유리판 사이에 액정(Liquid crystal)을 넣어 만든 것인데, 유리 한 장의 내부 표면에는 전기를 통하게 하는 무색투명한 산화물 반도체인 ITO (Indium Tin Oxide)라고 하는 물질이 얇게 코팅되어 있다. 전기를 통하지 않을 때에는 가운데 들어 있는 액정의 분자 방향이 무질서하여 빛을 차단하지만, 전기를 통하면 액정이 한 방향으로 배열되어 빛이 투과한다. 이런 원리로 유리창을 투명하게 했다가 불투명하게 바꿀 수 있어 유용하게 사용할 수 있는 것이다.

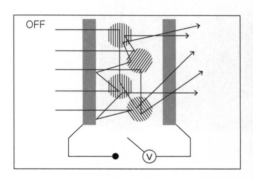

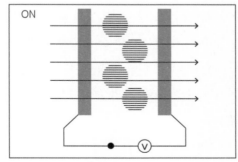

두 장의 유리판 사이에 액정이 들어 있어 보통 때는 불투명하다가 전기를 통하면 액정의 방향이 한 방향으로 배열되어 투명해지는 매직 유리창[90]

헤드업 디스플레이

—

유리의 반사를 이용한 장치로서 자동차의 전면 유리창에 비쳐 내비게이션 대신 사용하는 헤드업 디스플레이(HUD, Head UP Display)라는 것이 있다. 전방주시를 하면서 운전을 해야 하는 운전자에게 위험요소가 될 수 있는 내비게이션을 눈앞의 유리창으로 옮겨와 편의성과 안전함을 제공한다. HUD 시스템은 운전자의 집중력이 높아지도록 눈앞에 차량 상태와 위험신호 등 운행과 관련한 모든 정보가 제공되는 시스템이다.

운전 및 차량 정보가 자동차 전면의 창에 비친 차량용 HUD 시스템[31]

원래 HUD 시스템은 항공기 조종사를 위해 개발되었으나 지금은 자동차에까지 확대되어 사용하게 된 것이다. 항공기의 경우 조종사가 계기판과 조준사격 등을 위한 시각 정보 등을 조종석 전면에서 바로 볼 수 있어, 조종 반응 속도를 빠르게 하고 시야각의 변화를 최소화해 피곤함을 덜어준다. 현재는 항공기의 정보뿐만 아니라 주위의 지형지물과 관제 상황 등까지 실시간으로 보여준다.

자동차용 HUD 시스템은 고급 사양의 자동차에 옵션으로 설치되어 있지만 조만간 모든 차량으로 확대될 것으로 전망된다. 초고속 인터넷망과 와이파이WiFi 기술의 확대로 자동차에서도 실시간으로 내비게이션뿐 아니라 운전과 운행에 관한 정보를 실시간으로 전면에서 볼 수 있다.

HUD 시스템은 구현되는 원리에 따라 반사 방식과 회절 방식으로 나뉜다. 반사 방식은 소형 디스플레이에 비치는 화면이 렌즈를 통해 전면의 유리창에 비추거나 별도의 반사판에 반사되어 보이게 하는 방식의 두 가지가 있다. 전자는 전면의 유리창에 비치지만 더 멀리 있는 것처럼 허상을 보는 것이고, 후자는 전면의 유리창이나 반사판에 직접 반사된 실상을 보는 것이다. 반면 회절 방식은 레이저를 이용한 홀로그램Hologram 방식으로 빛의 회절을 조절하여 유리창에 화면이 보이도록 한 것인데, 선명도가 반사 방식보다 높다.

최근에는 이 HUD 시스템 기술에 눈동자의 시야각이나 운전자의 손동작 등을 실시간으로 감지하여 이에 맞는 적절한 운전 정보를 제공하는 인공지능(AI, Artificial Intelligence) 기능 기반의 기술로 발전하고 있다. 실시간 쌍방향 통신 기술을 적용하는 것인데, 카메라 기반의 눈동자 움직임 추적 기술과 인지 기술을 이용하여 그 결과를 운전자에게 알려줌으로써 더욱 안전한 운전을 할 수 있게 하는 것이다. 운전자 없이 운행할 수 있는 자율자동차와 함께 쌍방향 HUD 시스템은 자동차 산업과 운전 문화에 큰 변혁을 가지고 올 것이 틀림이 없다.

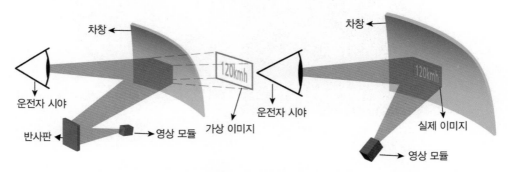

HUD 시스템에 의한 영상이 보이는 두 가지 방식. 전면 유리창에 비치지만 멀리 보이는 허상(왼쪽)과 직접 반사된 실상(오른쪽)[32]

34. 유리 다발을 몸속으로: 내시경

빛의 전반사 특성을 이용하면 직선뿐 아니라 곡선을 따라서도 빛을 가두어 보낼 수가 있다. 따라서 접근이 불가능한 곳에 빛을 보낼 수 있는 광섬유를 이용하면 원격으로 검사하는 데 사용할 수 있다. 우리가 병원에서 많이 경험하고 있는 내시경 (Endoscope)이 그 좋은 응용 예다.

이비인후과에서 심한 감기로 목을 검사할 때 의사는 좁은 콧구멍으로 검은색의 작은 관을 넣어 기도를 관찰하는데, 이 작은 관이 가는 광섬유 다발(Image guide)로 이루어진 후두 내시경이다. 내과에 가면 입을 통해 제법 굵은 관을 위에 넣어 직접 보면서 검사하는데 이것도 광섬유 다발로 이루어진 위 내시경이다. 대장을 검사할 때 사용하는 것 또한 이와 같은 대장 내시경이다.

측정 부위의 크기에 따라 내시경 관의 크기도 달라지나, 내시경 크기가 클수록 광섬유 다발에 들어가는 광섬유 개수가 많아져 좀 더 명확한 영상을 볼 수 있다. 대장 내시경은 삽입관의 직경이 13mm 이상으로 가장 굵고 일반적인 위 내시경의 직경은 9~10mm 정도이다. 최근 기술이 발전하여 삽입관이 점점 가늘어지고 있다.

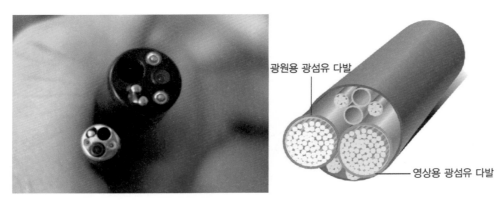

두 가지 다른 종류의 내시경 삽입관의 앞부분. 삽입관의 끝에서 빛이 비춤과 동시에 영상신호는 광섬유 다발을 통해 거꾸로 되돌아가 CCD 소자로 입사된다.[33]

암흑 같은 신체 내부를 보려면 먼저 그 좁은 곳에 빛을 비춰야 하고, 또 좁은 곳을 볼 수 있는 눈 역할을 하는 센서도 함께 넣어야 한다. 빛을 보내기도 하고 눈처럼 볼 수 있는 기능을 하는 것이 광섬유이다.

이러한 광섬유를 이용한 내시경은 1957년 미국의 헐쇼위츠Hirschowitz가 처음으로 개발하여 1960년부터 Fiberscope란 이름으로 상품화되어 시판되기 시작하였다. 1983년에는 영상을 전기신호로 바꿔주는 전하결합소자인 CCDCharge-Coupled Device가 미국에서 개발되었고, 광섬유로 받은 영상을 CCD를 이용해 전기신호로 바꾼 뒤 모니터 화면에서 보는 데 성공하여 현재의 '전자 내시경'으로 발전을 해왔다.

내시경은 광섬유 다발을 통해 빛을 보내고 영상을 전달받기 위한 삽입관과 삽입관의 방향과 위치를 조작하고 물과 공기 등을 넣어주는 조작부 그리고 영상을 확인하는 모니터 등으로 이루어져 있다. 내시경의 삽입관은 빛을 보내는 Light guide인 광섬유 다발과 우리 눈처럼 볼 수 있는 Image guide인 광섬유 다발이 함께 실장(Packaging)되어 있다. 각각의 광섬유 다발 앞에는 빛을 넓게 확산해 보내고 또렷한 영상을 얻기 위해 렌즈로 이루어진 광학계가 설치되어 있다.

외부에서 Light guide 광섬유 다발을 통해 빛을 넣어주면 구불구불한 광섬유를 따라 빛이 전파되어 그 끝에서 빛이 나온다. 내부를 영상을 보기 위한 Image guide 광섬유는 촘촘하게 정렬이 되어 있는 다발의 형태를 가지고 있다. 눈 같은 렌즈 역할을 하는 이 광섬유 다발은 환하게 비쳐진 몸속의 영상을 담아 밖으로 보낸다. 특히 영상을 담는 Image guide 광섬유 다발은 광섬유 하나하나가 화소(Pixel)가 되기 때문에 정교하게 배열하고 쌓아서 만들며, 광섬유의 개수가 많을수록 영상의 해상도가 높다.

삽입관의 구조 형태로는 Light guide와 Image guide가 각각 별도로 나란하게 위치하도록 한 것이 대부분이나, Image guide의 광섬유 다발의 바깥 면을 Light guide 광섬유로 둘러싼 일체형으로 된 것도 있다.

Image guide 광섬유 다발의 다른 쪽 끝으로 도달한 영상은 다발의 크기만큼 너무 작아 확대를 해서 봐야 한다. 확대하는 방법으로 광섬유 다발의 끝에 CCD(디지털카메라는 CCD로 영상을 찍는다) 소자를 붙여 영상인 빛 신호를 먼저 전기신호로 바꾼다. 다음 CCD 소자와 연결된 모니터를 통해 전기신호를 영상으로 바꿔보는 것이다. 광섬유 다발의 광섬유 개수가 많을수록 영상이 뚜렷할 것은 자명하다. 3만 다발의 광섬유 Image guide는 3만 화소를 가진 것이라 말할 수 있다.

최근에는 광섬유를 Light guide로만 사용하고 Image guide 광섬유 다발은 없애고 대신 광섬유 삽입관의 말단에 CCD 소자를 연결해 넣은 전자 내시경도 많이 쓰이고 있다. 반도체 기술이 발전하여 CCD 소자의 해상도가 높아지고 그 크기도 작아져서 가능하게 되었다. 최근 급속하게 발전한 스마트폰에 장착된 사진기의 화소 수 경쟁에 따른 CCD 소자의 발전에 힘입은 바가 크다. 해상도가 그리 높지 않은 비교적 가격이 낮은 전자 내시경은 일회용 용도로도 사용되고 있다. 여러 환자가 사용해서 생길 감염과 병원 내 감염을 최소화하기 위한 목적이다.

한편 광섬유 내시경은 병원 외의 곳에서도 많이 사용된다. 사람의 접근이 불가능한 사고 현장이나 가는 배관 내부의 결함을 검사할 때에도 요긴하게 사용된다. 가는 광섬유 다발로 이루어진 내시경을 현장까지 보내어 빛을 조사하여 조명으로도 사용할 수 있다. 빛으로 밝혀진 부분을 내시경 끝에 장착한 소형 CCD 카메라를 이용해 볼 수 있는 것이다.

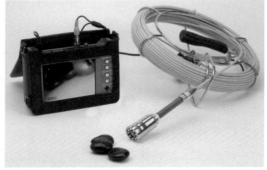

초소형 전자 내시경. 방수도 되어 스마트폰과 연결해볼 수 있다.[34]

산업용 내시경[35]

최근에는 광섬유를 사용하지 않는 내시경으로 먹는 약처럼 생긴 작은 형태의 캡슐형 내시경도 개발되어 사용되고 있다. 광원으로는 LED가 사용되고 초소형 CCD 카메라와 배터리가 내장 되어 있어, 몸속의 기관들을 지나면서 촬영을 하고 실시간으로 영상을 보내준다.

캡슐형 내시경 '미로'
장기 내부를 비추는 LED
(발광 다이오드)
광학돔
초소형 카메라
초소형 렌즈
배터리
23mm
11mm
소화기관에서 8~11시간 작동.
10만 화소 영상 초당 최대 2.8장 촬영

캡슐형 내시경[36]

35. 잘게 부서져 보호해준다: 열 강화유리

　대형건물의 두꺼운 유리창이 깨진 곳이나 자동차 사고가 난 근방에는 잘게 부서진 유리 조각들이 널려 있음을 우리는 곧잘 목격한다. 사고의 충격으로 깨어진 유리 파편이 그 조각들이다.

　유리가 깨어질 때도 아주 잘게 와르르 무너져 내리는 듯 하며, 그 깨진 모습도 생각보다 뾰족하거나 날카롭지 않고 정방형에 가깝다. 사람들이 다치지 않도록 유리에 어떠한 처리가 되어 있다는 것을 짐작할 수 있다. 이와 대조적으로 유리병이나 일반 창문의 유리는 깨어지면 그 면이 날카롭고 크기도 불규칙하다.

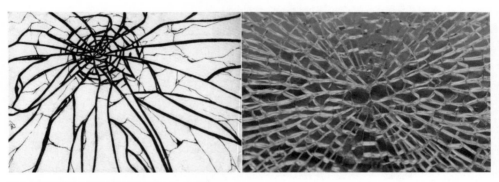

일반 유리(왼쪽)와 강화유리(오른쪽)가 깨지는 모습[37]

　어떻게 하여 자동차의 옆면과 뒷면의 유리는 깨어질 때 산산조각으로 부서져 무너져 내리듯 할까? 유리가 잘게 부서지도록 어떤 특별한 화학적인 처리나 표면에 미세 눈금을 새겨 넣는 것은 아닌데 말이다. 해답은 놀랍게도 유리의 강도를 높이고자 고온에서 열을 가한 다음 빨리 식히는 열처리를 했을 뿐이다.

　유리는 외부에서 힘이나 충격이 가해지면 탄성적(Elastic)으로 아주 적은 양의 변형을 일으킨다. 유리도 아주 작은 크기지만 힘을 가하면 늘어나거나 휘어지기도 하는데, 그 힘을 제거하면 원래대로 다시 돌아온다. 그러나 그 탄성 영역 이상으로 큰 힘이 가해지면 깨지고 만다.

　유리가 깨어질 때 가해준 힘을 유리의 단면적으로 나누면 유리의 기계적인 강도(Strength)를 얻을 수 있다. 강도는 그 단위가 파스칼(Pa)=뉴턴/제곱미터(N/m^2)인 응력

(Stress)으로 나타낸다. 반면에 금속은 유리와는 달리 탄성영역을 지난 큰 힘을 가해도 쉽게 부러지거나 끊어지지 않는다. 그 이유는 유리에는 없는 찌그러지거나 늘어나는 소성변형(Plastic deformation)이라는 현상이 먼저 일어나기 때문이다.

한편, 유리의 표면은 우리 눈에는 맑고 깨끗해 보이나 실제로는 흠집(Scratch)이나 미세한 균열(Crack)이 많이 존재하고 있다. 유리가 외부의 힘을 받게 되면 이 균열들이 자라나서 길어지고 결국 유리는 깨어지게 된다. 그렇다면 이미 만들어진 유리를 더 강하게는 할 수는 없는지, 또 어떻게 하면 날카롭지 않은 작은 조각으로 깨지게 할 수는 있는지 궁금하다.

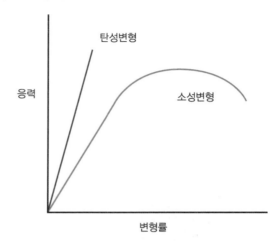

유리에 응력(단위면적당의 힘)을 가하면 금속처럼 늘어나는 소성변형이 없이 탄성변형을 한다.

강화유리는 소위 템퍼링Tempering이라고 부르는 열처리를 하여 강화시킨다. 제법 두꺼운 유리판을 고온으로 가열하여 유리 전체가 같은 온도가 되도록 유지한 후, 유리면의 양쪽에서 찬바람을 대칭으로 불어 식혀주는 방법이다.

대부분의 물질처럼 유리도 온도가 올라가면 전체가 아주 적은 양이지만 팽창한다. 뜨거운 유리판의 양쪽에서 찬바람이 불어오면 식게 된다. 특히 양쪽의 바깥 표면이 먼저 식고 따라서 동시에 수축하기 시작한다. 시간이 지남에 따라 유리의 내부도 식는다. 내부 유리도 온도가 내려가 수축하려하나 이미 굳어진 바깥 유리면 때문에 수축을 하지 못한다.

그 결과 유리 내부는 바깥쪽으로 당겨지는 인장응력(Tensile stress)을 받고, 바깥 면은 내부에서 당기는 힘을 상쇄하려고 눌러주는 압축응력(Compressive stress)이 걸린다. 이때 형성된 인장응력과 압축응력의 합은 영이 되어 평형을 이룬다. 한번 형성된 응력들은 다시 열을 가해 없애지 않으면 잔류응력(Residual stress)이란 형태로 유리에 영구히 남게 된다.

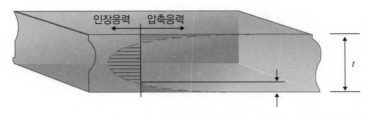

인장응력　압축응력

열 강화 처리로 두께가 t인 유리판에 형성된 잔류응력의 분포. 양쪽면의 일정한 깊이만큼 대칭적으로 압축이 걸리고 내부에는 인장이 걸린다. 인장력의 합과 압축응력의 합은 0이다.[38]

그럼 유리 표면과 내부에 각각 생긴 압축응력과 인장응력이 어떤 역할을 하는지 알아보자. 유리판을 깨려고 외부에서 힘을 가한다는 것은 유리를 휘게 하거나 당기는 등의 인장응력을 가한다는 의미이다.

강화유리는 열처리를 통해서 생긴 양쪽 표면에 걸린 압축응력만큼 강화된 것이라 할 수 있다. 일반적인 유리는 그 유리의 강도가 외부에서 가해진 인장응력보다 작으면 깨어진다. 예를 들어, 유리의 강도가 100MPa(백만 파스칼)이면 이 강도 값보다 큰 응력이 가해지면 깨진다. 그러나 유리 표면에 압축응력이 -400MPa 걸려 있다면, 500MPa 이상의 응력이 가해지지 않으면 유리는 깨지지 않고 버틴다. 즉, 유리가 100MPa에서 500MPa의 크기, 즉 5배가 강화되었다고 말할 수 있다.

한편 유리의 내부는 압축응력이 걸려 있는 유리 표면과는 달리 오히려 인장응력이 걸려 있고 보통 그 값이 유리의 강도를 훨씬 넘는다. 강화 처리된 유리는 유리의 양쪽 표면이 압축응력으로 잡아주어서 그렇지 이것이 없었다면 가만 놔두어도 깨지고 말았을 것이다. 유리 표면과 내부에 걸린 응력은 서로 방향이 반대이며, 그 크기의 합은 0이 되어 유리의 두께 방향으로 평형을 이루고 있다.

강화 열처리가 된 자동차 유리나 건물의 현관 유리는 모두 제법 두꺼운데, 만약 유리의 두께가 얇으면 이런 열처리를 해서는 강화가 잘 되지 않는다. 뜨거운 유리판의 양면에서 찬바람을 불어줄 때, 두께가 얇으면 한꺼번에 빨리 식어 유리의 표면부분과 내부의 온도 차가 거의 없게 된다. 따라서 표면과 내부의 수축의 변화도 적어 발생되는 압축응력이나 인장응력도 거의 없다. 즉, 유리의 두께가 얇으면 열 강화 처리가 되지 않고, 적어도 1cm 정도는 되어야 효과를 볼 수 있다.

반면 열처리로 강화시킬 수 없는 복사기의 유리판이나 스마트폰의 커버 유리같이 얇은 유리도 물론 강화 처리를 할 수 있다. 위에서 설명한 열처리를 통해서가 아니라 다른 공정을 사용한다. 유리 표면의 화학조성을 이온교환법이라고 하는 공정을 통해 표면에 압축응력을 발생시켜 강화시킨다.

열 강화 처리된 유리의 깨지는 모양
—

유리창의 강화 효과는 열처리로 얻었다는 것을 알았는데, 그럼 유리가 깨어지는 양상은 어떻게 해서 달라진 걸까? 유리 표면에는 육안으로는 보이지 않는 미세한 균열이 많이 있는데 유리에 힘을 가하면 이 미세한 균열이 자라서 유리가 깨진다. 그런데 강화 처리가 된 유리는 미세한 균열 자체가 압축응력으로 꼭 눌려져 있어 그 압축응력과 유리의 강도를 합한 값보다 큰 인장응력이 외부에서 걸리지 않으면 균열이 자라지 않고 깨지지도 않는다.

그런데 만약 외부에서 큰 충격이 오거나 돌 같은 것이 유리창에 부딪치면 강화 처리된 유리는 폭발적으로 깨어져 순간적으로 무너져 내린다. 딱딱한 물체가 부딪히면 충격으로 미세균열이 생기고, 이 균열이 유리의 내부에까지 들어오면 갇혀 있던 인장응력이 순간적으로 해소되면서 유리가 폭발적으로 깨지는 것이다. 사람에 비유하면 참고 참아 스트레스가 꼭 눌려져 있다가 어떤 계기로 화가 폭발된 것과 같다 할 수 있다.

유리가 갑작스럽게 깨질 때 유리가 열을 발생하여 그 내부의 인장응력을 해소할 수도 있으나, 열전도도가 작은 유리의 성질로 인해 그 크기는 미미하다. 그 대신 유리 스스로 다른 에너지를 발생시켜 내부에 있는 인장응력을 상쇄시켜야만 된다. 이때 유리는 잘게 깨짐으로 소임을 다하는데, 깨진 면이 생긴 만큼 표면 에너지를 만들어 외부에서 가해진 힘과 내부의 인장응력으로 인한 탄성에너지를 상쇄한다. (표면 에너지에 대해 간단히 다시 말하자면, 예를 들어 분필을 힘을 가해 부러뜨리면 두 개의 새로운 쪼개진 단면이 생기는데 가한 에너지의 반이 분필의 표면 에너지가 된다.)

내부에 존재하는 인장응력이 클수록 유리는 더 잘게 부서져 그 표면을 많이 만들어 표면 에너지의 증가를 꾀한다. 탄성에너지가 표면 에너지로 바뀌게 되는 이 현상도 에너지 보존 법칙의 한 모습이다. 또한 유리가 깨어질 때도 불규칙하게 깨어지는 것이 아니라 각진 모습으로 깨어진다. 왜냐하면 균열은 가해진 스트레스, 즉 인장응력의 수직 방향으로 계속 깨져서 조각처럼 갈라져 나가기 때문이다. 강화 열처리를 하면 유리에 걸리는 응력은 가로 세로 방향으로 균일하며, 각각의 응력 방향에 수직 방향으로 균열이 자라서 유리는 정방형 모양으로 잘게 쪼개진다.

강화 열처리된 자동차 옆문 창이 충격에 의해 깨진 모습. 날카롭게 깨지지 않아 그리 위험하지 않다.[39]

실제 깨어진 유리 조각의 모습이 다르고 약간 불규칙한 것은 템퍼링 강화 처리를 하고 난 후 유리의 잔류응력 분포가 이론적인 것처럼 균일하지 않기 때문이다. 또한 템퍼링 처리를 한 유리가 평면이 아니고 곡면이라면 더욱 더 그러하다.

대형 건물의 현관 창문이나 쇼 윈도우 유리창, 자동차의 창문 등에서 강화 처리의 유무를 알 수 있는 방법이 있다. 편광 선글라스를 쓰고 유리창을 볼 때 네모의 그물망 자국 같은 것이 보이면 강화 처리가 되어 있다고 할 수 있다.

실제 강화 열처리는 유리판을 금속으로 된 그물망에 수평으로 얹어놓고 고온으로 가열한 후에 위아래에서 노즐을 통해 찬 공기를 불어 넣는다. 이때 금속 그물망에 닿은 유리 부분은 열처리가 제대로 안되어 부분적으로 응력 분포가 달라지고 굴절률 또한 달라져 광학적으로 자국이 남는 것처럼 보인다.

이와 같이 유리판을 열처리 방법을 사용하여 강화시키면 그 강도도 높아질 뿐 아니라 사고로 깨어질 때 날카롭지 않은 모양으로 깨어져 사람에게 안전하다. 유리는 무조건 다칠 위험이 많은 날카롭고 두려운 재료가 아니다. 차창 밖의 경치를 환히 볼 수 있도록 투명하며 잘 안 깨지고, 사고가 나더라도 우리를 다치지 않게 스스로 무너져 내리는 고마운 재료가 유리인 것이다.

올챙이 유리: Prince Rupert's drop
—

유리를 가열했다가 갑자기 냉각을 시키면 유리 표면에 아주 큰 압축응력이 생기는데, 이를 이용해 강화유리를 만든다. 유리를 파괴시키려면 인장응력을 가해야 하는데 유리 표면 쪽에 그와 반대인 압축응력이 걸렸으니 그 압축응력만큼이나 강도가 증가한다고 할 수 있다.

유리의 급속 냉각이 이런 압축응력을 가져온다는 사실을 알게 된 것은 역사적으로 1660년으로 거슬러 올라간다. 독일 라인Rhine의 왕자였던 Rupert가 1660년 영국에서 올챙이 모양을 한 유리구슬을 가져왔다. 머리는 동그란 데 꼬리가 달려 있는 사람의 정자(Sperm)같이 생긴 요상한 유리였다.

지금은 'Prince Rupert's drop'이라고 불리는 이 유리는 머리 쪽을 망치로 세게 아무리 쳐도 깨지지 않는 무지하게 강한 물건이었다. 심지어는 총알도 유리를 뚫어 깨지를 못한다. 그러나 놀랍게도 꼬리 부분을 구부려 꺾으면 아주 쉽게 머리 부분이 깨지는데 꼭 폭탄이 터지 듯 가루처럼 산산조각이 나 깨진다. 동그란 머리 부분은 15KN의 힘에도 견딜 수 있을 정도로 강하고, 깨질 때는 유리 조각이 날아가는 속도는 무려 초속 1,450~1,900m에 이른다.

왕자 Rupert는 이 올챙이 형태의 유리를 영국의 왕이었던 찰스 2세에게 전해주었고 찰스 2세는 왕은 이것을 왕립학회에다 전해주었다. 영국 왕립학회에서 이 유리에 대한 연구와 실험을 했던 것으로 알려져 있다. 후크Hooke의 법칙으로 유명한 Hooke가 1665년도에 발표한 논문에 이런 사실이 언급되었으나, 이 유리의 특성에 대해서는 그 당시에는 정확한 이해가 없던 것으로 알려져 있다.

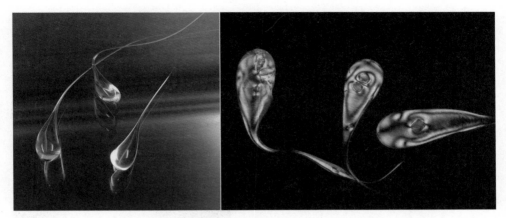

Prince Rupert's drop과 이를 편광현미경으로 촬영한 모습. 유리를 녹여 물이나 기름에 넣어 급속냉각을 하면 표면에는 압축응력이 내부에는 인장응력이 생긴다.[40]

놀랍게도 그 후 250년이 넘게 지난 1920년에 이르러서야 영국의 엔지니어였던 그리피스Griffith에 의해 올챙이 유리의 비밀이 밝혀졌다. 그렇게 강한 유리가 꼬리 쪽을 꺾었을 때 아주 쉽게 폭탄처럼 깨지는 것은 유리에 가해진 잔류응력이 크랙Crack의 전파와 밀접한 관계가 있다는 것을 밝혀낸 것이었다.

이 Prince Rupert's drop은 실제 만들기가 아주 쉽다. 유리를 녹여 찬물에 떨어 뜨려 식히면 된다. 유리의 점성 때문에 한 덩어리를 흘려 넣어도 꿀이 흐르듯 꼬리 부분이 생긴다. 용융된 유리가 고온에서 찬물로 떨어져 유리의 겉 부분은 먼저 식고 내부는 나중에 식는다. 결과적으로 외부는 압축응력이 내부는 인장응력이 걸리게 되는데 내부의 인장응력 부분이 꼬리 쪽까지 뻗쳐 있다.

압축응력이 걸린 부분인 머리는 강도가 높아져 망치로 쳐도 깨지질 않는다. 압축응력의 크기만큼이나 걸려 있는 인장응력은 꼬리 부분을 꺾어 크랙을 발생시키면 인장응력이 해소되면서 무서운 속도로 폭발하듯이 갈라지면서 가루처럼 산산조각이 난다.

대학교에서 유리의 응력에 관한 실험으로 'Prince Rupert's drop'을 직접 만들어보았던 경험이 있다. 가장 큰 압축응력을 가진 유리를 만든 학생에게 소정의 상품을 주는 이벤트를 겸해서였다. 압축응력의 크기는 온도 차에 비례하기 때문에 냉각 온도를 낮추기 위해 얼음물을 사용하기도 하고, 유리가 식을 때의 냉각 속도를 빨리하려고 물과는 열전달이 다른 기름을 사용하기도 했다. 올챙이 모양의 강화유리를 만든 다음 형성된 압축응력을 장비를 이용해 측정했다면, 실험 후 즐기는 이벤트는 될 수가 없었을 것이다.

이벤트의 정점은 각자 만든 올챙이 유리의 꼬리 부분을 꺾어 폭발시키는 것이었다. 1m 정도 길이의 파이프의 주둥이에 유리를 넣고 꼬리 부분을 꺾는다. 그럼 순간적으로 유리가 폭발해 유리 파편이 관을 통해 날아가 밖으로 떨어지는데, 가장 멀리 날아간 유리조각의 주인공이 우승자가 되는 것이다. 실제 유리가 폭발하듯 깨질 때 각진 유리가 아니기 되기 때문에 상처 같은 것은 걱정하지 않아도 된

Prince Rupert's drop의 꼬리 부분을 꺾으면 유리 내부에 있는 인장응력이 해소되면서 유리는 폭발하듯이 가루처럼 조각이 난다.[41]

다. 그 당시 우린 이 올챙이 유리를 유리 폭탄이라고 불렀다.

36. 잘 안 깨지는 스마트폰: 화학 강화유리

자동차 유리나 건물의 창유리는 고온의 열처리를 통해 강화시킨다. 이러한 열 강화 처리를 한 유리는 그 표면에 압축응력이 형성되어 작은 흠집이나 스크래치가 발생하여도 전파되는 것을 막음으로써 유리 파손이 일어나지 않게 한다. 그런데 두꺼운 유리와는 달리 얇은 유리는 이런 열처리로는 강화를 할 수 없다. 왜냐하면 얇은 두께 때문에 고온에서 냉각처리를 할 때 유리 표면과 내부의 식는 정도가 다르지 않아서 유리 표면에 압축응력이 생기기 않기 때문이다.

그렇다면 스마트폰이나 태블릿 PC 등의 휴대형 전자기기를 보호하기 위해 사용하는 앞면의 얇은 커버 유리는 어떻게 강화시킬까? 물론 온도의 변화를 주어 강화시키는 열처리 공정으로는 불가능하다.

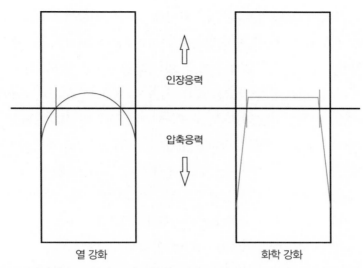

열 강화   화학 강화

강화 처리에 의해 형성된 응력의 분포. 열 강화된 유리의 경우 압축응력이 미치는 표면에서의 깊이는 크나 응력이 작은 반면, 화학 강화된 유리의 경우 압축응력의 깊이는 작으나 응력은 크다.

얇은 유리의 경우에는 유리 표면에 다른 물질을 인위적으로 화학적인 방법으로 침투시키고 그 결과 압축응력이 걸리게 하여 강화시킨다. 유리의 성분인 나트륨Na 이온을 빼내고 외부의 용액에 녹아 있는 칼륨K 이온을 대신 들어가게 하는 이온교환 (Ion exchange)이라고 부르는 화학 공정을 통해서 유리 표면에 압축응력을 형성시킨다.

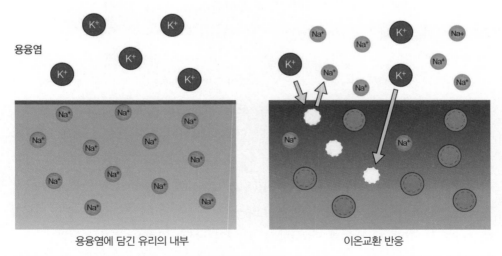

용융염에 담긴 유리의 내부   이온교환 반응

이온교환 전후의 유리 내의 Na⁺ 이온과 K⁺ 이온의 분포. 유리 표면에 있는 작은 Na⁺ 이온이 빠져나온 자리에 KNO₃ 용융염 속에 있는 큰 K⁺ 이온이 서로 맞교환하여 들어가 유리 표면에는 압축응력이 걸리고 따라서 유리의 기계적 강도는 증가한다.[42]

이온교환은 유리 내부에 있는 이온의 확산에 의해 이루어지므로 열 강화 처리보다 시간이 많이 걸리고 압축응력의 깊이도 낮다. 대신 서로 크기가 다른 이온이 교환되어 형성되는 압축응력의 크기가 커서, 열처리 공정으로 강화시킬 수 없는 커버 유리와 같은 두께 2mm 이하의 얇은 유리의 강화 처리에 더욱 효과적이다.

이온의 교환을 이용한 화학 강화법은 350~400℃ 정도의 온도에서 용융 상태가 된 질산칼륨^{KNO_3}염에 유리판을 일정시간 담갔다 꺼내는 비교적 간단한 공정으로 이루어진다. 이온교환은 다름 아닌 유리 표면에 존재하는 Na^+ 이온(직경은 1.9Å)을 용융염(Molten salt) 속에 녹아 있는 상대적으로 크기가 큰 K^+ 이온(직경은 2.66Å)으로 치환하는 것이다. Na^+ 이온이 빠져나간 자리를 K^+ 이온으로 채운 결과 유리 표면의 체적이 팽창하게 되고, 이로 인하여 표면에 압축응력이 생긴다.

기본적으로 이온교환을 효과적으로 하기 위해서는 유리의 성분에 알칼리 이온인 Na^+의 함량이 많아야 하고, 이온교환하는 공정의 온도가 낮아야 한다. 큰 압축응력이 걸리기 위해서는 교환되는 이온인 Na^+의 농도가 높아야 하며, 형성된 압축응력 또한 공정 온도가 높아서 풀리는 일이 없어야 하기 때문이다.

이산화규소^{SiO_2}가 주성분이며 여기에 나트륨^{Na_2O}과 칼슘^{CaO}이 첨가되어 있는 일반적인 창유리로 쓰이는 소다석회 규산염 유리$^{Soda-lime silicate glass}$는 이온교환법을 이용해 쉽게 화학 강화 처리를 할 수 있다. 최근에는 이온교환 속도를 향상시키고 압축응력 층의 깊이를 증가시키기 위해 소다 규산염 유리의 CaO 대신 Al_2O_3을 첨가한 소다 알루미노 규산염 유리$^{Soda alumnosilicate glass}$를 미국의 코닝^{Corning}사와 독일의 쇼트^{Schott}사에서 개발하여 사용하고 있다.

일반적인 소다석회 규산염 유리의 압축응력 깊이가 ~10μm 정도인 것에 비해 화학 강화용으로 현재 가장 많이 사용하는 코닝의 '고릴라'(Gorilla)나 쇼트의 '센세이션'(Xensation)이라고 부르는 유리는 압축응력층의 깊이가 그 것보다 4~5배 정도 이상 깊다.

최근 Schott에서는 소다(Na_2O)를 리튬(Li_2O)으로 대체하여 비교적 낮은 온도에서 공정이 가능한 리튬 알루미노 규산염 유리$^{Litium aluminosilicate glass}$를 개발하여 이온교환에 사용하고 있다. Corning과 Schott에서 생산하는 이온 강화용 유리는 기물의 접촉 없이 생산하는 특수 공법으로 제조되어 유리의 표면을 연마할 필요가 없는 장점이

있다. 이러한 유리가 생산되기 전에는 박판유리는 반드시 정밀 연마를 거친 후 이온
교환 공정에 투입되었다.

열 강화 처리는 2mm 두께 이하의 얇은 유리에서는 불가능하나 이온교환 강화 처
리는 0.5mm 두께의 유리까지도 가능하다. 이온교환 공정을 이용하면 곡면을 가진
유리판도 별 다른 장치 없이도 강화 처리가 가능하며, 강화 처리 후에도 레이저를
이용해 자르거나 구멍을 뚫는 후가공도 가능하다. 이것은 열 강화 처리 유리로는 할
수 없는 확연히 다른 장점이다. 이온교환을 이용하여 화학 강화된 유리는 표면 강도
가 높아 심한 굽힘에도 잘 견딘다.

이온교환을 이용한 화학 강화 처리된 스마트폰용 커버 유리의 굽힘 테스트, 상당한 굽힘에도 깨지지 않는다.[43]

스마트폰이나 태블릿 PC처럼 손가락으로 만져서 입력하는 터치 패널 디스플레이
의 유리판은 전부 화학 강화 처리된 것이다. 복사기의 두꺼운 유리판과 전자레인지
의 앞면 보호유리도 화학 강화 처리한 제품이다. 최근에는 태양광 발전 패널의 전면
유리도 점점 얇아짐에 따라 기존의 열 강화 처리 공정에서 화학 강화 처리 공정으로
이동하는 추세이다.

한편 이런 화학 강화 처리를 한 유리를 방탄유리(Bulletproof glass)에의 적용을 위한
연구도 이루어지고 있다. 방탄유리는 외부의 총탄이 뚫지 못하도록 처리된 강화유
리의 일종으로 인명과 장비 등을 보호하기 위해서 제작하고 있다. 이러한 방탄유리

는 유리와 여러 겹의 폴리머를 적층하여 제작한다. 미국 국방성의 군사 규격에 따른 방탄성능은 405×760mm^{2}의 면적에 50m 거리에서 851m/s의 총탄 속도에서도 완전 방호를 해야 하고 광투과율도 만족해야 한다. 현재 미국의 트럼프 대통령의 방탄 리무진인 '뉴 비스트 2.0'은 다섯 겹으로 이루어진 12cm 두께의 방탄유리가 탑재되어 있다.

방탄유리의 안팎 층으로 사용하는 유리는 일반 창유리와 같은 소다석회 유리인데, 이온교환을 이용하여 강화 처리된 유리를 사용한다면 방탄 효과가 증대될 것이다. 강화 효과가 배가되면 유리 두께를 줄이고 따라서 방탄유리의 무게 또한 줄일 수 있을 것이다. 이런 투명한 방탄 소재는 군수용 차량이나 대전차 등의 유리창이나 고글 등의 분야에 적용이 되리라 예상된다.

방탄유리를 탑재한 미국의 대통령 전용 방탄차량[44]

유리와 광자 기술

유리와 광자 기술

37. 광통신은 유리 광섬유로

사람은 말과 행동으로 소통을 한다. 말은 음성신호라고 할 수 있고 행동은 동영상 신호라고 할 수 있다. 음성신호와 영상신호를 듣고 보면서 서로 신호를 통해 소통하는 것이 통신通信이다. 가까운 곳은 바로 들리고 볼 수 있어서 서로 원하는 바를, 즉 신호를 쉽게 주고받을 수 있다. 그러나 대상이 멀리 있다면 어떻게 신호를 주고받을 수 있을까? 우선 신호를 멀리 있는 사람이 알아볼 수 있게 보내야 한다. 시력과 청력에는 한계가 있으므로 멀리 떨어져 있을수록 통신하기는 불가능하다.

그래서 인간의 오감이 인지할 수 있는 방법을 통해 알리는 것을 고안하게 되었다. 특히 나라에 변란이나 전쟁 같은 시급한 일이 터졌을 때는 신속하게 알릴 수 있어야 했다. 눈에 잘 띄기 위해 낮에는 연기, 밤에는 불빛으로 신호를 했다. 기원전부터 이런 방법으로 통신을 했다고 알려져 있고, 우리나라는 삼국시대부터 조선시대까지 봉화烽火를 사용하였다는 기록이 남아 있다.

연기와 횃불을 이용한 봉화는 가장 오래된 장거리 통신수단이다. 연기나 불빛은 수 km가 떨어져 있어도 볼 수 있다. 따라서 봉화를 잘 볼 수 있는 높은 곳에 축대를 쌓고 불을 피워 정보를 전달하였다. 한 곳에서 밝힌 불빛을 보고 다른 곳에서 같은 불을 밝혀 연속적으로 릴레이하는 방식으로 통신이 가능하다. 조선시대에는 봉수대의 간격은 변방 지역에는 10~15리 이하, 내륙지역은 상대적으로 멀어 한양에서 먼 곳은 20~30리, 한양과 가까운 곳은 40~50리 정도가 되었다고 한다(1리는 0.4km). 봉화의 전달 속도는 변방에서 한양까지 1시간에 약 100km 정도 되었다고 한다.

봉화불이 켜진 것을 보고 알아도 전하고자 하는 내용을 알 수 없으면 무용지물이다. 그래서 봉화불로 전할 수 있는 내용을 정하여 규약을 만들었다. 조선시대의 봉화불은 5개를 피워 정보를 전달하였다. 평상시에는 봉화 1개, 적이 나타나면 2개, 해안이나 변경에 접근하면 3개, 변경을 침범하면 4개, 적과 교전이 벌어지면 5개를 올렸다. 이런 방법으로 봉화불이 전하는 내용을 가지고 정확하게 통신을 하였던 것이다. 눈으로 확인하며 연속적으로 불을 피워 알렸으니 생각보다 통신의 속도 또한 그리 느리지 않았다. 현재의 디지털 신호 같은 봉화불 통신은 빛을 이용하였기에 광통신의 효시라고 할 수 있다.

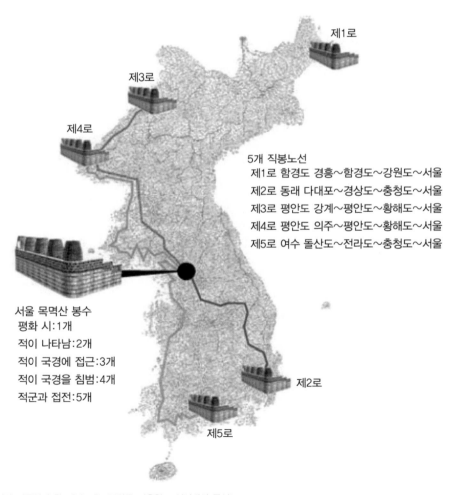

제1로

제3로

제4로

5개 직봉노선
제1로 함경도 경흥~함경도~강원도~서울
제2로 동래 다대포~경상도~충청도~서울
제3로 평안도 강계~평안도~황해도~서울
제4로 평안도 의주~평안도~황해도~서울
제5로 여수 돌산도~전라도~충청도~서울

서울 목멱산 봉수
평화 시:1개
적이 나타남:2개
적이 국경에 접근:3개
적이 국경을 침범:4개
적군과 접전:5개

제2로

제5로

디지털 광통신의 한 예가 되는 봉화를 이용한 조선시대의 통신'

그렇다면 간단한 정보가 아닌 복잡하고 많은 양의 정보는 어떻게 주고받을 수 있을까? 주고받는 속도는 또 얼마나 빠르게 할 수 있을까? 해답은 정보를 빛에 실어 보내는 것이다. 전 세계에 거미줄처럼 연결된 광통신망을 통해 방대한 양의 정보를 보낼 수 있다. 빛의 펄스Pulse로 변환된 광 신호를 광섬유의 코어 속에 통과시켜 빛의 속도로 전달하는 것이다(실제로 유리를 통과하는 빛의 속도는 공기나 진공에 지나가는 빛의 속도보다는 조금 느리다). 우리가 전달하고자 하는 정보는 모두 디지털 신호로 바꾸어 보낼 수 있다.

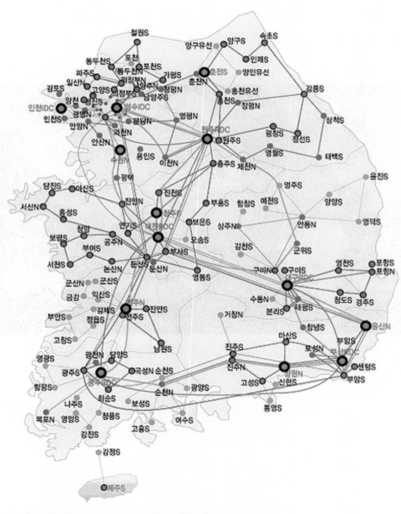

국내 방방곡곡에 거미줄처럼 연결된 광섬유 케이블을 통해 이루어진 광통신망[2]

광 신호의 전달

—

예를 들어 숫자로 표시되는 정보는 어떻게 광 신호로 전달되는지 생각해보자. 우리가 숫자를 표현하는 방법인 십진법의 숫자 1을 만약 이진법으로 표시하면 1이 된다. 2는 10, 3은 11, 4는 100, 5는 101이 되며. 모든 숫자는 1과 0의 조합으로 만들 수 있다. 마찬가지로 알파벳도 이진법의 숫자 1과 0의 조합으로, 영상도 색 좌표로 표시하여 숫자 1과 0으로 표시할 수 있다. 만약 1을 빛을 비추는 것, 0은 빛을 끄는 것으로 정하면, 숫자 5는 101이므로 빛을 한 번 켜고(ON), 끄고(OFF), 다시 켜면 ON이 된다. 따라서 숫자로 변환될 수 있는 세상의 모든 정보는 빛을 켜고 끄는 두 가지의 조합으로 완성할 수 있다.

4G CONNECTIONS
3G CONNECTIONS
2G CONNECTIONS

전 세계가 광케이블로 연결된 인터넷망과 유무선 광통신이 가능한 지역. 인터넷 최대 강국인 한국은 5G 광통신망을 구축하고 있다.[3]

실제 광통신은 펄스의 형태로 만들어진 빛을 유리 광섬유의 중심에 있는 작은 코어로 입사하여 이루어진다. 깜빡이는 하나의 펄스가 비트Bit가 되어, 현재의 광통신 기술로는 1초에 펄스를 1,000억 개, 즉 100기가비트(100Gbit/s)까지 보낼 수 있다. 단위시간당 보내는 펄스의 개수가 많을수록 많은 용량의 정보를 보낼 수 있다.

그렇다면 광섬유의 무슨 특성 때문에 광통신은 광섬유로 이루어진 광케이블을 통해서 가능한 걸까? 이진법으로 변환된 0과 1의 디지털 신호는 펄스로 된 빛으로 광섬유 코어를 지나간다. 펄스는 짧은 시간 동안 켜진 빛이므로 한 개의 펄스는 시간으로 표시된 펄스의 폭과 그 크기로 나타낸다. 이런 펄스가 전 세계를 연결한 광통신망의 광섬유를 따라 빛의 속도로 다니는 것이다.

그런데 빛은 진공 속이 아니라 유리라는 매질을 지나가기 때문에 장거리를 이동하면 흡수가 일어나 흡수된 만큼 펄스의 세기가 줄어든다. 즉, 광 손실이 일어나는 것이다. 이와 함께 펄스의 폭 또한 벌어지게 된다. 펄스의 세기가 어느 정도 이하로 줄어들면 광 정보를 빛의 세기로 받아들이는 수광 소자(Photo detector)가 감지할 수가 없게 된다. 따라서 광케이블의 적정한 길이마다 빛의 세기를 올려주는 광증폭기를 반드시 설치해야 한다. 펄스의 폭이 벌어지면 인접한 펄스들이 중첩되어 원래의 정보가 훼손되므로 이것도 보정을 해야 한다.

광통신망을 구축할 때는 이러한 빛의 세기의 증폭 및 펄스의 폭 보정이 필수적인데, 가장 적합한 것이 유리로 만든 광섬유이다. 그 첫 번째 이유는 유리의 원료를 고순도로 제조할 수 있는 기술이 확립되어 있어 광 손실을 최소화할 수 있는 광섬유 제조가 가능하기 때문이다. 플라스틱으로 만든 광섬유도 있으나 광 손실이 크기 때문에 인터넷망인 장거리 광통신망에는 사용하지 않는다. 유리 광섬유는 광 손실이 적어(~0.2dB/km) 초고속 대용량 인터넷 광통신망의 광케이블의 핵심 소재로 사용되고 있다.

두 번째 이유는 유리 광섬유는 기계적인 강도가 높고 온도 변화에 대한 내구성이 뛰어나기 때문이다. 세 번째로는 생산단가가 낮고 사용연한이 상당히 길기 때문이다. 고순도의 유리로 만들어진 광섬유를 통해 지금 이 순간도 인터넷과 무선 통신을 통해 어마어마한 양의 데이터들이 빛의 속도로 전송되고 또 수신되고 있다. 이러한 대용량의 데이터들은 광섬유의 다발로 이루어진 광케이블을 통해 아시아, 미국, 유럽 등 전 대륙을 거치며 끊임없이 초고속으로 송수신된다. 컴퓨터나 첨단기기에서 전송되는 모든 정보는 0과 1이란 디지털 신호로 변환되어 광섬유로 전송된다.

광섬유의 구조

유리 광섬유는 광 신호를 광섬유를 통해 전파하여 정보를 전달하는 광통신의 핵심 소재이다. 광섬유는 빛이 전파되는 코어와 그것을 둘러싸고 있는 클래딩의 유리 부분과 유리섬유 바깥을 보호하기 위한 합성수지의 구조로 이루어져 있다. 코어를 통해 빛이 전파되기 위해서는 코어의 굴절률이 클래딩보다 반드시 커야 한다. 현재 통용되는 광통신용 유리 광섬유의 클래딩은 고순도의 석영유리Silica glass로 이루어져 있고, 코어는 굴절률을 높이기 위해 게르마늄Ge이 소량 첨가된 게르마늄 석영유리 Germanosilicate glass 성분으로 이루어져 있다.

코어와 클래딩의 굴절률 비는 약 0.5%이며, 입사된 빛은 코어와 클래딩 계면에서 전반사Total internal reflection가 일어나면서 전파된다. 유리 광섬유의 바깥을 둘러싼 피복 코팅은 아크릴Acrylate계 수지와 폴리이미드Polyimide계(내열성 특수 광섬유의 경우) 수지 등이 주로 사용된다. 일반적인 광통신용 유리 광섬유는 코어직경이 8~10μm, 클래딩 직경은 125μm, 폴리우레탄 아크릴 수지 피복 포함 250μm으로 규격화되어 있다.

유리 광섬유는 코어와 클래딩의 이중구조로 이루어져 있으며, 각각의 굴절률은 빛의 진행과 모드 조건을 만족하도록 설계된다. 광섬유 코어를 이루는 부분의 굴절률 분포에 따라 계단형(Step index)과 언덕형(Graded index)으로 나누어진다.

계단형 광섬유는 코어직경 방향으로 굴절률이 일정하여 클래딩과는 계단처럼 직각형모양의 굴절률 분포를 가지며, 언덕형 광섬유는 코어의 중심에서 바깥으로 점차 낮아지는 굴절률 분포를 가진다. 계단형 광섬유의 경우 입사각에 따라 전반사되어 전파되는 빛의 경로가 달라져, 즉 시간차가 생겨 출력단에서는 펄스의 폭이 넓어진다. 반면 언덕형 광섬유의 경우에는 코어 중심보다 바깥쪽의 굴절률이 작아 상대적으로 빛의 속도가 빨라 입사각과는 무관하게 출력단에서 시간차가 없어 펄스폭의 변화가 없다.

또한 광섬유 코어를 진행하는 빛의 모드 수에 따라 단일 모드(Single mode) 광섬유와 다중 모드(Multi mode) 광섬유로 나누어진다. 단일 모드 광섬유는 광 손실이 적어 장거리 전송 및 초고속 대용량 광통신에 유리하며, 다양한 광케이블 설계에 적용 가능한 최적화된 구조로 전 세계적으로 보편화되어 있다. 다중 모드 광섬유는 단일 모드 광섬유와 클래딩 직경은 125μm로 같으나 코어 직경이 50μm와 62.5μm인 두 가지 것으로 이루어져 있고, 근거리 통신망의 광섬유로 사용된다.

광통신용 유리 광섬유는 1,310nm와 1,550nm의 파장을 가지는 빛을 전파하여 데이터를 전송하는데, 국제전기통신연합 규격인 ITU-T(International Telecommunication Union-Telecommunication Standardization Sector)에서 코드 명으로 규격을 정해 사용하고 있다. 단일 모드 광섬유의 경우, ITU-T G.652는 메트로Metro망과 가입자Access망에서의 파장 분할 다중화(CWDM, Coarse Wavelength Division Multiplexing) 전송 특성에 최적화된 광섬유로, OH 손실 파장인 1,385nm을 포함해 넓은 파장 영역에 걸쳐 저손실 광 특성을 제공한다. ITU-T G.655, G656는 장거리 대용량 전송에 유리하며, ITU-T G.657는 직경 7.5mm의 굴곡에도 광 손실이 적은 광섬유이다.

반면 다중 모드 광섬유의 경우, ITU-T G.651, IEC 60793-2-10, ISO/IEC 11801 등이 있으며, 적용별 저손실과 넓은 대역폭 특성을 제공한다. 이러한 보편적인 광통신용 유리 광섬유의 규격이 다른 것은, 광섬유의 코어 구조 및 조성을 변화시키거나 순도를 조절하여 색 분산의 이동 및 저하, 광 손실의 최소화, 광섬유의 밴딩Bending에 의한 광 손실의 최소화 등 특정한 목적에 따른 특성의 변화를 준 것이기 때문이다.

유리 광섬유는 인터넷을 이용한 초고속 광통신의 핵심 소재로 사용되며 석영유리계 광섬유와 비산화물계 유리 광섬유로 구분할 수 있다. 광통신에 가장 많이 사용되는 석영유리계 광섬유는 클래딩이 고순도의 석영유리, 코어는 굴절률을 높이기 위한 게르마늄Ge이 소량 첨가된 게르마늄 석영유리로 이루어져 있다. 코어에는 게르마늄 외에도 알루미늄Al과 인P이 소량 함유되어 있다. 석영유리계 유리 성분으로 광섬유를 제조하는 이유는 1,550nm의 파장에서 빛은 이론적으로나 실제적으로 가장 손실이 적기 때문이다. 단 1,800nm 이상의 장파장에서는 빛이 유리에 흡수되어 광 손실이 급격히 증가하여 사용하기 어렵다.

반면, 비산화물계 광섬유로는 크게 불화물계 유리(Fluoride glass)와 찰코지나이드(Chalcogenide glass) 유리로 나눌 수 있다. 비산화물계 유리 광섬유는 적외선 영역 전반에서 광 손실이 석영유리계 광섬유보다 현저히 낮아 석영유리계 광섬유의 파장한계인 근적외선, 중적외선, 원적외선 영역에서도 사용이 가능하다. 그러나 약한 기계적 강도와 기존의 석영유리계 광섬유와의 접속 등이 거의 불가능해 특정 용도에만 사용되고 있다. 광통신용 광섬유와는 달리 유리 광섬유의 코어 속에 어븀^{Er}이나 이터븀^{Yb} 등의 희토류 원소(Rare earth element)를 첨가하여 새로운 기능을 부여할 수 있다. 이들 희토류 이온들의 전자 여기 현상을 이용하여 광섬유 레이저와 광섬유 증폭기 등 광섬유 부품에 요긴하게 사용되고 있다. 또한 광섬유의 광전 및 광자기 현상을 이용하여 광섬유 자이로스코프, 광소자, 광센서 등에도 널리 응용되고 있다. 이러한 광섬유를 통칭하여 특수 광섬유(Specialty optical fiber)라고 부른다.

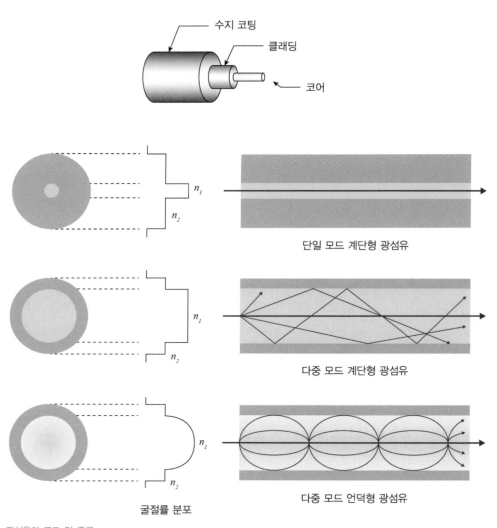

광섬유의 구조 및 종류

38. 무선통신도 광섬유가 없으면 무용지물

우리는 통신수단으로 스마트폰을 이용하는 시대에 살고 있다. 스마트폰은 통신수단으로서의 기능을 넘어서 지식의 창고와 지식의 전달 수단이 되었다. 몸에 가지고 다니는 도서관, 은행이 되었으니 참 편한 세상이 되었다.

스마트폰으로 심장박동 수, 걸음걸이 수에 더해 혈당도 측정할 수 있으니 병원을 손 안에 넣고 다닌다고 할 수 있다. 더구나 이젠 결제도 마음대로 하고 은행 출납도 때를 가리지 않고 할 수 있으니 참으로 편리하지 않을 수 없다. 납작한 수첩만 한 기계가 무선으로 신통하게 거의 모든 것을 다하는 것 같다.

이렇게 멋지고 유용한 스마트폰도 배가 고프면 일을 못 하니 반드시 밥을 줘야 한다. 전기가 밥인데 배터리로 늘 충전해야 하는 번거로움이 있기는 하다. 스마트폰과 같이 선이 없는 무선통신시대가 열렸으니 많은 가전제품도 전선을 없애는 방향으로 개발이 되고 있다. 그러나 실제로는 스마트폰도 광통신용 광케이블이 설치되어 있지 않으면 무용지물이다. 스마트폰을 통한 통신이 어떻게 이루어지는 것을 이해하면 수긍이 될 것이다.

가령 서울에서 미국의 뉴욕에 있는 친구에게 스마트폰으로 통화를 한다고 하자. 먼저 말을 하면 스마트폰에 있는 마이크가 음성신호를 전기신호로 바꾼다. 다음 이 전기신호는 전파로 바뀌어 스마트폰의 작은 안테나를 통해 송출이 된다. 공간으로

무선통신을 위해 건물 옥상에 설치된 전파를 송수신하는 안테나와 전봇대의 하단에 설치된 광케이블. 전봇대의 상단 쪽에는 고전압, 저전압의 순서대로 전력선이 지나간다.[4]

퍼져나간 전파는 스마트폰과 가장 가까운 기지국의 안테나가 잡아 이 전파를 전기 신호로 다시 바꾼다. 이 아날로그 형태로 이루어진 전기신호는 디지털 신호로 바뀐 다. 다음 디지털 전기신호는 광 신호로 바뀌어 펄스의 형태로 광섬유의 코어 부분으로 들어가 전송된다.

빛의 속도로 진행하는 광 신호는 광케이블이 포설되어 있는 육지를 지나 태평양을 건너고 계속해서 미국 대륙을 횡단한다. 계속해서 광 신호는 뉴욕까지 간 다음 친구가 있는 곳에서 가장 가까이 있는 기지국까지 초고속으로 달려간다. 다음 기지국에서는 광 신호를 전기신호로 바꾸고 이 전기신호는 다시 전파로 변환하여 송출 하여 보낸다. 이 전파를 친구가 들고 있는 스마트폰이 수신하여 전기신호로 바꾼 다음, 전기신호는 폰에 내장되어 있는 스피커를 통해 음성신호로 바뀌어 귀에 들리며 통화가 되는 것이다.

신호의 변환은 이렇듯 아주 복잡한 경로를 거친다. 음성뿐 아니라 영상도 마찬가지로 전기신호는 반드시 광 신호로, 광 신호는 전기신호로 바뀌어서 송수신된다. LD Laser Diode를 거쳐 나온 광 신호가 광섬유를 통해 그 먼 거리를 달려가니 그 세기가 떨어지면 광증폭기(Optical amplifier)를 사용해 계속 보충해준다. 광 신호를 받는 기지국의 수신 단에서는 그 세기가 너무 크면 수광수자인 PD Photo Diode에서 문제가 생기므로 그 세기를 적절히 감쇠기(Attenuator)로 줄여준다.

실제 LD와 PD는 모듈화되어 광송신기(Transmitter)와 광수신기(Receiver)의 기능이 합쳐진 광트랜시버(Optical transiever)라는 이름의 광 부품으로 광 신호의 송수신을 담당한다. 최근 광트랜시버 기술도 100Gb/s의 속도 이상의 성능으로 진전되어 5G 광통신에서 중요한 역할을 한다.

스마트폰을 통한 통신도 실제 육지에서뿐만 아니라 이 대륙 사이의 넓은 바다에 연결된 광케이블이 없으면 광 신호를 전달할 방법이 없다. 스마트폰을 이용한 무선 통신은 안테나 사이의 부분적인 통신이며, 주로 광케이블을 이용한 유선통신이 스마트폰을 이용한 무선통신의 거의 전부를 차지한다고 해도 과언이 아니다. 따라서 광통신이 가능한 광케이블이 없으면 무선통신도 불가능하다.

그렇다고 완전한 무선통신이 없는 것은 아니다. 무전기를 이용한 근거리 무성통 신과 위성을 매개로 한 장거리 위성통신이 그것이다. 이러한 무선통신은 유선 광통신에 비해 많은 정보를 실어 보낼 수 없기 때문에, 음성이나 간단한 영상정보만 송수신할 수밖에 없다. 또한 전파의 특성상 전자기 교란에 민감해 날씨의 변동에 그 통화품질이 좌우되는 단점이 있다.

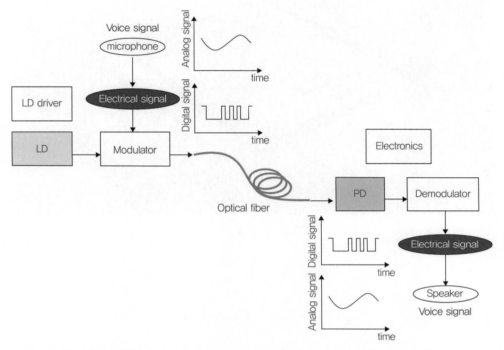

스마트폰으로 멀리 떨어진 친구와의 통화를 할 때 신호의 변환 과정. 음성신호는 폰에서 전기신호로 바뀐 다음 전파로 바뀌어 안테나를 통해 송출된다. 송출된 전파 신호를 폰과 가장 가까운 기지국의 안테나에서 받아 전기 신호로 바꾼다. 다음 전기신호는 펄스 형태의 광 신호로 바뀌어 광섬유 케이블 속의 한 가닥의 광섬유로 입사된다. 광 신호는 빛의 속도로 광섬유 코어를 통해 달려 친구가 있는 부근의 기지국까지 간다. 기지국에서는 광 신호를 받아 전기신호로 변환한 후 다시 전파로 친구의 스마트폰 쪽으로 송출한다. 친구의 스마트폰은 전파를 받아 전기신호로 바꾼 다음 스피커로 음성신호를 재생한다. 실제 무선통신이 이루어지는 곳은 폰과 기지국 안테나 사이밖에 없다. 유선인 광케이블이 없으면 스마트폰이라도 통화와 인터넷은 되지 않는다.

반면에 광케이블이라는 유선 광통신망을 이용하는 인터넷이나 스마트폰은 다량의 영상 정보를 빠른 속도로 주고받을 수 있다. 물론 광통신망은 전자기 교란도 없어 천둥번개가 쳐도 전화가 끊기거나 영상 품질의 변화도 없다.

접었다 폈다 할 수 있는 최신의 폴더블(Foldable) 폰으로까지 진화한 스마트폰. 통화와 함께 인터넷이 가능한 스마트폰도 유선의 광케이블이 없으면 작동이 되지 않는다.[5]

39. 복사기도 유리가 핵심 광전 소재

이전에는 문서를 복사하려면 까만 먹지를 놓고 글을 쓰든지, 필경하여 등사기로 밀어서 했다. 이제 복사하는 일은 간단하기 그지없다. 복사할 종이를 복사기에 넣거나 올려놓기만 하면 안에서 불빛이 한 번 지나가고, 곧이어 원본만큼이나 깨끗하고 선명하게 인쇄된 따뜻한 종이가 나온다.

이러한 복사기를 이용한 건식 인쇄법은 오래전에 발명되었고 이젠 보편화된 기술이다. 건식 복사기는 미국의 칼슨Carlson이 1938년에 처음으로 발명하였고 기술의 진보로 지금의 레이저 칼라 복사기로까지 발전해왔다.

한편, 아직도 정밀한 건축 도면이나 기계 도면은 청사진(Blue print)이라고 하는 습식 복사로 이루어지기도 한다. 빛에 반응하는 철 화합물을 함유한 종이를 암모니아 증기로 현상하여 파란색 바탕에 흰색의 상이 맺히게 하는 방법인데 이것도 1906년에 미국에서 개발되었다.

건식 복사기를 최초로 발명한 미국의 칼슨과 초창기 복사기의 모습과 그의 특허

지금의 건식 복사기는 빛을 비추는 광원 부분과 원통형의 드럼, 그리고 토너로 이루어져 있다. 원통형의 드럼이 복사기의 핵심이라고 할 수 있는데, 이 드럼은 빛을 받으면 전자가 나와 전기가 흐르는 반도체 성질을 가진 특수한 유리가 코팅되어 있다.

복사기는 정전기와 유리의 광전 효과(Photoelectric effect)를 이용한 원리로 작동된다. 복사는 다음과 같은 순서대로 이루어진다.

1. 광전 효과를 가진 칼코지나이드 유리Chalcogenide glass가 얇게 코팅된 원통형의 알루미늄 드럼에 고전압을 걸어(코로나 방전), 유리의 표면은 음전하가 알루미늄에는 양전하의 정전기가 생기도록 한다.
2. 복사할 종이 위에 빛을 쪼여 그 반사광이 드럼의 코팅 면을 비춘다. 문서의 흰 부분에서 반사된 빛으로 코팅 면에서 전자가 방출되며, 따라서 음전하를 띤 전자가 알루미늄의 양전하와 만나 방전이 된다. 종이의 까만 글자는 빛을 흡수하여 반사하지 못해 코팅 유리 표면에는 그대로 음전하가 남아 있게 된다.
3. 이때 양전하를 띤 탄소 알갱이로 된 토너Toner 입자를 드럼의 코팅 면 위에 뿌리

면 음전하를 띤 글자와 그림 등의 자리에 달라붙는다.

4. 다음 빈 종이를 드럼의 유리 표면보다 많은 음전하로 대전시킨 다음 드럼 위로 지나가게 하면, 유리 표면에 붙어 있던 토너 입자가 종이 위로 달라붙는다.

5. 마지막으로 종이를 가열하여 달라붙어 있던 토너 입자들이 녹도록 한 다음 롤러로 압착하여 종이에 붙게 한다.

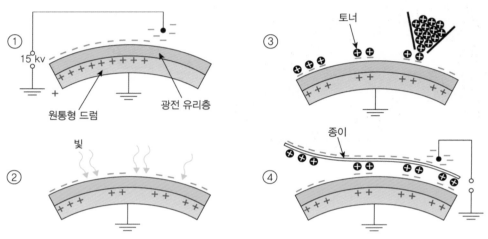

토너를 이용하는 건식 복사기의 원리[7]

복사기의 기능 중에서 빛을 받아 전자를 방출시키는 드럼의 코팅층이 가장 중요한 역할을 한다. 원통형의 알루미늄 드럼을 사용하므로, 제조할 때 그 바깥에 쉽게 코팅할 수 있고 반도체 성질도 가져야 하는 것이 코팅하는 물질의 선택 조건이다. 또한 복사가 진행되는 동안 종이와의 마찰 때문에 코팅물질은 내마모성이 좋아야 하며, 온도 또한 섭씨 300℃까지 올라가므로 고온에서 반도체 성질의 특성 저하가 없어야 한다.

초기에는 광전효과를 가진 반도체인 비정질 Si(유리구조의 Si)을 사용하기도 하였으나, 칼코진Chalcogen 원소의 화합물로 이루어진 칼코지나이드 유리로 대체된 후 가장 많이 사용되고 있다. 그중에서도 As-Se계 칼코지나이드 유리가 중점적으로 사용되었으나, Se를 고온에서 진공 증착한 비정질의 Se 유리(Amorphous Selenium)가 더 성능이 좋은 코팅 재료로 알려져 사용이 확대되고 있다.

한편 최근에 일본의 후지 제록스(Fuji Xerox)에서는 드럼의 성능의 향상과 수명을 늘린 새로운 코팅 소재를 개발하였다. 비정질의 Se 유리를 직접 사용하는 대신 Se를 나노 크기의 퀀텀닷(QD, Quantum Dot)으로 만들어 폴리머에 분산시켜 만든 것이다. 이러한 반도체성 폴리머를 알루미늄 원통 바깥에 코팅한 복사기 드럼을 제조하여 시판하고 있다.

복사기에 사용되는 드럼과 장착된 모습. 빛을 받으면 전자를 방출하는 광전효과를 가진 반도체인 비정질의 Se 유리가 알루미늄 원통 바깥에 코팅되어 있다.[8]

복사기의 원리를 그대로 이용해 만든 다른 제품으로는 레이저프린터가 있다. 문서를 빛으로 직접 읽는 대신 컴퓨터 내에 저장되어 있는 문서나 그림 등을 읽어 들인 다음, 그 음영을 레이저 빛으로 프린터 내부에 장착되어 있는 드럼에다 보내 복사기와 같은 원리로 인쇄하는 것이다.

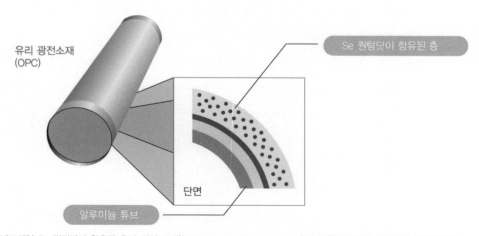

유리 광전소재 (OPC)

Se 퀀텀닷이 함유된 층

알루미늄 튜브

단면

반도체인 Se 퀀텀닷이 함유된 유기 광전 소재(OPC, Organic Photoconductor)를 이용하여 만든 복사기용 드럼의 구조[9]

컴퓨터가 아닌 통신으로 받은 문서를 프린터로 인쇄해서 주고받는 것이 FAX이다. 실제 원리가 같아 복사기와 프린터 및 FAX 기능을 결합해 복합기라는 이름으로 판매되고 있다.

40. 레이저도 유리로 발진한다

여름 밤 하늘 위에서는 인간이 만든 빛의 향연이 자주 일어난다. 화약을 공중에 터뜨리는 불꽃축제가 그 하나이다. 화약이 급격하게 연소하여 폭발로 이어지는 불꽃은 그 성분에 따라 그 색이 달라져 어우러진다. 다른 색을 가진 불꽃은 특정한 파장대의 빛이 나오는 것인데 자연광과 크게 다를 바 없다.

반면 또 다른 빛의 축제는 밤하늘을 수놓는 화려하고 환상적인 레이저Laser 쇼다. 하늘 끝까지 찌를 듯 빛줄기가 뻗치고 방향과 색깔도 마음대로 바꾼다. 폭죽처럼 터지고 나면 곧 사라지는 빛과는 달리 레이저빛은 레이저 장비가 작동하는 한 계속 비친다.

일상생활에서도 우리는 레이저와 알게 모르게 자주 접하고 있다. CD나 DVD로 음악을 듣거나 영화를 볼 수 있는 것은 레이저로 음성이나 영상 데이터를 스캔하여 재생하기 때문이다. 그리고 화면을 비추며 발표를 할 때 사용하는 포인터도 빨간색 또는 초록색의 광선이 나오는 레이저이다. 물건을 사고 계산할 때 사용하는 바코드 Bar code나 QR 코드Quick Response code('정보무늬' 코드, 입체 바코드)를 스캔하는 도구도 레이저를 이용한다. 안과에 가서 받는 라식수술과 피부과에서 문신이나 흉터를 제거하거나 점을 뺄 때도 레이저를 이용한다.

이렇게 유용하게 사용되는 레이저는 일찍이 1917년에 아인슈타인Einstein에 의해 예견되었으나, 1960년에 이르러 미국의 물리학자 메이먼Maiman에 의해 최초로 발명되었다. 아인슈타인은 높은 에너지 상태에 있는 전자가 외부의 광자Photon(빛 알갱이)를 만나면 외부의 광자와 같은 위상과 파장을 가진 광자를 방출하면서 낮은 에너지 상태로 돌아간다는 광양자 이론을 발표하였고, 이것으로 노벨상을 받았다.

메이먼은 금속인 크롬Cr의 이온이 소량 함유된 단결정인 루비Al_2O_3를 제논램프 (Xenon lamp)에서 나오는 강한 빛을 비춰 새로운 빛인 레이저를 만들어냈다. 새로운

빛의 향연인 레이저 쇼[10]

빛은 단일 파장의 빛일 뿐만 아니라 사방으로 퍼지지도 않고 한 곳으로 모아져 그 세기가 매우 컸다. 이 빛을 '복사의 유도 방출에 의한 빛의 증폭'(Light Amplification by Stimulated Emission of Radiation)이라고 이름을 붙이고 앞머리 글자를 따와 레이저 LASER라고 부르게 된 것이다.

고체인 루비 단결정을 이용한 레이저가 발명되자 곧바로 같은 해인 1960년 말, 미국 벨연구소의 자반Javan과 베넷Bennett, 해리엇Herriott은 기체인 헬륨과 네온의 혼합 가스를 이용한 He-Ne 레이저를 발명하였다. 1962년에는 반도체를 레이저 발진 재료로 사용한 반도체 레이저가 홀Hall에 의해 개발되었다. 이후 1963년에는 또 다른 기체인 이산화탄소를 이용한 CO_2 레이저가 파텔Patel에 의해 개발되었다.

이렇듯 새로운 인공 빛인 레이저는 고체, 기체, 액체 등의 다른 상태의 매질을 이용하여 다양하게 발전을 거듭해왔다. 최근에는 희토류 이온(Rare earth ion)이 함유된 유리 광섬유를 이용해 레이저를 발진하는 고출력 광섬유 레이저(Fiber laser)가 신기술로 각광을 받고 있다.

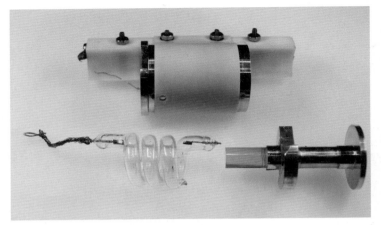

미국의 메이먼이 세계 최초로 발명한 루비 레이저의 부품들. 루비 단결정(보라색 봉)을 플래시 램프(코일 모양의 유리관)를 이용해 레이저를 발진한다.[11]

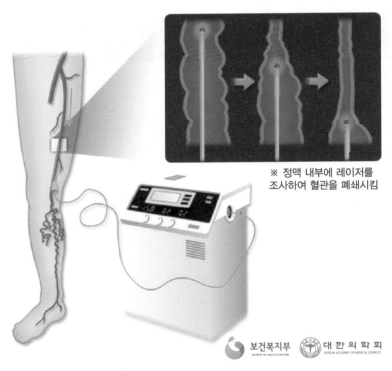

※ 정맥 내부에 레이저를 조사하여 혈관을 폐쇄시킴

광섬유 레이저를 이용한 하지정맥류 혈관 치료[12]

광섬유 레이저는 출력 파장과 그 세기에 따라 광학기기나 광통신 시스템의 광원으로, 재료를 새기거나 절단하고 용접하는 기계 가공분야의 핵심 부품으로 사용되고 있다. 최근에는 사람의 장기를 절개하거나 지혈하는 외과수술과 뇌와 안구의 미세 수술 등 외과적인 의료분야에서도 광섬유 레이저를 많이 사용한다.

레이저의 원리

레이저의 발생 원리를 먼저 간단히 설명하고 이 책의 주제인 유리로 이루어진 광섬유가 어떻게 레이저의 발진 재료로 사용되는지 알아보자.

모든 원자의 중심에는 원자핵이 있고 그 주위에 전자가 돌고 있다. 원자의 에너지 준위(위치)는 전자가 최소의 에너지 값을 가지고 있을 때를 바닥 상태(Ground state)라고 한다. 그리고 만약 외부에서 에너지를 얻어 높은 에너지 준위에 있을 때를 들떠 있는 여기 상태(Excited state)에 있다고 한다.

여기 상태에 있는 전자는 불안정하여 시간이 지나면 원래의 바닥 상태로 되돌아 간다. 높은 에너지 준위에서 낮은 에너지 준위로 떨어지기 때문에 그 차이만큼의 에너지가 빛으로 방출된다. 이때 그 에너지는 $E=h\nu$(h: 플랑크Planck 상수, ν: 빛의 진동수)라고 하는 값을 가진다. 이렇게 방출되는 빛은 자연방출(Spontaneous emission)된다고 하며 파장, 위상, 방향이 일정하지 않다. 백열등, 형광등과 같은 일반 빛의 대부분은 이러한 자연방출에 의한 빛이다.

한편 레이저의 경우는 자연방출이 아닌 유도방출(Stimulated emission)이 일어나야 한다. 유도방출이 가능하려면 여기 상태의 에너지 준위가 여러 개 더 있어야 한다. 여기 상태의 에너지 준위가 3개가 있는 경우를 생각해보자. 바닥 상태(E_1)에 있는 전자가 외부에서 빛 에너지를 받아 에너지를 흡수하면 가장 높은 여기 상태(E_4)로 올라간다. 이때 머무는 시간이 매우 짧아 곧바로 그 아래의 에너지 준위(E_3)로 떨어지는데, 상대적으로 머무는 시간이 길어 준안정상태(Meta stable state)가 된다. 이 에너지 준위에 많은 전자가 머물러 그 밀도가 반전(Density inversion)된 상태가 된다.

이 반전된 에너지 준위에 있는 전자 중 한 개가 아래의 준위인 E_2로 떨어져($E_3 \rightarrow E_2$) 자발적으로 빛을 방출한다. 이 방출된 빛이 주변의 다른 들뜬 전자들을 자극하여 이것들도 계속 E_2 준위로 떨어지게 하면서 빛이 방출된다.

다음 유도방출이 일어난 후 바닥 상태의 바로 위(E_2)에 떨어진 전자들은 최종적으로 바닥 상태인 E_1 준위로 떨어진다Decay($E_2 \rightarrow E_1$). 일련의 $E_3 \rightarrow E_2 \rightarrow E_1$ 반응이 연쇄적으로 일어나 파장이 같은 빛의 세기가 계속 증가한다. 이 과정을 유도방출이라고 한다. 외부에서 빛 에너지를 공급하는 펌핑Pumping이라는 과정을 거쳐 빛의 세기는 증폭Amplification이 되며 레이저가 방출된다.

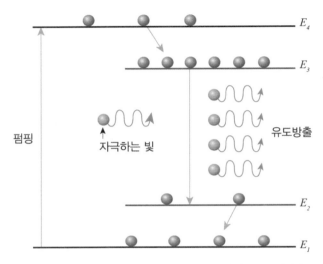

4개의 준위로 이루어진 원자 내에서의 유도방출. 준안정상태인 E_3에서 E_2로 전자가 떨어져 연쇄적으로 유도방출이 일어나 레이저가 발진된다($E_3 \rightarrow E_2$).[13]

　전자를 여기하기 위한 에너지를 공급하는 펌핑 방법도 레이저의 종류에 따라 다르다. 희토류 원소인 네오디늄Nd이 YAG(Yttrium Aluminum Garnet)라는 단결정에 함유되어 있는 Nd:YAG Laser, 네오디늄이 인산염계 유리에 함유된 Nd:Glass Laser 등의 고체 레이저(Solid state laser), 액체 레이저(Dye laser) 그리고 광섬유 레이저(Fiber laser) 등은 강한 빛을 비추어 펌핑한다.

　반면에 CO_2 레이저, He-Ne 레이저, 아르곤 레이저(Ar laser), 엑시머 레이저(Excimer laser) 같은 기체 레이저는 전기 방전에 의해 전자를 충돌시켜 펌핑한다. 레이저 다이오드LD, Laser Diode 같은 반도체 레이저는 전류를 흘려 펌핑한다. 특히 반도체 레이저는 아주 작게 만들 수 있고(발광부의 크기가 수 mm 정도) 전류를 직접 흘리는 펌핑을 이용해 발진 효율이 좋은 장점이 있다.

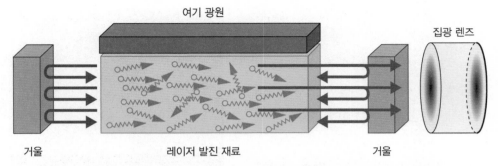

레이저 공진기(Cavity)의 구조. 펌프광에 의해 유도방출된 레이저 빛은 양쪽에 있는 거울을 왕복하면서 증폭되어 반사율이 작은 거울 쪽으로 방출된다.

이렇게 유도방출을 통해서 나오는 빛을 더욱 강한 빛으로 만들기 위해서 레이저 매질의 양쪽에 반사율이 다른 거울을 놓는데, 이런 구조를 공진기(Cavity)라고 하며 공진기 내에서 레이저의 증폭이 이루어진다. 레이저 매질을 통해 나오는 위상과 파장이 같은 빛은 양쪽 거울에 반사되어 무수히 왕복한다. 이때 한쪽 거울은 빛의 거의 대부분을 반사하도록 반사율을 100% 가깝게 하고, 다른 거울은 빛의 일부분이 투과할 수 있도록 반사율을 그보다 낮게 한다. 빛이 공진기 내에서 계속 증폭이 되어 증폭 이득이 공진기에서의 손실보다 크면 빛의 강도는 점점 증가하여 반사율이 낮은 거울을 통과해 나온다. 이것이 위상과 파장이 같아 결 맞음성(Coherence)을 가지고 한 방향의 강한 빛으로 나오는 레이저이다.

유리를 이용한 레이저, 광섬유 레이저

—

최근 가장 빠른 속도로 기술적으로 비약적인 발전을 한 광섬유 레이저에 대해서 알아보자. 초창기 광섬유 레이저는 광통신 광 신호의 증폭을 위해 개발되었다. 광섬유의 코어로 전파되는 광 신호가 광케이블을 통해 장거리를 지나면서 그 세기가 점점 줄어드는데, 이 광 신호가 적정 세기 이하로 떨어지기 전에 증폭해주는 것이다.

광 신호를 직접 광으로 증폭하는 광섬유 광증폭기의 핵심은 광섬유 레이저이다. 광섬유 레이저에서 발진된 레이저 광을 광 신호의 파장과 위상을 맞춰 더해주면 그 세기만큼 증폭되는 원리이다. 이러한 광증폭기가 발명되기 전에는 복잡한 과정을

거쳐 광 신호를 증폭하였다. 광 신호를
직접 증폭하기 불가능해 광 신호를 먼저
전기 신호로 바꾼 다음 이 전기신호를 전
기 증폭기로 증폭하고, 증폭된 전기신호
를 다시 광 신호로 변환하여 전송했던 것
이다.

이후 전 세계적인 광통신망의 구축과
함께 광통신 시스템은 안정화되었고 인
터넷은 전송 속도를 높이는 방향으로 발
전을 계속하였다. 그러나 21세기에 들어
오자 광통신 시스템 하드웨어 산업은 IT
버블로 이어져 침체기를 맞기 시작하였
다. 광통신망 구축 사업 대신 광통신을
이용한 인터넷 서비스업 쪽으로 산업이

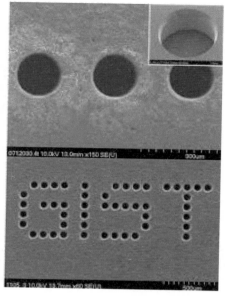

펨토초 레이저를 이용한 유리(직경=1.5mm, 위쪽의 작은
사진)와 세라믹(Al$_2$O$_3$, 직경=180μm)의 미세 가공[14]

이동함에 따라 광통신 시스템 업체들은 새로운 활로를 모색하게 되었다.

그중 하나가 광증폭기의 핵심 부분인 광섬유 레이저의 타 산업으로 활용하는 것
이었다. 광섬유 레이저의 출력을 높여 반도체나 부품들의 라벨 마킹Marking, 금속의
절단Cutting과 용접Welding 등 기계 가공을 위한 일반적인 산업에 응용하고자 한 것이었다.

그동안 산업용으로 주로 사용되고 있던 레이저는 고체 레이저의 하나인 Nd:YAG
레이저이다. 높은 출력의 Nd:YAG 레이저와 상대하기 위해서는 먼저 광섬유 레이저
의 출력을 높이는 것이 관건이다. 광통신용 광증폭기로는 무작정 많은 증폭은 필요
하지 않아 레이저의 출력은 그리 높지 않아도 된다. 그러나 새로운 블루 오션은 오
히려 레이저의 출력을 높이는 데 있었다.

레이저의 출력을 높이기 위해서는 레이저 발진 재료의 크기를 키우는 것과 전자
를 여기하기 위한 출력이 높은 펌프 광원을 만들어야 한다. 산업용으로 가장 많이
사용되는 1,064nm 파장의 Nd:YAG 레이저는 발진 재료로서 YAG 단결정을 사용한다.
고온에서 육성해 제조하는 단결정은 공정상 단결정의 크기에는 제한이 있어 그 출
력도 제한적이다. 그런데 광섬유를 발진 재료로 쓸 경우에는 광섬유의 길이를 늘려

사용하면 되므로 출력에 제한이 거의 없어 아주 큰 경쟁력이 있다.

Nd:YAG 레이저는 여기광원으로 제논(Xenon) 램프를 많이 사용하나 최근에는 레이저 다이오드LD를 사용하는데 모두 광 손실이 많다. 두 개의 거울이 장착된 공진기 내에 위치한 YAG 단결정 막대나 봉에 펌프 광을 비춰야 하므로 그 부피가 크다. 더구나 열이 많이 발생하여 출력이 높은 경우 레이저 본체 외에도 냉각기를 반드시 설치하여 운용해야 하는 단점이 많다.

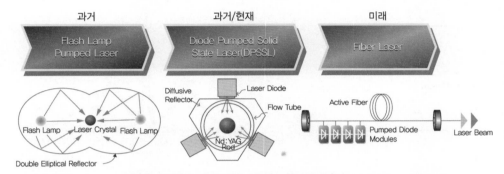

레이저 기술의 발전 단계. 단결정 발진 재료(Nd:YAG), 램프 펌프 광원, 타원형 금속 거울 공진기를 사용하는 Flash Lamp Pumped Laser에서 단결정 발진 재료(Nd:YAG), LD 펌프 광원, 원통형 금속 거울 공진기를 사용하는 Diode Pumped Solid State Laser(DPSSL)로, 현재는 광섬유 발진 재료(Yb-doped fiber), LD 펌프 광원, Fiber Bragg Grating(FBG)을 공진 거울로 사용하는 광섬유 레이저(Fiber Laser)로 발전해오고 있다.

반면 광섬유 레이저의 경우에는 펌프광원으로 레이저 다이오드를 사용하지만 LD에서 나온 레이저 빛이 소형의 렌즈로 통해 광섬유의 코어로 입사될 수 있도록 광섬유와 연결되어 실장이 된 것을 사용한다. 따라서 광섬유와 연결된 여기광원인 LD도 레이저 발진용 광섬유와 직접 융착하여 연결한다. 이러한 광섬유 레이저는 기존의 고체 레이저와는 달리 LD를 통해 나오는 펌프광은 거의 손실이 없이 레이저 발진에 전부 사용된다.

산업적으로 가장 많이 사용하는 1μm 파장을 발진하는 광섬유 레이저는 발진 재료로 이터븀Yb, Ytterbium이 첨가된 특수 광섬유를 사용하며, LD를 여기 광원으로 펌핑을 하여 레이저를 발생시킨다. 여기광원의 파장은 주로 980nm나 915nm을 사용하며, 발진되는 레이저의 출력 파장은 Nd:YAG 레이저와 같은 1,064nm이다.

Yb가 함유된 광섬유를 산업용 광섬유 레이저의 발진 재료로 사용하는 데는 그 이유가 있다. 우선 광섬유에 입사되어 들어오는 펌핑광의 파장에서 빛 에너지를 최대로 흡수할 수 있어야 하고, 다음 레이저로 발진되는 빛의 파장 대역에서는 광흡수 Absorption가 최소가 되어야 하는 두 조건을 만족하기 때문이다. 이 조건이 맞지 않으면 펌핑 효율이 낮거나 출력되는 레이저가 광섬유에 다시 흡수되어 출력이 낮아지기 때문이다.

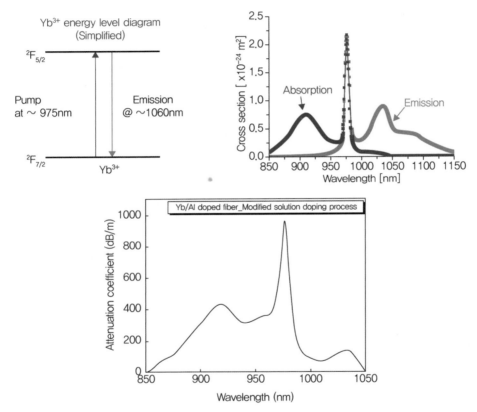

여기 광원으로 펌핑하는 파장 영역대인 915~980nm에서 광흡수가 크고, 출력광의 파장이 1,064nm 근처에서 광흡수가 적은 레이저 발진용 Yb 첨가 광섬유의 에너지 천이과정(왼쪽)과 광흡수도(오른쪽) 그리고 실제 측정한 Yb/Al이 첨가된 레이저 발진용 광섬유의 광흡수도(아래). 펌핑 광원인 LD의 파장 안정성 때문에 915nm 파장 LD를 가장 많이 사용한다.

　Yb 외에도 광섬유 코어에 첨가하는 희토류 원소의 종류에 따라 발진되는 레이저의 파장은 달라지고, 한 종류의 원소라 해도 전자의 에너지 준위가 많아 그 천이과정에 따라 발진 파장도 여러 개 존재한다. 광통신용 증폭기에 사용하는 레이저는 광신호의 파장인 1,550nm에 적합한 어븀Er, Erbium을 첨가하고, 의료용 광섬유 레이저는 인체와 레이저의 상호작용에 따라 파장의 범위(2,000nm 이상)가 산업용보다는 큰 적외선 영역이 많다.

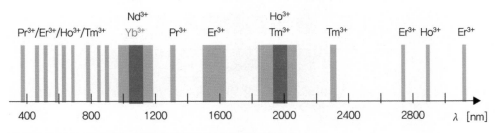

광섬유에 첨가하는 희토류 원소의 종류에 따른 광섬유 레이저의 발진 파장

광섬유 레이저의 발진은 펌프광원인 LD에서 나온 레이저 빛이 광섬유의 코어로 입사되며 시작된다. 광섬유와 연결된 LD는 레이저 발진용 광섬유와 직접 융착하여 연결되므로, 펌프광은 거의 손실이 없이 레이저 발진에 전부 사용된다.

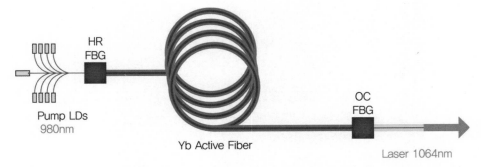

광섬유 레이저의 구조와 원리. 980nm 파장의 LD를 펌프광으로 Yb가 함유된 광섬유에 입사시키면 1,064nm 파장의 레이저가 유도 방출되고, 양쪽에 있는 광섬유형 거울인 높은 반사율의 High Reflector(HR) FBG와 낮은 반사율의 Output Coupler(OC) FBG를 왕복하며 증폭되어 레이저가 최종 방출된다.[15]

유도 방출되는 레이저 광은 공진기 내의 거울을 통해 그 세기가 증폭되는데, 광섬유 레이저의 경우에는 거울 또한 광섬유 코어 내부에 새겨 넣어 일체화할 수 있다. 엑시머 레이저Excimer laser를 이용해 강한 자외선을 조사하여 광섬유 코어 내부에 굴절률이 반복적으로 높게 형성된 브래그 광섬유 격자(FBG, Fiber Bragg grating)라고 하는 것을 새겨 넣는데, 이 FBG가 거울의 역할을 한다.

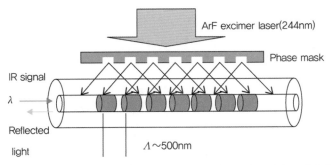

244nm 파장의 ArF Excimer laser를 이용해 광섬유의 코어 내에 굴절률이 높은 부분을 주기적으로 형성시켜 특정 파장의 빛을 반사시키는 FBG의 제작 원리. 석영유리를 식각하여 만든 Phase mask를 통과하며 회절된 자외선 파장의 laser 빛이 광섬유 코어의 굴절률을 크게 한다. Phase mask의 홈 간격(~500nm)을 조정하여 반사 파장을 결정하고, 반사율은 Excimer laser의 세기와 조사 시간으로 조절한다.

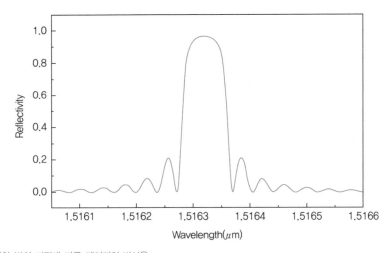

FBG를 통과한 빛의 파장에 따른 레이저의 반사율

이 광섬유 격자는 브래그 조건을 만족하는 파장만을 반사하고, 그 외의 파장은 그 대로 투과시키는 특징을 갖는다. 한쪽은 거의 100% 가까운 반사율을 갖는 HR(High Reflector) FBG를 다른 한쪽은 약 90% 정도의 반사율을 갖는 OC(Output Coupler) FBG를 Yb가 함유된 광섬유의 양쪽에 융착하여 연결한다.

따라서 이러한 간단한 구조의 광섬유 레이저 공진기로 이루어진 광섬유 레이저 시스템은 같은 출력 대비 그 크기가 일반 Nd:YAG 레이저에 비해 십분의 일 이하로 작고 상당히 가볍다. 출력을 올리기 위해서는 여기광원인 LD를 여러 개 추가로 연결해 펌핑하면 가능하다. 물론 별도의 냉각 시스템이 필요 없거나 경우에 따라선 공냉 정도만 하면 된다. 또한 광섬유 레이저는 유연한 광섬유에서 끝에서 방출되므로, 레이저를 이용하는 장비에 설치하여 레이저 광원을 원하는 장소에 자유롭게 위치시킬 수 있는 커다란 장점이 있다.

최근에는 수십 KW급까지 레이저 출력이 높아져 두꺼운 금속의 절단과 용접 등에 광섬유 레이저가 기존의 고체 레이저를 상당 부분 대체해가고 있다. 우리 눈에는 보이지 않는 근적외선 파장의 레이저를 사용하기 때문에 작업자는 반드시 보안경을 착용해야 한다. 최근에는 고출력 광섬유 레이저를 군사용 목적으로 많이 개발하고 있으며, 실제 미국에서는 해군 함정에 설치하여 운용하고 있다.

미국 전함에 구축하여 운용 중인 고출력 광섬유 레이저를 이용한 무기인 LaWS(Laser Weapon System)[16] 1.6km 이상 떨어진 트럭을 30KW급 광섬유 레이저로 명중시킨 장면[17]

41. 빛을 분배하고 결합한다

광섬유가 가장 효율적으로 광범위하게 사용되는 곳이 우리가 편리하게 사용하는 인터넷 초고속 광통신 기간망, CATV 등의 가입자망, 이동통신 기지국망 등 광통신 시스템이다. 이러한 광통신 시스템에는 한곳에서 전송된 신호를 여러 곳으로 분배하거나 여러 곳에서 전송된 신호를 한곳으로 결합시키는 장치가 필요하다. 광섬유 안에서는 어떻게 빛이 분배되고 결합될 수 있을까?

빛은 광섬유의 코어를 통해서 진행한다. 이 광섬유를 통과하는 빛의 양을 임의로 나눌 수 있을까? 그것이 가능하다면 나누는 비율도 조절할 수 있을까? 원통형으로 길게 생겨 그 표면으로 빛이 나오는 형광등 같으면 원하는 비율로 칸막이를 하면

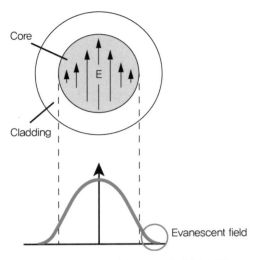

Core
E
Cladding
Evanescent field

광섬유 단면에서 본 빛의 세기(E) 분포. 코어 내부에서 빛은 Gaussian 분포를 가지며, 클래딩 쪽으로도 약하지만 에바네슨트파가 존재한다.

빛의 양을 쉽게 나눌 수 있을 것이다. 그러나 길이 방향으로 진행하여 말단으로 빛이 나오는 광섬유는 이와는 다른 방법이 있어야 할 것 같다.

광섬유의 코어를 지나가는 빛은 코어와 클래딩의 계면에서 전반사가 일어나기 때문에 가능하다. 그러나 실제로는 빛이 완전하게 코어 내부에만 국한되어 진행하는 것이 아니라 코어 바깥에도 미약하지만 빛의 일부분이 있다. 빛의 세기가 코어 내에서 가우스Gauss 분포를 가지며 진행하는 빛은 코어의 중심이 그 세기가 가장 크고 바깥쪽으로 나갈수록 지수 함수적으로 감소한다.

코어의 바깥인 클래딩으로도 뻗쳐 있는 미약한 빛을 에바네슨트파(Evanescent field wave)라고 한다. 만약 광섬유의 코어 아주 가까이에 또 다른 코어를 위치시키고 한쪽으로 빛을 보내면 이 에바네슨트파로 인해 다른 코어 쪽으로 넘어갈 수가 있다. 이런 현상을 커플링(Coupling)이라고 한다.

광섬유의 클래딩을 갈아낸 광섬유 두 개를 가져와 서로 맞대어 코어를 가까이 한 다음, 두 개의 코어로 각각 빛을 보내면 맞댄 부분에서 빛은 합쳐진다. 이렇게 빛을 나누거나 합치는 기능을 가진 광섬유를 광섬유 커플러(Optical fiber coupler)라고 한다.

특별히 입력 광을 2개 이상의 출력 광으로 나누는 것을 광 분파기(Optical fiber splitter), 2개 이상의 입력 광을 하나의 출력 광으로 결합하는 것을 광 결합기(Optical fiber combiner)라고 구분해 부른다. 실제로 광분파기를 거꾸로 사용하면 광 결합기가 되고 그 반대도 마찬가지다.

그럼 광섬유 커플러는 어떻게 만들 수 있을까? 광섬유의 아크릴수지 코팅층을 벗겨낸 후 바깥 유리층인 클래딩의 한쪽 면을 코어 가까이까지 연마한다. 다음 연마된 2개의 광섬유의 연마된 면을 마주보게 한 후 겹쳐 고정한다. 빛을 한 개의 광섬유로 입사시키면 두 개의 코어가 결합된 곳에서 커플링이 일어난다.

이때 커플링이 되는 결합된 길이를 달리하면 분배되는 빛의 비율도 달라진다. 따라서 결합 길이를 조정하여 빛의 양을 조절하는데 5:5, 1:9, 3:7의 비로 원하는 대로 나누어 분배할 수 있다. 그러나 유리로 이루어진 가는 광섬유를 연마하고 길이를 맞대어 정밀하게 고정하는 것이 번거롭고 어려워 요즈음은 이 방법은 거의 사용하지 않는다.

현재 가장 많이 사용하는 다른 방법으로는 광섬유의 외피를 벗겨낸 후 광섬유를 서로 맞댄 상태에서 열을 가하면서 잡아 늘인 다음 융착시켜 만든다. 두 개의 광섬유가 늘어나면 가늘어지고 따라서 코어 간의 간격도 줄어든다. 커플링이 가능한 길이가 될 때까지 늘여야 한다. 이때 결합 길이를 조절하여 빛의 분배 비율을 조정할 수 있다.

실제 광섬유를 늘여 융착함과 동시에 빛을 보내어 분기되는 빛의 양을 측정한다. 따라서 커플링 되는 길이와 빛의 분배량을 정확하게 조절하고 자동화도 가능하다. 이러한 광섬유 커플러는 위에서 언급한 1×2타입의 광 분파기

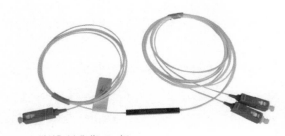

1×2 광섬유 분배기(Splitter)[18]

나 2×1타입의 광 결합기 외에도 다른 종류가 많다. 2×2와 4×4타입 그리고 복잡한 경우 32×32타입으로까지 확장할 수 있다. 32×32타입 커플러는 32채널로 받아 다시 32채널로 분배하는 광 부품이다.

광통신에 사용하는 빛은 가시광선을 사용하지 않고 적외선을 사용하는데, 주로 1,310nm의 파장과 1,550nm의 파장을 가진 근적외선을 사용한다. 그 이유는 가시광선 파장영역의 빛은 광섬유의 주성분인 석영유리가 많이 흡수해 광 손실이 커서 사용하지 않는다. 최근에는 광통신 수요로 인한 데이터 용량의 증대로 1,310nm과 1,550nm의 파장 사이의 다른 파장도 잘게 쪼개어 사용하기도 한다.

앞에서 설명한 광섬유 커플러는 빛의 세기를 나누거나 합치는 용도로 사용한다. 그런데 광섬유를 이용해 파장이 다른 빛을 합치기도 하고 합쳐진 파장의 빛을 각각

의 파장으로도 나눌 수 있다. 이러한 것을 특별히 파장분할 다중화 커플러(WDM coupler, Wavelength Division Multiplexing coupler) 또는 간단히 WDM 커플러라고 한다.

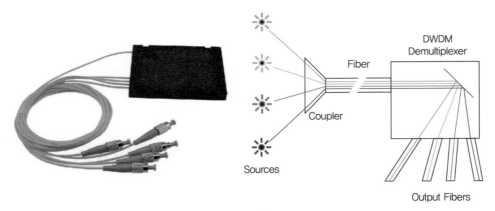

WDM Multiplexer의 외형(왼쪽)과 구조(오른쪽). 다른 파장이 빛들이 커플러(Coupler)를 통해 한 개의 광섬유로 합쳐져 들어온 다음(Multiplexing), 각각의 광섬유로 파장에 따라 나누어져 나간다(Demultiplexing).[19]

  예를 들어 파장이 다른 두 개의 레이저 광을 2X1 WDM 커플러를 이용해 한 개의 광섬유에 합쳐 보낼 수 있다. 또 두 파장이 섞인 광은 1X2 WDM 커플러를 통과시켜 각기 다른 파장으로 나누어 분리할 수 있다. 만약 파장이 4개 이상 더욱 잘게 나누어지면 조밀하다는 뜻인 Dense를 앞에 붙여 DWDM 커플러라고 부른다. 광섬유 부품이나 이를 이용한 광 시스템에는 여러 가지 필요한 파장의 빛을 용도에 맞춰 적합한 커플러를 사용한다.

42. 화재를 예방하고 감시한다: 광섬유 온도 센서

  우리는 빛으로 이루어진 정보를 광섬유를 통해 주고받음으로써 광통신을 한다. 광케이블 속에 들어 있는 광섬유들은 광 정보를 전달하는 매개체로서의 역할이 대부분이다. 광섬유로 이루어진 커플러들은 빛의 세기와 파장 등을 나누거나 합치는 역할을 한다. 광섬유 레이저나 증폭기는 외부의 펌프광을 이용해 새로운 파장의 빛을 만들어내는 능동적인 기능을 한다.

빛을 전달하는 수동적인 기능에서 벗어나 능동적인 기능을 구현한 것으로 광섬유 센서가 있다. 광섬유를 지나는 빛을 이용하여 외부의 물리량을 측정하는 데 광섬유를 센서로 이용하는 것이다. 대부분의 광섬유 센서는 광섬유에 가해지는 물리량의 변화에 의해 광섬유를 진행하는 빛의 여러 가지 특성 변화를 측정한다.

외부에서 가해지는 변화에는 온도, 압력, 전기장, 자기장, 화학물질의 농도 등이 있다. 이러한 외부의 물리량에 변화가 발생하면 빛은 그 세기가 달라지거나 위상, 편광 상태, 파장 등 여러 가지 광 특성이 달라진다. 따라서 이러한 빛의 광 특성을 측정함으로써 외부에서 가해진 변화를 알 수 있는 것이다.

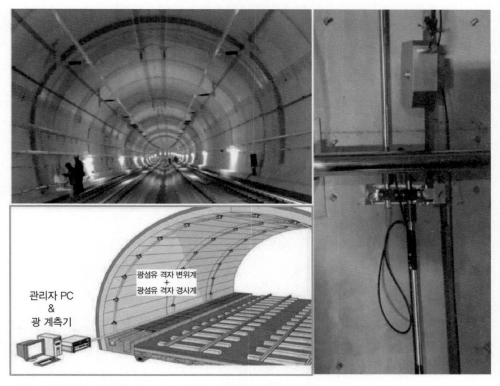

터널의 2차원 변위를 측정하는 안전 진단 모니터링 솔루션인 광섬유 격자 센서[20]

최근에 건물이나 공장, 터널 등에 대형 화재가 일어났을 때 그 예방 대책이 미비하여 신속하게 처리를 못 하는 경우가 종종 있다. 이러한 경우 온도 변화를 상시 모니터링하고 비상시에 알려주는 시스템이 잘 가동되어 있으면 미연에 막는 데 큰 도움이 될 수 있을 것이다.

기존의 공장 등에 설치된 대부분의 온도 센서(Temperature sensor)는 열전대나 온도 저항체 등의 온도 센서를 필요에 따라 여러 군데 설치하는 경우가 많다. 그러나 넓은 지역의 온도 감시가 필요한 경우에는, 온도의 급격한 변화가 어디에서 발생할 지 예측이 불가능하므로 여러 곳에 온도 센서를 설치할 수밖에 없다. 따라서 보수, 점검 등이 어려워 온도 감시 시스템을 간단하고 경제적으로 구축하는 것이 현실적으로 불가능하다.

이러한 고충을 해결할 수 있는 것이 광섬유를 이용한 온도 센서 시스템이다. 광섬유 한 가닥으로 전체 면적에 대한 온도 변화를 측정하며, 이상이 발생한 지점과 온도를 자세하게 실시간으로 알 수 있을 뿐만 아니라 상시 모니터링 하면서 감시할 수 있다.

광섬유 브래그 격자를 이용해 온도를 측정한다

—

광섬유를 이용하여 온도를 측정하는 방법에는 크게 두 가지 방식이 많이 사용된다. 하나는 광섬유의 코어 부분에 굴절률이 높은 층을 다수 주기적으로 형성시켜 만든 광섬유 브래그 격자인 FBG(Fiber Bragg Grating)를 이용하여 온도의 변화를 측정하는 것이다. FBG는 Excimer 레이저를 이용해 강한 자외선을 광섬유의 코어 부분에 조사해 Ge의 구조결함을 유도하고 이 결함이 굴절률을 증가시키는 원리를 이용하여 만든다.

FBG를 통과한 넓은 파장영역(Broadband light)의 빛은 브래그Bragg 조건을 만족하는 특정한 파장($\lambda_B=2n\Lambda$, Λ는 굴절률 변화의 주기)에서 반사가 일어나는데, 이 반사파장(Reflected wavelength)의 세기는 광섬유 코어 내부의 굴절률이 증가한 정도에 따라 달라진다. 만약 FBG의 온도가 달라지면 이 반사파장이 이동을 한다. 이동한 파장 값을 측정하면 온도 변화를 알 수 있어 온도 센서로 사용할 수 있다. 만약 FBG에 응력이 가해져 광섬유의 길이에 변화가 생기면 이 경우에도 반사 파장이 이동을 하는데, 이 파장 이동을 측정하여 응력에 의한 변형률을 측정하는 센서(Strain sensor)로도 사용한다.

FBG의 반사 파장의 이동이 커질수록 온도 변화는 크다. 만약 FBG를 한 개가 아닌

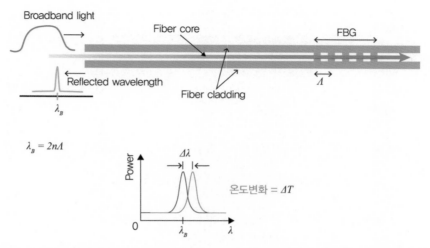

$$\lambda_B = 2n\Lambda$$

광섬유 코어 내부에 굴절률이 큰 부분을 반복적으로 형성시킨 만든 광섬유 브래그 격자인 FBG. FBG를 통과한 빛은 브래그 파장(λ_B)에서 반사를 하고, 온도의 변화가 있으면 이 반사 파장이 이동을 한다. 파장의 변화를 측정하여 온도의 변화를 알 수 있다.[21]

여러 개를 적당한 간격으로 한 가닥의 광섬유에 배열하여 새기면, 온도의 변화와 그 변화를 감지한 FBG가 위치한 장소를 동시에 알 수 있다. 이때 각각의 FBG는 굴절률의 변화 주기를 달리하여 반사되는 파장이 모두 다른 FBG를 사용해야 한다. FBG 광섬유를 이용한 센서 시스템은 빛을 보내는 광원과 FBG로 감지하는 광섬유 센서, 반사광을 측정하는 광 검출기, 그리고 최종 신호처리부로 구성되어 있다.

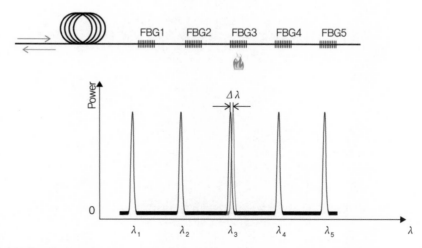

반사파장이 다른 다수의 FBG를 직렬로 새긴 광섬유의 특정 위치에 온도가 올라가면 그 위치에 있는 FBG의 파장 변화를 측정하여 위치와 온도 변화를 동시에 측정한다.[22]

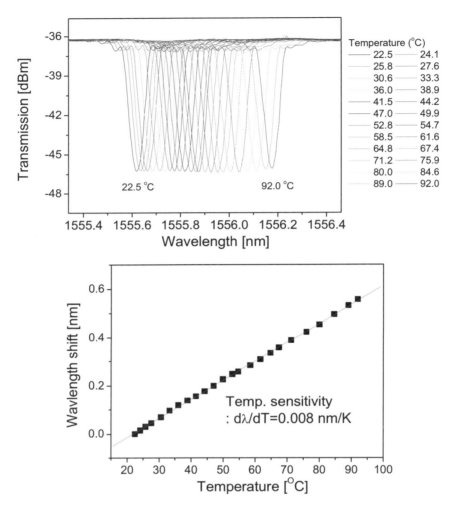

실제 FBG를 새긴 광섬유를 이용해 22.5°C에서 92°C에서까지 반사파장의 이동을 측정한 결과. 온도가 증가함에 따라 파장이 긴 쪽으로 이동하였고(위), 온도에 따른 파장의 이동은 직선적으로 증가함을 알 수 있다(아래).

FBG 광섬유로 구조물을 진단한다

이 FBG는 온도뿐 아니라 광섬유 주위에 기계적인 힘이 가해져도 FBG에서 반사되는 파장의 이동이 발생하여, 가해진 응력에 의한 변형률을 측정하는 센서로도 많이 사용한다. 이 변형률 센서도 반사파장이 다른 FBG를 적당한 간격으로 한 가닥의 광섬유에 배열하여 새기면, 변형률의 변화와 그 변화를 감지한 FBG가 위치한 장소를 동시에 알 수 있다.

이러한 FBG 변형률 센서는 구조물의 안전 상태를 진단할 수 있는데 주로 사용한다. 교량이나 댐, 터널, 대형 빌딩 등 건축물을 구축하거나 공사할 때, 콘크리트 안에 FBG가 새겨진 광섬유를 포설하여 구조물 내부의 응력 분포나 변형의 정도를 원격으로 실시간으로 감지한다. 센서가 되는 광섬유가 아주 가늘고 작아 구조물 안에 들어 있어도 구조물 자체의 기계적 특성에는 영향을 미치지 않는다. 최근에는 풍력 발전기의 날개와 항공기나 헬리콥터 등의 날개 등 대형 구조물의 부품 내부에도 설치해 응력 상태를 감지, 진단하는 데 사용하고 있다.

라만 산란을 이용한 분산형 광섬유 센서

光섬유를 이용하여 온도와 응력을 측정하고 감지하는 두 번째 방식은 앞에서 설명한 FBG의 단점을 해소하고자 개발되었다. FBG를 이용하여 위치에 따른 변화를 함께 측정하고자 할 때는, 반사파장이 다르게 나오는 각기 다른 FBG를 설치 위치를 알 수 있도록 광섬유에 많이 만들어야 한다.

이러한 다수의 FBG를 이용한 점 계측(Point sensing) 방식의 단점을 없애고 위치의 지정 없이 변화가 있는 곳이면 모두 측정이 가능한 분산 계측(Distributed sensing) 방식이 개발되었다. 광섬유의 비선형 광학 현상 중 하나인 라만 산란(Raman scattering)을 이용한 것이다. 이러한 온도 센서를 분산형 온도 센서(DTS, Distributed Temperature Sensor)라고 부른다.

광섬유에 레이저 빛을 입사하면 대부분은 통과해 나가나 극히 일부분은 산란되는데, 레일리 산란(Rayleigh scattering), 라만 산란, 브릴루앙 산란(Brillouin scattering) 등 발생 원인에 따라 세 가지로 나눈다.

레일리 산란의 경우, 산란광의 파장은 입사한 빛의 파장과 같아 광섬유가 끊어지거나 심한 변형을 일으켜 광 손실이 일어난 곳을 점검하는 데 주로 사용한다.

반면 라만 산란은 입사한 빛의 파장보다 길고(Stokes) 짧은(Anti-Stokes) 두 개의 파장으로 산란광이 나뉘어 나온다. 이 산란광 중에 파장이 짧은 Anti-Stokes 파장의 빛이 온도 변화에 민감하여 온도의 측정에 사용된다. 산란광의 유무 및 세기를 측정할 수 있을 뿐 아니라 계측기까지 도달한 시간을 측정해 온도 변화가 일어난 위치까지 알아낼 수 있다.

라만 산란을 이용한 분산형 온도 센서는 포인트 측정으로는 불가능한 6km나 되는 장거리를 1m 간격으로 연속적으로 온도를 고속으로 측정할 수 있다. 측정온도의 오차는 0.5° 이하이며, 온도를 측정하고자 하는 대상물이나 넓은 면적의 원하는 위치에 광섬유 한 가닥으로 장거리에 걸쳐 유연하게 포설할 수 있어 저비용으로 적용이 가능하다.

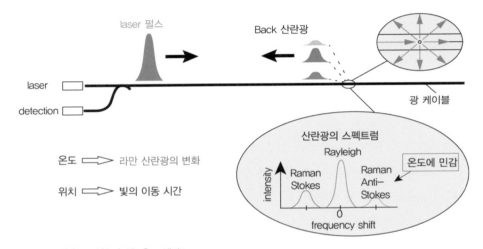

라만 산란을 이용한 분산형 광섬유 온도 센서[23]

실제 라만 산란광을 이용한 광섬유 분산형 온도 센서가 적용된 예로는, 암모니아 제조공장과 LNG 저장탱크 업체가 있다. 암모니아 제조 공장인 경우, 액체 암모니아를 운송하기 위해 지하에 매설되는 파이프라인 주위에 누설 감시를 위해 광섬유 온도 센서를 설치한다. 암모니아 가스가 누설되는 경우 온도가 급격히 내려가기 때문에 암모니아 누설 감시 시스템으로 광섬유 온도 센서가 채용되고 있다. LNG 저장탱크 주변과 파이프라인 또한 광섬유 분산형 온도 센서로 LNG가 누설된 유무와 장소를 측정하고 감시할 수 있다.

최근 고전압 고전류를 공급하고 배분하는 배전반에서 화재가 나서 산불로 번져 큰 피해를 입었다. 많은 대형 공장에 설치된 지하 전력케이블의 과열에 의한 화재 사고는, 유연한 광섬유 센서를 전력케이블의 경로를 따라 포설하면 이상 온도 상승을 조기에 발견하고 대책을 강구할 수 있다.

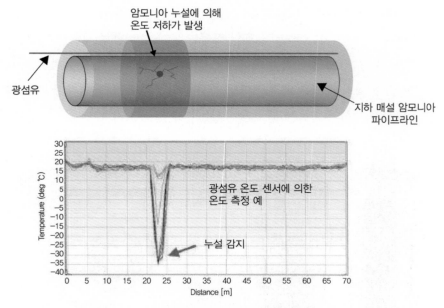

암모니아 누설에 따른 온도 저하를 라만 산란광을 이용한 광섬유 분산 온도 센서로 측정하여 감지한 예[24]

또한 원자력 발전소나 화력 발전소 등에 설치된 제어용 신호 케이블도 광섬유 센서와 함께 포설하면 발전소에서 발생할 화재사고를 미연에 대비할 수 있다. 최근에는 송전 케이블 외피 안에 센서용 광섬유를 내장한 광전력 복합 케이블이 전력케이블의 표준 규격으로 사용되고 있다. 광섬유 온도 센서를 이용한 이상 온도 감시와 화재 감지는 공동구 등의 지하관로와 터널 등에도 적용할 수 있다.

43. 침입자, 광섬유 펜스로 잡는다

식당이나 건물에 들어갈 때 흔히 자동문이 있는 것을 볼 수 있을 것이다. 이것은 문지방 상부에 설치된 적외선 센서(IR sensor)가 사람을 감지하여 저절로 작동하는

문이다. 문지방의 적외선 센서는 사물에서 방출되는 적외선을 직접 감지하는 방식과 적외선을 방출한 다음 사물에 의해 적외선이 차단됨으로써 변화를 감지하는 방식이 있다. TV의 리모컨도 키를 누르면 적외선을 방출하는데 TV 내부에 있는 적외선 수신기가 이것을 감지하여 작동하는 것이다.

적외선 센서에서 나오는 빛은 파장이 길어 우리 눈에는 보이지 않는다. 움직이는 물체가 눈에는 안 보이지만 계속 비치는 적외선을 가리면 빛의 세기에 변화가 생겨 이를 감지할 수 있다. 그러나 적외선 센서는 적외선이 비치는 방향의 범위 안에서만 감지가 가능하며 따라서 매우 좁은 영역의 감시에 한정된다. 또 날씨가 흐리거나 비가 오면 적외선이 미세한 물방울에 흡수되어 성능이 현저하게 저하가 되는 단점이 있다.

적외선 센서(왼쪽)와 감시용 폐쇄 회로 TV(CCTV)(오른쪽)[25]

우리가 길이나 건물 주위에서 흔히 보는 보안용 폐쇄 회로 TV인 CCTV(Closed Circuit Television)는 찍히고 있는 영상을 사람이 실시간으로 직접 확인을 해야 하는 단점과 함께 넓은 영역을 확보하기가 쉽지 않다. 적외선 센서나 CCTV 외에도 누설 동축 케이블이나 자기 센서 등을 이용하여 이동하는 사물을 감지하기도 하지만 전자기파에 의한 교란이 있는 지역에서는 사용하기 어렵다.

광섬유로 침입자를 가려낸다

최근 공항이나 은행, 원자력 발전소, 대사관 등 특수 보안이 필요한 넓은 구역을 중심으로 침입자를 가려내는 시스템을 설치하고 있다. 이런 넓은 면적의 시설물에 무단으로 침입하는 자를 날씨와 전자기 교란에도 관계없이 탐지할 수 있는 방법은 무엇일까?

그 해결사는 다름 아닌 유리로 만들어진 광섬유를 이용한 침입 센서를 이용하는 것이다. 넓은 영역의 철책이나 펜스 등에 광섬유를 격자 모양으로 엮어 설치를 하거나, 소형 점포나 은행 등의 넓은 바닥에 설치하여 침입을 감지할 수 있다. 침입자가 설치된 광섬유를 건드리거나 바닥을 밟으면 그 압력에 의해 광 신호는 변화를 일으키고 이것을 실시간으로 감지하는 것이다.

이러한 광섬유를 이용한 침입 센서는 넓은 영역을 실시간으로 어느 방법보다 정확하게 감지가 가능하며, 화학적으로 내구성이 높고 누전이 없으며 전자기파에 의한 잡음 발생이 없는 장점이 있다. 광섬유 센서와 함께 적외선 카메라 등 영상 시스템을 연동하여 사용하면 더욱 효과적으로 침입자의 감지가 가능하다. 광섬유 센서를 통해 침입자를 인식함과 동시에 그 방향으로 자동으로 움직이는 적외선 카메라를 따라 침입자의 거동을 추적할 수 있기 때문이다.

광섬유 센서는 땅바닥에 묻거나 철책 등에 설치된 광섬유를 밟거나 건드려 달라진 빛의 특성을 측정하여 탐지를 하는 것이다. 광섬유를 진행하는 빛이 외부의 압력에 따라 변하는 특성을 측정하는 방법에 따라 침입자 감시 시스템도 달라진다.

광섬유 코어가 큰 다중 모드 광섬유를 사용할 경우에는, 입사되어 광섬유를 진행하는 레이저 빛의 모드 사이에서 서로 간섭현상이 일어나 빛의 단면 세기가 달라진다. 이때 방출되는 빛은 밝고 어두운 부분이 섞인 스펙클(Speckle)의 형태로 나오는데, 광섬유에 압력이 인가되면 광섬유의 굴절률이 변해 각 모드 빛의 위상이 변하기 때문이다. 따라서 가해진 압력의 크기에 따라 스펙클의 모양은 달라지고 이에 따라 변한 빛의 세기를 측정해 침입 여부를 가리는 것이다. 빛은 발광소자인 레이저 다이오드LD, Laser Diode를 이용해 광섬유에 입사시키고 빛의 세기는 수광소자인 포토 다이오드PD, Photo Diode를 이용해 측정한다. 감지 가능거리가 수백 m에 불과하다는 단점이 있다.

숭례문 화재 감시 개념도

화재 조기 탐지를
위한 광섬유

광섬유 온도
센서 본체

광섬유 침입
탐지 센서 본체

침입자 확인을
위한 무인 카메라
탐지 영역

침입자
탐지를 위한
광섬유

서울 남대문(숭례문)의 화재 예방을 위해 광섬유로 이루어진 온도 센서와 침입 탐지 센서를 배치한 모습[26]

브릴루앙 산란

스펙클의 모양 변화로 인한 광세기를 측정하여 압력 변화를 감지하는 방법과는
다르게, 광 신호의 특성 변화로 압력을 감지하는 방법이 있다. 광섬유를 지나는 빛은
유리의 분자에게도 영향을 주어 입사된 파장과는 다른 파장의 빛을 방출하기도 한
다. 이러한 현상을 산란Scattering이라고 하는데, 특히 브릴루앙 산란Brillouin scattering을
이용하여 압력 변화를 감지하는 방법이다. 빛의 산란광을 측정하는 방법을 이용하
면 감지하는 거리를 수백 m에서 수 km까지 확장할 수 있는 장점이 있다.

브릴루앙 산란은 빛이 광섬유의 코어를 통과하면서 유리 분자에 영향을 미쳐 생
기는 음파신호와 원래 입사된 빛이 상호작용하여 발생하는데, 이 산란광은 외부에
서 압력이 가해져 광섬유가 변형이 생기면 파장이 변한다. 따라서 이 파장의 변화를
측정하면 압력의 변화를 알 수 있다.

브릴루앙 산란을 측정하기 위해서는 스펙클 간섭무늬를 측정할 때 사용하는 다중 모드 광섬유와는 달리 단일 모드 광섬유를 사용한다. 침입자가 광섬유를 누르거나 실내 바닥에 매설한 광섬유를 밟을 경우 생기는 브릴루앙 산란의 변화를 측정하여 발생하는 압력을 알 수 있으며, 이를 감지하여 침입자를 확인한다. 광섬유의 포설 길이는 10Km 이상도 가능하여 넓은 구역을 감시하는 데 최적이다.

이 브릴루앙 광섬유 센서는 침입자의 감지뿐 아니라 산을 깎아 도로를 낸 경사면의 산사태나 토지의 유실을 감지하는 데에도 사용된다. 광섬유에 산사태로 인한 압력이 광섬유에 걸리면 산란광의 파장이 변하고 이를 감지하는 것이다. 이 브릴루앙 광섬유 센서를 이용하면 온도의 변화도 측정이 가능한데, 이 경우에는 산란광의 파장 변화는 적고 빛의 세기의 변화가 커서 빛의 세기 변화로 온도를 측정한다. 최근에는 온도와 압력에 대한 감지를 동시에 하는 방향으로 기술이 발전했다.

산의 경사면 사태를 감지하기 위해 포설된 광섬유 케이블과 침입자를 감시하기 위해 철책에 설치된 광섬유 침입 감지 센서[27]

44. 광섬유로 전류를 측정한다

광자기 현상, Faraday 회전
—

빛은 전기장과 자기장이 서로 직교하며 진행하는 전자기파이다. 사인파의 모양으로 진행하는 전기장만 고려해보자. 일반적으로 우리가 보는 빛은 사인파의 전기장 세기 방향이 서로 다르게 진행하는데 이를 무편광(Unpolarized light)이라고 한다. 이러한 무편광인 빛을 편광자(Polarizer)라고 하는 특정한 물질이나 광 부품에 통과시키면 축이 한 방향으로 정렬된 사인파만 나오게 할 수 있는데 이를 선편광(Linearly polarized light)이라고 한다.

편광자는 특정한 축 방향을 제외한 빛은 다 흡수하여 선편광을 만드는 것과 특정한 축방향의 빛은 다 반사시켜 선편광을 만드는 등 여러 가지의 종류들이 있다. 여름이면 착용하는 선글라스로 사용하는 편광안경은 폴라로이드라고 하는 요오드가 함유된 PVA라고 하는 플라스틱으로 만든 것인데, 분자의 배열을 한 방향으로 배열시켜 빛을 편광시키는 기능을 한다.

선편광 된 빛을 Quarter-wave plate라고 하는 또 다른 편광자에 통과시키면 선편광축이 회전하면서 진행하는 원편광(Circularly polarized light)으로 바뀐다.

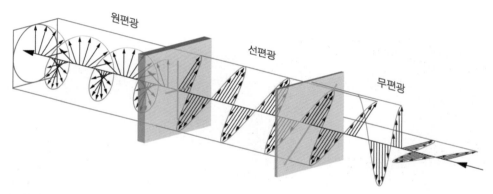

축방향이 다르게 진행하는 무편광의 빛이 편광자를 통해 한 방향의 축으로만 진행하는 빛인 선편광으로 바뀌고, 이 선편광은 또 다른 편광자인 Quarter-wave plate를 통과하면 원편광으로 바뀐다.[28]

1845년 영국의 패러데이Faraday는 빛의 전자기 성질을 연구하다가, 자기장 아래에서 빛이 어떤 유리를 통과할 때 빛의 편광면이 회전한다는 현상을 발견하였다. 그 당시 패러데이는 광학 렌즈용 유리 만드는 연구를 하다가 많은 실패를 거듭하였다고 한다. 우연히 실패했던 유리 한 조각에 빛을 통과시키자 편광면이 변하는 것을 발견하였다.

편광면의 회전각 θ는 인가한 자기장의 세기 B와 빛이 통과한 거리 d에 비례한다($\theta=VBd$, V는 베르데(Verdet) 상수)고 알려진 '패러데이 효과'(Faraday effect)를 발견하게 된 것이었다. 이 패러데이 효과는 1865년 영국의 맥스웰Maxwell에 의해 빛의 전자기 현상과 연관됨이 확인되었고 광학적으로 투명한 유전체 재료(Dielectric material, 부도체)에서 발생하는 것으로 밝혀졌다. 자기장 하에서 빛의 편광 특성이 바뀌는 이 패러데이 회전 현상은 광자기 특성을 가진 유리(Magneto-optic glass)나 결정체에서 일어난다.

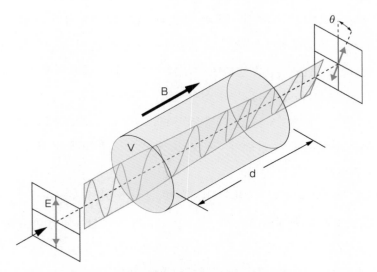

선편광된 빛이 자장(B)하에서 광자기 유리나 결정체를 통과하면 그 축방향이 θ만큼 회전한다.[29]

단위 자기장하에서 편광면의 회전이 많은 재질은 베르데 상수가 높다고 할 수 있는데, 이러한 광자기 특성이 우수한 소재로는 유리와 결정질에서 찾을 수 있다. 세륨 Ce, 터븀Tb 등 희토류 원소Rare earth element가 첨가된 붕산염 유리와 희토류 원소나 반도체 미립자가 함유된 실리카계 유리가 그것이다. 결정질 재료 중에서는 광학적인 특성을 함께 갖춘 단결정으로 터븀계 TGG(Terbium Gallium Garnet)가 높은 광자기 특성을 나타낸다.

빛의 패러데이 회전을 이용하여 반사광을 차단한다: 광 아이솔레이터
—

패러데이 회전을 이용하면 반사되어 거꾸로 돌아 나오는 빛을 차단할 수 있다. 편광면이 서로 수직인 빛이 만나면 빛이 통과하지 못하는 현상을 이용하는 것이다. 편광된 빛의 세기는 편광면이 이루는 각의 코사인 값의 제곱($I=I_{max}\cdot cos^2\theta$)에 비례한다. 이러한 말루스Malus의 법칙에서 알 수 있듯이, 편광면의 회전인 θ가 90°가 되면 빛의 세기는 0이 된다.

빛의 굴절률이 서로 다른 매질의 계면에서는 항상 반사가 일어난다. 공기와 유리에서는 약 4% 정도이다. LD에서 나오는 강력한 빛을 레이저 매질의 펌프광으로 이용하는 레이저나 광증폭기는 계면에서 발생하여 되돌아 들어오는 반사광은 반드시 차단해야 한다. 광 부품이 서로 연결된 계면에서 반사되어 되돌아오는 빛의 세기 또한 커서 광원으로 사용하는 LD가 손상을 입기 때문이다.

반사광을 차단하기 위해서는 광 아이솔레이터(Optical isolator)라고 부르는 광 부품을 연결하여 사용하는데, 반사광의 편광면이 90°가 회전하도록 설계하여 만든 제품이다. 기본 원리는 다음과 같다.

처음 LD에서 나온 무편광의 빛은 먼저 선편광기를 거쳐 선편광으로 바뀐다. 이 선편광된 빛은 광자기 특성을 보유한 단결정이나 특수 광섬유를 통과하면서 패러데이 회전을 일으킨다. 이때 계면에서 반사되어 되돌아온 빛의 일부 또한 광자기 재료를 다시 통과하면서 또 한 번의 패러데이 회전을 일으킨다.

이때 만약 반사되는 빛의 편광면이 처음 입사된 편광면과 90°를 이루면 빛을 차단할 수 있다. 물론 편광 빛은 자기장 하에서 회전이 일어나므로 광자기 재료는 강한 자석의 내부에 위치한다. 패러데이 회전각은 빛의 진행방향과 평행한 방향으로 인가된 자장의 방향에 의존하므로, 반사되어 반대 방향으로 돌아오는 편광면 패러데이 회전각은 상쇄되어 없어지지 않고 두 배가 된다.

따라서 반사된 빛을 차단하기 위해서는 광자기 특성을 보유한 결정체나 특수 광섬유의 길이와 그것을 둘러싼 자석의 자장을 잘 맞추어 패러데이 회전각이 45°가 되도록 한다. 선편광된 빛은 광섬유를 통과한 후 45°를 회전하고, 계면에서 반사된 빛의 일부분은 같은 길이만큼 거꾸로 다시 통과하면서 또 45° 회전을 일으킨다. 그 결과 원래 입사한 편광면은 90°가 회전되어 되돌아오게 된다. 이 반사되어 90° 회전된 빛은 광원에서 나오는 빛을 만나도 그 세기는 0이 되어, 반사광은 차단되는 것이다.

이러한 광자기 현상인 패러데이 회전을 이용하여 자장하에서 빛을 차단하는 부품을 광 차단기 또는 광 아이솔레이터라고 한다. 광 부품들이 연결된 광시스템에서는 계면에서 반사되어 되돌아오는 빛을 차단하는 것이 매우 중요하여 광 아이솔레이터를 반드시 설치한다.

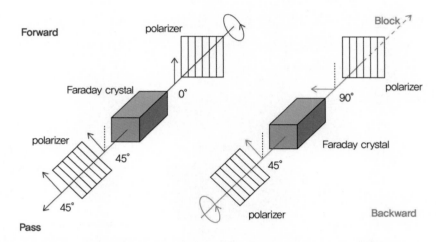

편광기(Polarizer)를 통해 선편광이 된 빛은 광자기 결정이나(Faraday crystal)나 광자기 특수 광섬유를 지나면 편광면이 45°
회전하여 통과해 나가나(Forward), 일부분 반사되어 되돌아오는 빛은 다시 광자기 재료를 통과하면서 45° 회전이 일어나 총 90°
회전이 되어 차단된다(Backward).[30]

광 아이솔레이터의 핵심 소재가 되는 광자기 재료(Magneto-optic material)로는 TGG(Terbium Gallium Garnet) 등의 단결정, 세륨[Ce], 터븀[Tb] 등 희토류 원소가 첨가된 붕산염 유리인 FR-4, FR-5, 그리고 희토류 원소나 CdSe나 CdMnTe 등 반도체 미립자가 함유된 실리카계 유리 광섬유 등이 있다. 광 아이솔레이터에서는 자장을 인가하기 위해서 자석을 사용하는데, 빛의 진행 방향과 자장의 방향은 반드시 일치해야 한다. 따라서 일반적인 아이솔레이터는 보통 원통형의 자석을 이용하고 그 내부에 광자기 재료를 삽입하여 빛을 길이 방향으로 진행하도록 하여 제조한다.

빛을 이용해 전류를 측정한다
—

입사된 선편광 된 빛이 자장 하에서 편광면이 45° 패러데이 회전을 하도록 자장과 광자기 재료의 크기를 조절하여 빛을 차단하는 방법과는 달리, 임의의 전류를 인가한 후 이에 따라 형성된 유도 자장에 의한 편광면의 회전각을 측정하면 입력된 전류를 측정할 수 있는 방법이 된다.

예를 들어 구리 코일을 감아 만든 장치인 솔레노이드Solenoid에 전류를 흘리면 길이 방향으로 자장이 형성된다. 솔레노이드 내부에 길이 방향으로 형성된 자장의 방향과 평행하게 광자기 재료(광섬유나 광자기 단결정 등)를 설치하고 선편광 된 빛을 입사시키면 편광면이 회전하게 된다. 이 회전각을 직접 측정하거나 회전 때문에 감소한 빛의 세기를 측정하면 인가된 전류를 알 수 있다. 직류나 교류에 관계없이 빛을 이용해 전류를 측정할 수 있는 것이다.

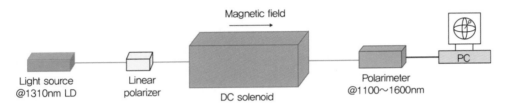

LD를 통해 입사된 무편광의 빛은 선편광기(Linear polarizer)를 통해 선편광으로 변환된 뒤 직류(DC) 솔레노이드 내부에 설치된 광자기 광섬유를 지나면서 편광면은 회전하고, 이 회전각을 Polarimeter로 측정하여 인가된 자장과 전류(직류)의 크기를 알아낸다. 이때 자장(Magnetic field)의 방향과 빛의 방향은 반드시 같아야 하며, 회전하는 편광면의 각도는 인가된 자장의 크기에 따라 직선적으로 증가한다.

솔레노이드를 이용하여 직선상의 자장을 인가하는 방법과는 달리 직선상의 도체에 전류를 흘려 그 주위에 원형의 자장을 형성할 수 있다. 특히 전선에 흐르는 전류는 도체 방향의 주위에 반시계 방향으로 형성되는 자장과 같은 방향으로 광자기 물질을 배치하면 측정이 가능하다. 원형으로 자장이 바뀌는 방향과 빛의 방향을 일치시킬 수 있는 물질로는 자장과 같은 방향으로 감을 수 있는 광섬유 형태의 소재가 가장 적합하다.

자장과 같은 반시계 방향으로 도체 주위를 광자기 특성을 가진 광섬유를 감고 선편광된 빛을 보내면 전류의 세기에 따라 패러데이 회전이 일어난다. 이런 원리로 패러데이 회전각을 직접 측정하거나 회전이 일어난 빛의 세기를 측정하면 도체에 흐르는 전류 값을 알아낼 수 있다. 이것이 빛을 이용하여 전류를 측정하는 방법이다.

선형으로 편광된 빛은 광자기 특성을 보유한 특수 광섬유를 지나는 동안 도체에 흐르는 전류I에 의해 형성된 자기장B에 의해 편광면이 θ각만큼 회전을 한다. 이때 형성되는 자기장은 도체를 감싸는 전체의 적분 값이 되는데, 패러데이 회전각인 θ는 흐르는 전류의 크기와 직선적으로 비례한다. 따라서 이 패러데이 회전각을 직접 측정하거나, 편광면에 따른 빛의 세기를 간접적으로 측정하면 인가된 자기장과 전류 값을 알 수 있다.

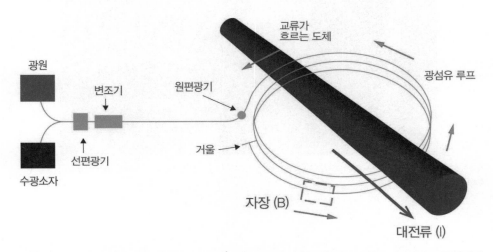

도체 주위에 감은 광자기 유리 광섬유를 통과하는 선편광된 빛의 패러데이 회전을 이용하여 도체에 흐르는 전류(교류)를 측정하는 방법

실제 광섬유의 광자기 특성을 이용해 전류를 측정할 때는 다음과 같은 사항 등을 고려해야 한다. 빛의 세기가 온도와 시간에 변함없이 안정적으로 방출되는 광원과 패러데이 회전을 받아 감소된 빛의 세기를 외부 환경의 변화에 무관하게 정확하게 측정할 수 있는 수광 소자를 사용해야 한다는 것이다.

또한 센서부인 광섬유는 감아서 사용하는 관계로 회전 굽힘에 따른 광 손실과 굽힘 응력으로 인한 발생하는 선형 복굴절이 최소화될 수 있도록 조처해야 한다. 특히 선형 복굴절은 패러데이 회전에 영향을 미치므로 측정오차를 발생시킨다. 또한 전류 센서 시스템 자체에 발생할 수 있는 진동과 온도 변화에도 패러데이 회전은 영향을 받으므로 광학적인 설계로 잡아주어야 한다.

전류가 흐르는 구리 도체의 바깥에 광섬유 전류 센서(OCT)를 넣고 전류를 측정하는 모습. 흰색의 원형 고리처럼 생긴 센서의 내부에는 광자기 특수 광섬유가 감겨 있다.

참고 자료

제1장 서 론

- 유리로 이루어진 하루(A day made of glass) (https://www.corning.com/in/en/innovation/a-day-made-of-glass.html)
- 제4차 산업혁명과 전력산업의 변화전망, 김현제, 에너지경제연구원, 2018.
- 미술대사전(용어 편), 유리[琉璃], 한국사전연구사 편집부, 1998.
- 세상을 바꾼 발명과 혁신, 유리 암포라에서 광섬유까지
  (https://terms.naver.com/entry.nhn?docId=3439715&cid=55589&categoryId=55589)
- 박물지(Natural history) (https://en.wikipedia.org/wiki/Natural_History_(Pliny))
- "유리의 뿌리를 찾아서", 김철영, 세라미스트, 제11권, 제2호, 2008. 4.
- 유리공학, 김병호, 청문각, 2009.
- 클로로필 (https://en.wikipedia.org/wiki/Chlorophyll)
- 이야기 청소년 서양미술사, 박갑영, 아트북스, 2014.

제2장 빛의 성질

- 스넬의 창 (https://en.wikipedia.org/wiki/Snell%27s_window)
- Color and Light in Nature, D. K. Lynch and W. Livingstone Cambridge University Press, 2001, p.79.
- 신기루 현상 (http://www.eyeng.com/yellow/?m=1&Tmode=view&no=3543)
- 색수차 (https://en.wikipedia.org/wiki/Chromatic_aberration)
- 광섬유 유리공학 강의록, 한원택, 광주과학기술원, 2019.
- Fundamentals of Inorganic glasses (2nd ed.), A.K. Varshneya, Society of Glass Technology, 2013.
- Optics 5th Edition, E. Hecht, Pearson, 2016.
- 현대물리학의 선구자, 임경순, 다산출판사, 2001 (http://www.kps.or.kr/141010)
- 무지개의 원리, 물리의 이해(웹교재), 경상대학교 (http://physica.gsnu.ac.kr/phtml/optics/light/rainbow/rainbow.html)
- 광섬유 (https://en.wikipedia.org/wiki/Optical_fiber)
- 전반사 (https://en.wikipedia.org/wiki/Total_internal_reflection)
- 선편광기 (https://en.wikipedia.org/wiki/Polarizer#Linear_polarizers)
- 복굴절 (https://en.wikipedia.org/wiki/Birefringence)
- "글루코스에서의 광활성 연구", 강동욱, 김이새, 이재란, 김석원, New Physics, Vol.67, No.10, October 2017, pp.1226~1230.
- Optical Properties of Glass, Glass Science and Technology 5, I. Fanderlik, Elsevier, 1983.

제3장 유리의 성질과 제조

- SiO_4 정사면체 (http://www.thisoldearth.net/Geology_Online-1_Subchapters.cfm?Chapter=2&Row=2)
- X-선 회절 (https://www.rigaku.com/en/techniques/xrd)
- 실용유리공학, 류봉기, 부산대학교출판부, 2017.
  (https://encrypted-tbn0.gstatic.com/images?q=tbn%3AANd9GcRUDF3yZHLfIFxwH2Ls6Lpqat5aAOwubbg_7rf9-cZ kaA6HXO14)
- 유리 공방 (https://www.visitokinawa.jp/information/the-original-glass-making-program-at-the-glass-workshop?lang=ko)
- 광섬유 유리공학 강의록, 한원택, 광주과학기술원, 2019.

- Fundamentals of Inorganic glasses (2nd ed.), A.K. Varshneya, Society of Glass Technology, 2013.
- 유리공학, 김병호, 청문각, 2009.
- "From molecular precursors in solution to microstructured optical fiber: a Sol-gel polymeric route", H. Hamzaoui, L. Bigot, G. Bouwmans, I. Razdobreev, M. Bouazaoui, B. Capoen, Opt. Mater. Express 1, 2011, pp.234~242.
- 에어로젤 (https://en.wikipedia.org/wiki/Aerogel)
- NCS 학습모듈, 유리·법랑 유리광섬유제조(LM1602020117_15v1), 한원택 외, 교육부, 한국직업능력개발원, 2018. 12. 31.
- Optical fibers: Materials and Fabrication, T. Izawa and S. Sudo, KTK Scientific Publishers, 1987.
- Understanding Fiber Optics 5th Edition, J. Hecht, Laser Light Press, 2015.
- 다이아몬드 감정 (http://gem.or.kr/mirae/dia/d-4-1.htm)
- 화학물질의 색 (https://en.wikipedia.org/wiki/Color_of_chemicals)
- Optical Properties of Glass, Glass Science and Technology 5, I. Fanderlik, Elsevier, 1983.
- 우주왕복선의 열 충격방지 시스템 (https://en.wikipedia.org/wiki/Space_Shuttle_thermal_protection_system)
- 인덕션의 원리 (https://m.blog.naver.com/PostView.nhn?blogId=vip1933&dogNo=220770009543&proxyReferer=https%3A%2F%2Fwww.google.com%2F)
- 불화수소 (https://namu.moe/w/%ED%94%8C%EB%A3%A8%EC%98%A4%EB%A6%B0%ED%99%94%EC%88%98%EC%86%8C)
- 흑요석 (https://en.wikipedia.org/wiki/Obsidian)
- 백두산 흑요석이 주성분 구석기시대 교류의 역사 [문화재로 보는 우리 역사] (http://www.kwnews.co.kr/nview.asp?s=601&aid=217082700083)
- 후기구석기 '흑요석' [강원문화재 탐방] (http://www.kado.net/news/articleView.html?idxno=668509)
- 유리의 종류와 용도, 2017 중소기업 기술로드맵 전략보고서(19. 금속 및 세라믹소재), 2017.
- 소다석회 규산염 유리 (https://en.wikipedia.org/wiki/Soda%E2%80%93lime_glass)
- 플러버(슬라임) (https://en.wikipedia.org/wiki/Flubber_(material))
- "Phase-change materials for non-volatile photonic applications", M. Wuttig, H. Bhaskaran, and T. Taubner, Nature Photonics volume 11, 2017, pp.465~476.
- "Optical glass and glass ceramic historical aspects and recent developments: a Schott view", P. Hartmann, R. Jedamzik, S. Reichel, B. Schreder, Applied Optics 49(16), June 2010.

제4장 빛과 유리

- 줌렌즈의 원리 (https://surplusperson.tistory.com/384)
- Optics 5th Edition, E. Hecht, Pearson, 2016.
- "Design and fabrication of large diameter graded-index lenses for dual-band visible to short-wave infrared imaging applications", A.J. Visconti, Ph.D Thesis, University of Rochester, 2015.
- 이미지 센서 (http://www.mitsubishielectric.com/bu/contact_image/cis/index.html)
- 허블 우주망원경 (https://ko.wikipedia.org/wiki/%ED%97%88%EB%B8%94_%EC%9A%B0%EC%A3%BC%EB%A7%9D%EC%9B%90%EA%B2%BD)
- 오버헤드 프로젝터(OHP) (https://ko.wikipedia.org/wiki/%EC%98%A4%EB%B2%84%ED%97%A4%EB%93%9C_%ED%94%84%EB%A1%9C%EC%A0%9D%ED%84%B0)
- 프레넬렌즈 (https://jarphys.wordpress.com/2015/04/19/fresnel-lenses-how-they-work/)
- 프레넬렌즈의 종류와 원리 (https://www.edmundoptics.com/resources/application-notes/optics/advantages-of-fresnel-lenses/)
- 무반사 코팅 (https://en.wikipedia.org/wiki/Anti-reflective_coating)

- "Rapid prototyping of three-dimensional microfluidic mixers in glass byfemtosecond laser direct writing", Y. Liao and et al., Lab Chip, 2012, 12, 746.
- 거울 제조 방법 (http://www.jasanglass.com/upload/JasanGlass_Bomy_e-catalog_2017.pdf)
- 유전체 거울 (https://en.wikipedia.org/wiki/Dielectric_mirror)
- "퀀텀닷: 고색영역을 위한 베스트 솔루션", Public Information Display, 삼성 디스플레이 (https://pid.samsungdisplay.com/ko/printpdf/learning-center/white-papers/quantum-dot-technology)
- "양자점 디스플레이 기술의 현재와 미래", 이창민, 이우석, 채희엽, Vacuum Magazine, 2017. 6.

제5장 유리의 변신

- 바이오 유리, CaO-SiO$_2$-P$_2$O$_5$-B$_2$O$_3$ Glass-Ceramics (BGS-7)(http://www.ors.org/Transactions/56/1235.pdf)
- 온열 암치료(http://www.docdocdoc.co.kr/news/articleView.html?idxno=1051131)
- "A Review on Controlled Release Advanced Glassy Fertilizer", G. Hazra and T. Das, Global Journal of Science Frontier Research: B Chemistry, Volume 14 Issue 4, 2014.
- N-P 유리 비료 (http://sembodja.bg/project/nitrogen-phosphorus-fertilizers/)
- 인산염 비료 (https://www.aegean-perlites.com/phosphate-fertilizers-industry/)
- 사리신앙 (https://m.blog.naver.com/PostView.nhn?blogId=limys777&dogNo=221178804497&proxyReferer=https%3A%2F%2Fwww.google.com%2F)
- 사리의 비밀 [과학을 읽다]. 아시아경제, 2018. 5. (http://www.asiae.co.kr/news/view.htm?idxno=2018052116024513335)
- 세계 고준위 방폐장 관리현황, 퓨처에코, 2016. 10. http://www.ecofuturenetwork.co.kr/news/articleView.html?idxno=13402
- 유약[釉藥], 한국민족문화대백과, 한국학중앙연구원, [네이버 지식백과].
- 생활자기, 김은주 작가.
- "법랑 산업 및 기술현황", 허상희, 피재환, 세라미스트 제19권 제2호, 2016. 6.
- Low E 유리, YK E&C(주) (https://m.blog.naver.com/PostView.nhn?blogId=ykenc2000&dogNo=221192325426&proxyReferer=https%3A%2F%2Fwww.google.com%2F)
- 유리산업에 나노융합기술 접목을 한 신개념 발열체 개발 (http://www.newsmaker.or.kr/news/articleView.html?idxno=68883)
- 내시경 (https://en.wikipedia.org/wiki/Endoscopy)
- 유리공학, 김병호, 청문각, 2009.
- 이온강화용 유리(Schott, xensation) (https://www.schott.com/xensation/english/xensation.html)
- 첨단 유리 소재 기술 동향 및 산업 현황, 정봉용, 양미성, 황종희, 김형준, KEIT PD Issue Report 2016. 11, Vol.16-11.
- "투명 방탄소재용 보로실리케이트 유리의 이온교환 강화", 심규인, 엄형우, 최세영, 한국군사과학기술학회지, 제16권, 제4호, 2013년 8월.

제6장 유리와 광자 기술

- "뉴 글라스 및 광재료", 한원택, 2000년 한국 세라믹스 연감, 제3절, 2000, pp.118-122.
- "2000년대 신기술: 광통신과 광섬유 기술", 한원택, Telecommunications Review, 제10권 1호, 2000, pp.82-91.
- "Glasses for photonics", M.Yamane and Y.Asahara, Cambridge University Press, 2000. 20.
- "고출력 저손실 광섬유 레이저 공통핵심 기술개발", 한원택, 2017 국가연구개발 우수성과 100, 과학기술정통부, KISTEP, 2017, pp.50-51.

- 광섬유 유리공학(강의록 2019), 한원택, 광주과학기술원.
- Glasses for photonics applications(강의록 2018), 한원택, 광주과학기술원.
- 봉화(https://namu.wiki/w/%EB%B4%89%ED%99%94)
- 복사기 (https://en.wikipedia.org/wiki/Photocopier)
- 복사기 제품 (https://www.fujixerox.com/eng/company/technology/production)
- 불꽃축제 (http://news.bizwatch.co.kr/article/industry/2017/10/01/0001)
- 레이저와 응용 (https://roberrific.typepad.com/drunkenmoose/2015/03/endovenous-laser-removal-compared-to-ipl-intense-pulse-light-therapy.html)
- 루비 레이저 (https://en.wikipedia.org/wiki/Ruby_laser)
- "레이저를 이용한 마이크로 및 나노 가공", 정성호, 기계저널 2011. 09, Vol.51, No.9.
- 군사용 레이저 무기(아테나) (https://www.huffingtonpost.kr/2015/03/12/story_n_6852330.html)
- 파장분할다중화 기술 (https://www.globalspec.com/learnmore/optics_optical_components/fiber_optics/fiber_optic_wavelength_division_multiplexers)
- "광섬유센서 케이블을 이용한 분포개념의 온도 및 변형률 계측기법의 활용", 권현호, 김태혁, 장항석, 김중열, 김유성, 광해방지기술, Vol.2. No.1, 2008, pp.28-40.
- 분산센서 시스템 (https://yokogawa.tistory.com/71) (https://t1.daumcdn.net/cfile/tistory/99D02D3359D831DB02)
- 광섬유 온도센서 (http://www.hellot.net/new_hellot/magazine/magazine_read.html?code=203&idx=25394&public_date=2015-09)
- 광섬유 보안 시스템 (http://news.zum.com/articles/2313717?c=08)
- 편광기 (https://en.wikipedia.org/wiki/Polarizer#Linear_polarizers)
- 패러데이 효과 (https://en.wikipedia.org/wiki/Faraday_effect)
- "Study of different magneto-optic materials for current sensing applications", S. Kumari and S. Chakraborty, J. Sens. Sens. Syst., 7, 2018, pp.421-431. (https://doi.org/10.5194/jsss-7-421-2018)

그림 및 사진 출처

제1장 서 론

1 https://www.corning.com/in/en/innovation/a-day-made-of-glass.html
   https://www.corning.com/content/dam/corning/media/worldwide/global/images/3B_GlassAge_CES_Mirror_T
   wo.jpg/jcr:content/renditions/retina_720.jpg

2 https://static.starsinsider.com/1920/na_5b36530d0ed21.jpg

3 http://image.zdnet.co.kr/2014/01/07/yQIxkWax05ZAaPZLur61.jpg

4 https://younghwan12.tistory.com/4028

5 http://blog.daum.net/_blog/BlogTypeView.do?blogid=0GnZ5&articleno=6114830

6 http://2.bp.blogspot.com/--XLTNZlbN-8/U3kpEhdUWUI/AAAAAAAAEpM/-aYW89OHLOI/s1600/DSC00
   750.JPG
   https://iceartfest.com/wp-content/uploads/2018/01/glass.jpg
   http://bellemeadhotglass.com/wp-content/uploads/2017/09/Pumpkin-coming-out-of-a-mold-300x200.jpg
   http://bellemeadhotglass.com/wp-content/uploads/2017/09/Some-classic-pumpkins-with-some-new-pumpkins-
   in-the-background- 768x512.jpg

7 http://www.rmears.co.uk/wp-content/uploads/2014/10/glazing31.jpg

8 https://cdn.catawiki.net/assets/marketing/uploads-files/48337-bfeaabc40c46088dbef3ede1cc3b5c16cce4f629-story_
   inline_image.jpg
   https://images-na.ssl-images-amazon.com/images/I/717dJcdaYuL._SX425_.jpg

9 https://upload.wikimedia.org/wikipedia/commons/thumb/f/f1/Chateau_Versailles_Galerie_des_Glaces.jpg/1280
   px-Chateau_Versailles_Galerie_des_Glaces.jpg

10 http://www.hoyaoptics.com/optical/index/images/img_5.jpg

11 https://me.pusan.ac.kr/commonboard/download.asp?fileSeq=7004&db=lecture
    https://encrypted-tbn0.gstatic.com/images?q=tbn%3AANd9GcSkzzjfsvxhFp-EZgbl3gJcn2fZIVWxrI_KmVnG6
    eCYTCTXc2NZ

12 https://me.pusan.ac.kr/commonboard/download.asp?fileSeq=7004&db=lecture
    https://st3.depositphotos.com/4747863/18920/v/600/depositphotos_189201772-stock-video-manufacturing-
    process-of-bottles-in.jpg

13 https://www.photonics.com/images/Web/Articles/2017/7/31/lathe.jpg

14 https://static1.squarespace.com/static/5388de33e4b01b17bc0d1ed7/t/583fbaeee58c62959c480eb1/1480571631690/
    11%28496%29.jpg?format=1000w

15 https://t1.daumcdn.net/cfile/tistory/2772444D59270C2430

16 https://t1.daumcdn.net/cfile/tistory/2664663B58275CF413

17 https://en.wikipedia.org/wiki/Chlorophyll

18 https://vignette.wikia.nocookie.net/warehouse-13-artifact-database/images/1/12/Newton%27s_prism_eperiment.jpg/
    revision/latest?cb=20150514171746

19 https://encrypted-tbn0.gstatic.com/images?q=tbn%3AANd9GcQJLIKJGPwU6EEv9IzJX41GOJ8p7A5ZhrYF1j
    MqiyCx7sRoBuES

20 http://atheism.kr/data/cheditor4/1402/JeCAWAV6CcvqiHPxAQ7Hdmxnh.jpg

21 https://cdn.pixabay.com/photo/2018/07/13/11/29/apple-3535566_960_720.jpg
    https://cdn.pixabay.com/photo/2017/12/22/19/23/surgery-3034133_960_720.jpg

22 https://takentext.tistory.com/331

23 https://t1.daumcdn.net/cfile/tistory/2375E945592198B929

24   http://www.dawoouv.co.kr/img/ccfl05.jpg

제2장 빛의 성질

1   https://encrypted-tbn0.gstatic.com/images?q=tbn:ANd9GcTQLb5LjvBAyaeyHIMTLs6W99T0oKl83-LaP1Vv8
      HHMTq059jkIRQ
     http://t1.daumcdn.net/thumb/R659x0/?fname=http%3A%2F%2Ft1.daumcdn.net%2Fencyclop%2Fm24%2F
      HcpjXoulpOZ8oPbPyS7hLB6xeFExb3yCJDdSFPgS%3Ft%3D1463562827000%3Ft%3D1467522000000

2   https://en.wikipedia.org/wiki/Snell%27s_window

3   https://en.wikipedia.org/wiki/Snell%27s_window

4   http://g3ynh.info/photography/articles/pics/optics/snellwin.png

5   https://encrypted-tbn0.gstatic.com/images?q=tbn%3AANd9GcSvCVXCYoVFP7wlF-Pjvig5vDrFioanwvijwCJY
      N8SPv09NqJDU
     https://img.sbs.co.kr/newimg/news/20180731/201211176_1280.jpg

6   http://www.eyeng.com/yellow/?m=1&Tmode=view&no=3543

7   https://en.wikipedia.org/wiki/Chromatic_aberration

8   https://en.wikipedia.org/wiki/Chromatic_aberration

9   https://cdn.pixabay.com/photo/2018/03/18/11/55/nature-3236540_960_720.jpg

10 http://www.sinyongsusan.com/xe/files/attach/images/137/192/eb05e858d841a59bc46170d7a799e8bc.jpg
     https://aedi.tistory.com/392

11 http://image.chosun.com/sitedata/image/201109/02/2011090201534_0.jpg

12 https://encrypted-tbn0.gstatic.com/images?q=tbn%3AANd9GcSqGRzai8gPUg54mRieW6N6QQBoJYFWmtG
      dhmbaNZoDZiHZ1WnU

13 https://encrypted-tbn0.gstatic.com/images?q=tbn%3AANd9GcRb5xhLQ9Ef38PR9hs9epss8JQJDSYkUJcDrvi
      XEiIRxS0Wp98r
     https://upload.wikimedia.org/wikipedia/commons/thumb/7/70/Rainbow1.svg/1280px-Rainbow1.svg.png

14 http://physica.gsnu.ac.kr/phtml/optics/light/rainbow/rainbow.html

15 http://physica.gsnu.ac.kr/phtml/optics/light/rainbow/rainbow.html

16 http://www.newsje.com/news/photo/201308/37858_48623_5711.jpg

17 https://encrypted-tbn0.gstatic.com/images?q=tbn%3AANd9GcRwvSh6GJvHfKuV4uYwRsnaTaDrhsbiLLdUV
      orWpZFZYqjLRnfv

18 https://4.bp.blogspot.com/-s9Qti7QL_uw/WjDEC32hEgI/AAAAAAAAlzo/Y9nYJSAWxKEK5vf7CBLmTWJY
      k8QXpLhvwCLcBGAs/s1600/K-10.jpg

19 https://upload.wikimedia.org/wikipedia/commons/c/ca/CD-ROM.png
     https://javalab.org/lee/contents/light_interference_on_cd_surface_CD_1.jpg

20 https://t1.daumcdn.net/thumb/R708x0/?fname=http%3A%2F%2Ft1.daumcdn.net%2Fnews%2F201707%2F03%
      2Fstoryfunding%2F20170703114928956psck.jpg
     http://ecotopia.hani.co.kr/files/attach/images/69/106/396/John_Dieselrainbows.jpg

21 https://en.wikipedia.org/wiki/Optical_fiber

22 https://en.wikipedia.org/wiki/Total_internal_reflection

23 https://pds.joins.com/news/component/htmlphoto_mmdata/201711/28/f4aecd2f-e3df-42df-bbc1-860b7e50c8fc.jpg

24 http://mblogthumb4.phinf.naver.net/20140515_127/rachelbusan_1400141618461CfX5N_JPEG/ideal.jpg?type=w2

25 http://cfile238.uf.daum.net/R400x0/231F513D536C9750288258

26 http://ko.eo-cables.com/uploads/201716113/fiberglass-optical-cable39193294115.jpg

27 http://gdimg.gmarket.co.kr/839854316/still/280?ver=1516106003
    http://m.blog.daum.net/pageway/450

28 https://en.wikipedia.org/wiki/Polarizer#Linear_polarizers

29 https://en.wikipedia.org/wiki/Birefringence

30 https://img1.daumcdn.net/thumb/R720x0.q80/?scode=mtistory2&fname=http%3A%2F%2Fcfile23.uf.tistory.com
    %2Fimage%2F165CEC49500D031317211D

31 https://encrypted-tbn0.gstatic.com/images?q=tbn:ANd9GcTdiD8Sq49uKFTT_Ks5yD4F6r83Yh83w0PCsR9v
    wluE47b3zur9mQ

32 https://upload.wikimedia.org/wikipedia/commons/thumb/f/fc/PM_optical_fibres.svg/600px-PM_optical_fibres.svg.png

제3장 유리의 성질과 제조

1   https://encrypted-tbn0.gstatic.com/images?q=tbn%3AANd9GcTbApNumkXWfaGtIr4rTjXpT3WJ_mfuRl4Gp
    By5lkeHFurPnP--
    http://www.jncquartz.com/upfile/2016/11/20161110135330_766.jpg

2   http://www.thisoldearth.net/Geology_Online-1_Subchapters.cfm?Chapter=2&Row=2

3   http://cfile239.uf.daum.net/R400x0/22496F48525128322BA2FE

4   https://www.stresstech.com/download_file/view_inline/214/

5   https://slideplayer.com/slide/6933479/ (Page 9)

6   https://sites.google.com/site/paenggroup/publications?tmpl=%2Fsystem%2Fapp%2Ftemplates%2Fprint%2F&
    showPrintDialog=1

7   https://cdn.hswstatic.com/gif/lampworking-2.jpg
    https://roadscholar-iv-prod.azureedge.net/publishedmedia/4wzvsbtvlx4lyms1gcfi/2388-hands-on-glassmaking-
    corning-museum-of-glass-lghoz.jpg

8   https://encrypted-tbn0.gstatic.com/images?q=tbn:ANd9GcSYfibcZz5KX1U0xK8Bnkkx9EGtOoWWfB_uWPJ
    TJIXSabGYkkcr

9   http://entrakorea.com/wp-content/uploads/2015/01/%EC%9C%A0%EB%A6%AC%EC%84%AC%EC%9C%A0.
    %EC%96%8002.jpg
    http://www.greenpostkorea.co.kr/news/photo/201109/3844_1323_20110921090715.jpg

10 http://www.koppglass.com/blog/wp-content/uploads/2016/04/batch_furnace_featured.jpg
    https://www.agchemigroup.eu/storage/app/uploads/public/583/d8b/288/583d8b2881533545055481.jpg

11 https://sc02.alicdn.com/kf/HTB1UzwFA.R1BeNjy0Fmq6z0wVXaX/Wholesale-new-low-price-150-150mm-
    transparent.jpg

12 http://www.rosendahlnextrom.com/fiber-optics/file/2015/09/Horizontal-OVD-Cladding.jpg
    https://www.chinafasten.com/upload/img/20140704113053344.JPG

13 https://www.researchgate.net/profile/Chuthathip_Mangkonsu2/publication/276145996/figure/fig1/AS:2945276
    47666178@1447232271652/Illustration-of-the-stages-in-sintering-of-powder-particles.png

14 https://www.osapublishing.org/ome/abstract.cfm?uri=ome-1-2-234#articleFigures
    https://image.made-in-china.com/202f0j00rtJfqadDvzcT/Fireproof-Thermal-Insulation-Ceramic-Silica-Aerogel-
    Blanket-for-Building-Materials.jpg

15 https://slideplayer.com/slide/6848362/23/images/3/Sol-gel+Technologies+and+Their+products.jpg

16 https://en.wikipedia.org/wiki/Aerogel

17 http://taesungdt.co.kr/data/file/product_01/1925728089_asUVBhPq_9c91ad4aa49bc1033c4309597e263f35d6a18d83.jpg

18 http://imagebank.osa.org/getImage.xqy?img=LmxhcmdlLGFvLTI5LTEyLTE4MTktZzAwMQ
    https://www.researchgate.net/profile/Mark_Nagurka/publication/237310733/figure/fig2/AS:669091459252231@
    1536535243189/Typical-core-and-clad-deposition-in-the-VAD-process.png

19 https://images.slideplayer.com/33/8192747/slides/slide_5.jpg

20 http://www.pkinetics.com/products/images/p104.jpg

21 https://img.laserfocusworld.com/files/base/ebm/lfw/image/2016/01/1312lfw01f2.png?auto=format&h=640&w=640

22 https://cdn.pixabay.com/photo/2016/06/23/23/00/crystal-glasses-1476364_960_720.jpg

23 https://4.bp.blogspot.com/-L9pUky0h1lM/VdSekRhosjI/AAAAAAAAAFs/jzKVoKc1WyI/s1600/quartz.jpg
    http://cfile203.uf.daum.net/image/2559E33B51368FEF02A4F9

24 https://m.blog.naver.com/PostView.nhn?blogId=vazx1234&dogNo=221019527804&proxyReferer=https%3A%2F%
    2Fwww.google.com%2F

25 http://www.stainedglass.kr/images/glass.JPG

26 https://en.wikipedia.org/wiki/Color_of_chemicals

27 https://sc01.alicdn.com/kf/HTB1PFsNXiYrK1Rjy0Fdq6ACvVXaL/New-design-pyrex-glass-beaker-350ml-glass.jpg_
    350x350.jpghttps://images-na.ssl-images-amazon.com/images/I/51w8EkRAEfL.jpg

28 http://www.tqgj.co.jp/assets/img/silicaglass/index_02.jpg

29 http://www.kkquartz.co.kr/kkqHome_phpVersion/k/img/sub/a03.png

30 http://mmzone.co.kr/media/files/4098/mmzimg13269810498660.jpg
    https://i.pinimg.com/originals/c1/07/c9/c107c9317e50e986068f7c0f5a363f23.jpg

31 https://en.wikipedia.org/wiki/Space_Shuttle_thermal_protection_system

32 https://www.reddit.com/r/mildlyinteresting/comments/7cceaj/this_decorative_glass_sphere_has_no_openings_but/
    https://www.alibaba.com/showroom/optical-filter-glass.html

33 http://item.gmarket.co.kr/Item?goodsCode=346874409
    https://thumbnail15.coupangcdn.com/thumbnails/remote/230x230ex/image/retail/images/2018/01/30/14/9/367e
    3315-2ec1-469e-950b-3c6dec6fdd31.jpg

34 https://post-phinf.pstatic.net/MjAxNzAyMTNfMzAw/MDAxNDg2OTcxNTkzMDg0.-aumbXJboEdIqPvkirWZfY
    OVhGFdFVQ9vF-XGxNrjuIg.0Xs38c1WhdqrO8ByanptnpZmpHorKjgyzO56RIbzVE0g.JPEG/shutterstock_
    297515648.jpg?type=w1200

35 https://www.globalspec.com/RefArticleImages/215E06A9FBD9E2ECF0F6723CA4E8A3A0_2_02_73.gif

36 https://image.made-in-china.com/2f0j10FezTENOMkZlC/H2SO4-Sulfuric-Acid-93-98-.jpg
    https://namu.moe/w/%ED%94%8C%EB%A3%A8%EC%98%A4%EB%A6%B0%ED%99%94%EC%88%98%
    EC%86%8C

37 https://m.blog.naver.com/PostView.nhn?blogId=gridd_partners&dogNo=220700792839&proxyReferer=https%3A%
    2F%2Fwww.google.com%2F

38 http://spanish.pureborax.com/photo/pl17566496-opal_glass_insecticide_material_sodium_silicate_fluoride_white_
    powder_granular.jpg
    https://is2.ecplaza.com/ecplaza2/products/e/e1/e14/1826779585/liquid-sodium-silicatewater.jpg

39 https://www.mazzon.eu/foto/ING/Fond_44_1.jpg

40 https://i.ytimg.com/vi/M2EBuM0rVw8/maxresdefault.jpg

41 https://images-na.ssl-images-amazon.com/images/I/81QEJQ3baJL._SX700_.jpg
    https://cdn.shopify.com/s/files/1/2526/1064/products/Natural-Stone-Black-Obsidian-Bracelet-With-Tiger-Eye-And-
    Double-Pixiu-Lucky-Brave-Troops-Charms-Women_800x.jpg?v=1521066066

42 https://i.pinimg.com/originals/1e/4c/85/1e4c8552d731e76e25c6560365c3fee7.jpg
    http://whataearth.com/wp-content/uploads/2013/12/fulgurites.jpg

43 https://lh3.googleusercontent.com/-mMmP8w6os1k/Va4kSykH2kI/AAAAAAABEX8/TptIwfBO8D8/fulgurite-8%
25255B6%25255D.jpg?imgmax=800

44 http://korean.electricroadscooter.com/sale-7661796-laminated-heat-tempered-glass-for-construction-glass-door-
furniture.html

45 유리의 종류와 용도, 2017 중소기업 기술로드맵 전략보고서 (19.금속 및 세라믹소재), 2017.

46 http://cfile234.uf.daum.net/image/227AB033580220C102837A
https://www.scienceall.com/nas/image/201302/201302281941503_E3YG2I2K.jpg

47 http://ressources.unisciel.fr/petronille/res/figureX.png
https://encrypted-tbn0.gstatic.com/images?q=tbn%3AANd9GcSUT-8nh6vv2yue2EfP-PGsn91SDrUaJ_azWqKk8d
O96rUNSrWo
http://road3.kr/wp-content/uploads/2019/07/%EC%86%8C%EB%8B%A4%EB%9D%BC%EC%9E%84-%EA%
B5%AC%EC%A1%B0.jpg

48 https://en.wikipedia.org/wiki/Soda%E2%80%93lime_glass

49 https://images-na.ssl-images-amazon.com/images/I/41PyxG2UiPL._SX331_BO1,204,203,200_.jpg

50 https://en.wikipedia.org/wiki/Flubber_(material)

51 https://pubs.rsc.org/services/images/RSCpubs.ePlatform.Service.FreeContent.ImageService.svc/ImageService/Articleimage/
2013/RA/c3ra43503b/c3ra43503b-f2.gif
https://www.opli.net/media/7838/schott_blg80_jan-img.jpg

52 https://ladistupc.com/images/stories/virtuemart/product/dvd.jpg
https://www.teledynedalsa.com/media/1101/500x_xineos3030.jpg

53 https://file.mk.co.kr/meet/neds/2017/06/image_readtop_2017_398546_14974231252918892.jpg

54 https://aemstatic-ww1.azureedge.net/content/dam/lfw/print-articles/2019/01/1901LFW_pit_f1.jpg

55 https://encrypted-tbn0.gstatic.com/images?q=tbn%3AANd9GcRoVCiytd9FW9i02WLarmyqNCAES8hkhzioR7cS
drLgiFfDXRKq

제4장 빛과 유리

1 https://cdn.shopify.com/s/files/1/1090/0622/files/Cylindrical-Lenses.png?10755073384870085833

2 https://upload.wikimedia.org/wikipedia/commons/thumb/4/4d/Lens5.svg/800px-Lens5.svg.png

3 https://t1.daumcdn.net/cfile/tistory/2454AE3E5880DEF909

4 https://surplusperson.tistory.com/384

5 https://www.devicemart.co.kr/skin/goods/large/201106280951020.jpg
http://m.ddaily.co.kr/data/photos/20150522/art_1432878252.jpg

6 http://www.isuzuglass.com/products/img/lens/img-aspherical02.jpg

7 https://ars.els-cdn.com/content/image/1-s2.0-S0263224116301592-gr1.jpg

8 http://www.panchromos.com/wordpress/wp-content/uploads/2013/01/LensArrayW710H400.jpg
http://www.panchromos.com/wordpress/wp-content/uploads/SELFOC.jpeg

9 https://upload.wikimedia.org/wikipedia/commons/2/2c/Grin-lens.png
http://physica.gsnu.ac.kr/phtml/optics/geometric/grinetc/GRINlens.png

10 "Design and fabrication of large diameter graded-index lenses for dual-band visible to short-wave infrared imaging
applications", A.J.Visconti, Ph.D Thesis, University of Rochester (2015).

11 http://www.mitsubishielectric.com/bu/contact_image/cis/index.html

12 https://img.sbs.co.kr/newimg/news/20181015/201238323_1280.jpg

13 https://upload.wikimedia.org/wikipedia/commons/9/91/Hubble_mirror_polishing.jpg

https://upload.wikimedia.org/wikipedia/commons/thumb/c/cf/Hubble_backup_mirror.jpg/440px-Hubble_backup_mirror.jpg

14 https://ko.wikipedia.org/wiki/%EC%98%A4%EB%B2%84%ED%97%A4%EB%93%9C_%ED%94%84%EB%A1%9C%EC%A0%9D%ED%84%B0

http://www.fresnelfactory.com/images/detailed/0/producing_soalr.jpg

15 https://jarphys.wordpress.com/2015/04/19/fresnel-lenses-how-they-work/

16 https://www.edmundoptics.com/resources/application-notes/optics/advantages-of-fresnel-lenses/

17 http://img.khan.co.kr/news/2018/05/11/l_2018051201001225700114142.jpg
http://news.kmib.co.kr/article/view.asp?arcid=0922875069

18 http://motoroutdoor.com/tour/2010/20100605/5.jpg

19 http://www.glassbeads.co.kr/kr/img/pro_02.gif

20 http://cfile209.uf.daum.net/image/212A4B46536F15D710024B
http://cfile204.uf.daum.net/R400x0/2538AA39539C08B20BCC2A

21 http://pwrsave.jsh16000.gethompy.com/data/cheditor4/1004/Cqj3BrYEjkp.gif

22 https://t1.daumcdn.net/cfile/tistory/014F6F33507FAA6B12

23 http://www.glassnews.co.kr/wys2/file_attach/glassnews/20160624144726.jpg

24 http://javalab.org/lee/2015/diffuse_reflection/screenshot.png

25 https://upload.wikimedia.org/wikipedia/commons/8/8c/Optical-coating-2.png

26 두산백과, 스테인드글라스.

27 http://d3b39vpyptsv01.cloudfront.net/photo/1/2/4cf826e266af903c2978e567eb7f6b23_l.jpg
https://img-wishbeen.akamaized.net/spot/thumb_1402538239045_1.jpg

28 http://cfile215.uf.daum.net/R400x0/2208164F52D9E5A907E1CF
https://ae01.alicdn.com/kf/HTB1FrqbRpXXXXsXXXXq6xXFXXX6/FUMAT.jpg_640x640.jpg

29 https://iquatang.com/wp-content/uploads/2015/09/hoa-hong-pha-le-lien-de.jpg

30 https://www.researchgate.net/profile/Yang_Liao/publication/221734579/figure/fig1/AS:628348241862656@1526821303058/a-Schematic-diagram-of-3D-femtosecond-laser-machining-system-Flow-chart-of-fabrication.png

31 http://www.jasanglass.com/upload/JasanGlass_Bomy_e-catalog_2017.pdf

32 http://blogfiles.naver.net/20160228_243/idpuresky_1456627934543gcr2e_JPEG/mirror_tunnel.jpg

33 https://upload.wikimedia.org/wikipedia/commons/thumb/b/b3/BoldRedEye.JPG/440px-BoldRedEye.JPG

34 https://upload.wikimedia.org/wikipedia/commons/thumb/4/49/Dichroic_filters.jpg/600px-Dichroic_filters.jpg

35 https://en.wikipedia.org/wiki/Dielectric_mirror

36 http://www.astronomer.rocks/news/photo/201805/85660_8513_924.jpg

37 "퀀텀닷: 고색영역을 위한 베스트 솔루션", Public Information Display, 삼성 디스플레이

38 https://news.samsung.com/kr/%ED%80%80%ED%85%80%EB%8B%B7%EC%9D%B4%EB%9E%80-%EB%AC%B4%EC%97%87%EC%9D%B8%EA%B0%80

제5장 유리의 변신

1 https://pds.joins.com/news/component/newsis/201603/08/NISI20160308_0011437853_web.jpg
http://www.dailydental.co.kr/data/photos/20180415/art_152358905587_bc3a96.jpg

2 http://www.proyectovictoria.eu/en/sobre-el-proyecto/

3 http://www.proyectovictoria.eu/en/sobre-el-proyecto/

4 https://encrypted-tbn0.gstatic.com/images?q=tbn%3AANd9GcTgb54VJuMeUcD9pPmAvmcDrD-cVjkEgvmm1LJ

      qKFzhfw_dVqjD

5   http://sembodja.bg/project/nitrogen-phosphorus-fertilizers/
       https://www.aegean-perlites.com/phosphate-fertilizers-industry/

6   https://m.blog.naver.com/PostView.nhn?blogId=limys777&dogNo=221178804497&proxyReferer=https%3A%2F%
       2Fwww.google.com%2F

7   http://mblogthumb2.phinf.naver.net/20110809_189/jkhan012_1312870177459e8lns_GIF/1.gif?type=w2

8   https://shop.r10s.jp/hoonkichin/cabinet/pearl/cp-8697-main.jpg

9   http://www.kitchy.co.kr/Files/Kitchy/Product/EH675LFC1E-01.jpg
       https://m.blog.naver.com/PostView.nhn?blogId=vip1933&dogNo=220770009543&proxyReferer=https%3A%2F%
       2Fwww.google.com%2F

10   http://newsimg.hankookilbo.com/2018/05/12/201805121054261040_2.jpg

11   http://img.danawa.com/prod_img/500000/254/664/img/5664254_1.jpg?shrink=500:500&_v=20181221153528
       https://m.blog.naver.com/PostView.nhn?blogId=vip1933&dogNo=220770009543&proxyReferer=https%3A%2F%2
         Fwww.google.com%2F

12   http://photo.hankooki.com/newsphoto/v001/2018/09/14/statusquo20180914144406_X_02_C_1.jpg

13   http://img.hani.co.kr/imgdb/resize/2016/0526/146417162067_20160526.JPG

14   http://www.koenergy.co.kr/news/photo/201106/56416_16939_427.jpg

15   http://img.khan.co.kr/news/2014/07/07/l_2014070801001041500083924.jpg

16   https://t1.daumcdn.net/cfile/tistory/156350164CCA150E45
       http://cfile208.uf.daum.net/image/195407224B27175F4D39D9

17   http://www.claypark.net/data/cheditor4/1712/d7566d09e9f2e7d7bde05d1338106c39_iYDXGjKezWomqWm.jpg

18   https://img1.yna.co.kr/etc/inner/KR/2016/08/28/AKR20160828013600005_01_i_P2.jpg

19   https://encrypted-tbn0.gstatic.com/images?q=tbn:ANd9GcRfONTeC1Sc1DDkt2oQssu65qhEV4fmEUAc30l4mt
       46KTNaIKUANA
       (오른쪽) 김은주 작가 작품.

20   “법랑 산업 및 기술현황”, 허상희, 피재환, 세라미스트 제19권, 제2호, 2016.6.

21   https://commons.wikimedia.org/wiki/File:%EB%82%A8%EC%A0%95%EC%B9%A0%EB%B3%B4_1.jpg

22   http://cfile202.uf.daum.net/image/115A650D49D95AE5B7185C

23   https://www.windoorexpert.eu/img/newsy/vitro_sab/_big/pyrolytic_process_web.jpg

24   http://image.aving.net/img/2006/07/18/bioclean_1.jpg

25   https://m.blog.naver.com/PostView.nhn?blogId=12thsaint&dogNo=220924158915&proxyReferer=https%3A%2F%
       2Fwww.google.com%2F
       https://m.blog.naver.com/PostView.nhn?blogId=kny1675&dogNo=220218694439&proxyReferer=https%3A%2F%
       2Fwww.google.com%2F

26   https://i.011st.com/pd/19/6/5/7/9/7/9/WfHvy/2434657979_B.jpg

27   http://cfile211.uf.daum.net/image/270C464F51636EA71916C3
       http://swshowcase.net/board/data/file/application/3732436323_Iz3T5rO4_A4BC.jpg

28   https://upload.wikimedia.org/wikipedia/commons/f/ff/Aluminum_on_BK7_RTA_for_Wikipedia.png

29   https://i.ytimg.com/vi/P7Qadimv1M8/maxresdefault.jpg
       https://img1.daumcdn.net/thumb/R720x0/?fname=http://t1.daumcdn.net/liveboard/speedwg/e1b89c83599c4146
         bc7e0e66b71da8a8.jpg

30   https://glass2010.atyhubweb.net/1544484806562/image/resize_3fe2810514aa413c89ca7923de61ef7a.jpg

31   http://img.danawa.com/cms/img/2012/05/24/1337828486_thumb.jpg

32   http://mblogthumb1.phinf.naver.net/20151001_240/gcargparts_1443669376179weTd9_PNG/06.PNG?type=w2

33   https://en.wikipedia.org/wiki/Endoscopy
     http://study.zum.com/book/12842

34   http://img4.tmon.kr/cdn3/deals/2019/06/20/2188033610/front_d768d_ytgyn.jpg

35   http://fixcope.com/wp-content/uploads/2013/04/%EB%A6%B4%ED%83%80%EC%9E%85%EC%B9%B4%
     EB%A9%94%EB%9D%BC30%EB%AF%B8%ED%84%B01-1030x750.jpg

36   https://dimg.donga.com/wps/NEWS/IMAGE/2006/06/16/6974058.1.jpg

37   https://roomin.ru/public/479baziconbez.jpg
     https://st.depositphotos.com/1990651/1983/i/450/depositphotos_19837867-stock-photo-cracked-glass.jpg

38   http://www.glazette.com/images/tempered.gif

39   https://t1.daumcdn.net/thumb/R720x0/?fname=http://t1.daumcdn.net/brunch/service/user/5FFd/image/HHaMQ
     Nm19Jzy-3d7O5q_VD6HTbg.jpg

40   http://g.search3.alicdn.com/img/bao/uploaded/i4/i4/3294626706/O1CN01jgyND21zPOUtq6tpL_!!3294626706.jpg
     https://encrypted-tbn0.gstatic.com/images?q=tbn:ANd9GcQF18QphOnIRRBLQMOWmBFhN3-X9j7blDqntAh
     6iv5mAb0qaFDvGw

41   https://vrzone.com/wp-content/uploads/2013/05/prince_rupert_glassdrop.jpg

42   http://www.sgh.kr/files/attach/images/136/136/66dbd4e38d702cae5566dcaed7621f53.jpg

43   https://www.schott.com/xensation/english/xensation.html

44   http://www.autodaily.co.kr/news/photo/201808/404491_30263_739.jpg

제6장 유리와 광자 기술

1   https://file.mk.co.kr/meet/neds/2014/08/image_readmed_2014_1148878_14093073151503540.jpg

2   http://skline.biztworld.co.kr/sklines/img/img_netw1_01.gif

3   https://img.hankyung.com/photo/201709/AA.14707260.1.jpg

4   http://www.soomac.org/bd/data/sdata/125$1$SV106239.JPG
     https://t1.daumcdn.net/cfile/tistory/127E72284C8F79C18C

5   http://www.economytalk.kr/news/photo/201902/178903_57825_5841.jpg

6   https://t1.daumcdn.net/cfile/tistory/197B4D4B4F6C77831F
     http://www.fujixerox.com/eng/company/technology/carlson/images/carlson_03.gif

7   https://en.wikipedia.org/wiki/Photocopier

8   https://5.imimg.com/data5/VD/EM/MY-30841621/canon-ir3300-opc-drum-500x500.jpg
     https://encrypted-tbn0.gstatic.com/images?q=tbn%3AANd9GcTQFWXD6LYl1U6pBJs9fGc-wZ_7Mh4uZFXbdo
     9z09KpcCSd-q0t

9   https://www.fujixerox.com/eng/company/technology/production/digital/new_opc.html

10   http://blog.naver.com/PostView.nhn?blogId=namdokorea&dogNo=221064290201

11   https://en.wikipedia.org/wiki/Ruby_laser#/media/File:5_Maiman_Laser_Components.jpg

12   https://t1.daumcdn.net/cfile/tistory/2626744653016EB906

13   http://cfile203.uf.daum.net/image/257BB84852296AF41F9971

14   https://encrypted-tbn0.gstatic.com/images?q=tbn:ANd9GcRYxRbIBuTyqhZBc0vjXYJmLv_axkm57VGHtj8fF0a
     BnfnCkUh9

15   http://mblogthumb3.phinf.naver.net/20150210_46/kcain03_1423546884068MrgMM_JPEG/fiber_laser_%BF%F8
     %B8%AE.jpg?type=w2

16 http://pds27.egloos.com/pds/201304/09/60/f0205060_51634f98a71bc.jpg

17 https://s-i.huffpost.com/gen/2688952/thumbs/o-LOCKHEED-MARTIN-TRUCK-570.jpg?7

18 http://www.softel-optic.com/pic/big/595_0.jpg

19 https://ae01.alicdn.com/kf/HTB1Kh_xQVXXXXX4aFXXq6xXFXXXh/FC-APC-1x4-PLC-optical-splitter-single-
    mode-with-FCAPC-connector-Fiber-optic-splitter-FTTH-1x4.jpg
    https://www.globalspec.com/learnmore/optics_optical_components/fiber_optics/fiber_optic_wavelength_division_
    multiplexers

20 http://static.news.zumst.com/images/12/2016/06/29/82a03544e22f40718789cbc7d323314e.jpg

21 https://encrypted-tbn0.gstatic.com/images?q=tbn%3AANd9GcQ4i7mF8XIgzILqKxAFjFHh58irZ3hvr1dmmVFmc
    LrWMQ2QX51m

22 https://metclub.kriss.re.kr

23 https://yokogawa.tistory.com/71
    https://t1.daumcdn.net/cfile/tistory/99D02D3359D831DB02

24 http://magazine.hellot.net/editor/CrossEditorV3.0.0.27/binary/images/000193/20150828223201742_7XNFHIBZ.jpg

25 http://www.parkingsale.co.kr/upload/goods/22016042119391399486.jpg
    https://www.sathya.in/Media/Default/Thumbs/0006/0006746-honeywell-cctv-camera-hie2pi-2mp.jpg

26 http://pds13.egloos.com/pds/200906/24/60/a0118060_4a419e4e38f21.jpg

27 http://news.zum.com/articles/2313717?c=08

28 https://en.wikipedia.org/wiki/Polarizer#Linear_polarizers

29 https://en.wikipedia.org/wiki/Faraday_effect

30 https://encrypted-tbn0.gstatic.com/images?q=tbn%3AANd9GcTWh6WtbFW4zw7iDPFXQkJOB62hyK3nyVJron
    ZSsMFHRJ94Tm4s

찾아보기

유리시대
세상을 변화시킨 놀라운 유리 이야기

초 판 인 쇄 2019년 11월 20일
초 판 발 행 2019년 11월 30일

저　　　　자 한원택
발　 행 　인 김기선
발　 행 　처 GIST PRESS

등 록 번 호 제2013-000021호
주　　　　소 광주광역시 북구 첨단과기로 123, 중앙도서관 405호(오룡동)
대 표 전 화 062-715-2960
팩 스 번 호 062-715-2969
홈 페 이 지 https://press.gist.ac.kr/
인쇄 및 보급처 도서출판 씨아이알(Tel. 02-2275-8603)

I S B N 979-11-964243-5-0 (03500)
정　　　　가 18,000원

본 도서의 내용은 GIST의 의견과 다를 수 있습니다.